污染环境中生物种群系统的建模与研究

王战平　著

電子工業出版社
Publishing House of Electronics Industry
北京 · BEIJING

内容简介

近年来，工业化和城市化的加速发展致使资源消耗多、污染物排放量大，环境污染问题愈发严重，对人类的健康以及各种生物种群的生长都产生了非常大的影响. 因此，研究环境污染对种群乃至生态系统的影响十分重要. 本书主要建立污染环境中具有年龄结构的非线性种群系统、污染环境中具有年龄结构的带扩散的种群系统、污染环境中具有年龄结构的竞争种群系统，首先利用特征线法及不动点定理确定系统的解，证明系统解的存在唯一性，然后结合最大化序列、Mazur 定理以及相对紧性证明最优控制的存在性，最后通过切锥和法锥性质得到最优控制的必要条件.

本书可以作为生物数学、运筹学与控制论、种群动力学等专业硕士生和博士生的参考书，也可供从事生物数学及最优控制等方面研究的理工科教师及科研人员参考.

图书在版编目（CIP）数据

污染环境中生物种群系统的建模与研究/王战平著. —北京：电子工业出版社，2023.6
ISBN 978-7-121-45701-2

I. ①污… II. ①王… III. ①环境污染-影响-种群生态-研究 IV. ①X503.2②Q145

中国国家版本馆 CIP 数据核字(2023)第 098556 号

责任编辑：牛晓丽
印　　刷：三河市华成印务有限公司
装　　订：三河市华成印务有限公司
出版发行：电子工业出版社
　　　　　北京市海淀区万寿路 173 信箱　　邮编：100036
开　　本：787×1092　1/16　　印张：13.75　　字数：286 千字
版　　次：2023 年 6 月第 1 版
印　　次：2023 年 6 月第 1 次印刷
定　　价：78.00 元

凡所购买电子工业出版社图书有缺损问题，请向购买书店调换。若书店售缺，请与本社发行部联系，联系及邮购电话：（010）88254888，88258888。

质量投诉请发邮件至 zlts@phei.com.cn，盗版侵权举报请发邮件至 dbqq@phei.com.cn。

本书咨询联系方式： QQ 9616328。

前　言

人类对种群动力学的研究最早可以追溯到16世纪，经过数个世纪的发展和研究，科学家对种群动力学的研究从最原始的单种群简单增长模型扩展到多种群非线性模型. 考虑环境的污染程度对种群的影响，更是近几年来种群动力学的研究热点. 为了系统研究污染环境中不同种群系统的特点，分析其动力学行为，作者对以往的工作进行筛选、总结，讨论了几类污染环境中种群系统的最优控制，希望能对学习和从事种群动力学研究的读者提供帮助.

本书研究污染环境对生物种群以及生态系统的影响，不仅可以为生态环境保护政策的制定提供科学的理论依据，而且可以为相关部门保护生物种群提供理论参考. 此外，随着生物数学学科的快速发展，国内开展生物数学研究的科技人员日益增多，研究队伍趋向成熟、稳定. 本书可以作为生物数学、运筹学与控制论、种群动力学等专业硕士生和博士生的参考书，也可供从事生物数学及最优控制等方面研究的理工科教师及科研人员参考.

本书主要运用微分方程、积分方程、偏微分方程、控制论等相关理论知识建立数学模型，对污染环境中的生物种群系统进行研究，借助数学模型的思想方法将复杂的生物种群问题转化为数学问题来研究生物种群的发展动态，描述种群个体的生长过程，预测其演化趋势，帮助人们对其进行有效的控制，使其向着期望的理想状态发展. 本书基于环境污染的背景分别提出具有年龄结构的非线性种群系统、具有年龄结构的带扩散的种群系统、具有年龄结构的竞争种群系统，主要证明了种群系统解的存在唯一性以及最优控制的存在性，从而得到最优控制的必要条件.

全书共6章，第1章论述生物种群研究的意义及成果；第2章为常用的理论知识及相关符号说明；第3章研究污染环境中具有年龄结构的非线性种群系统的最优控制；第4章讨论污染环境中具有年龄结构的带扩散的种群系统的最优控制；第5章研究污染环境中具有年龄结构的竞争种群系统的最优控制；第6章对全书所做的工作进行总结和展望. 在写作上，本书力求浅显易懂，在讲解内容的同时注重阐述其生态意义，揭示数学思想.

本书的出版得到了宁夏高等学校一流学科建设（水利学科）项目(NXYLXK2021A03) 的资助，在此表示感谢.

由于作者水平有限，加之时间仓促，书中疏漏甚至错误之处在所难免，恳请读者批评指正.

目　录

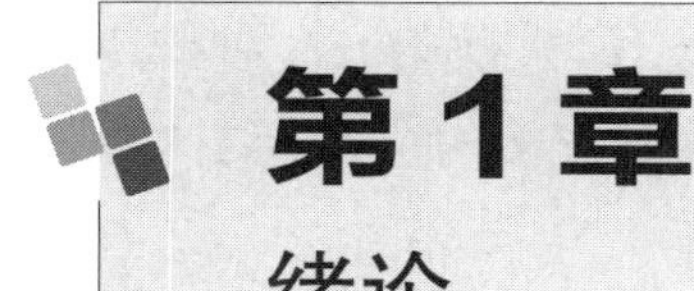

第1章 绪论

1.1 研究背景及意义

生态学是研究生物体与它们周围环境之间关系的一门学科, 是研究生物的生存条件、生物种群和环境之间相互作用的过程及其规律的科学. 而数学生态学是指用线性代数、微分方程、积分方程、差分方程、泛函微分方程、动力系统、随机过程、统计方法及算子半群等常用的数学理论工具研究由种群生态学乃至更普遍的生态学中所提出的种群之间关系及种群与环境之间关系的数学模型, 从而利用这些模型研究一些生态现象, 达到对一些实际问题的控制利用.

生态学中越来越受人们关注的问题是物种的多样性和竞争排斥原理的关系. 所谓竞争排斥原理, 是指习性类似的两个种群在同一小生境中不能共存. 如果共同相处, 则竞争的结果必然导致其中的一个种群灭绝. 生物种群资源是一种可再生资源, 具有自行繁殖的能力, 通过种群的繁殖、发育和生长, 资源不断更新, 种群数量不断获得补充, 并通过一定的自我调节能力使种群数量达到平衡. 如果有适宜的环境条件且人类开发利用合理, 则种群资源可世代繁衍, 持续为人类开发利用; 否则将会导致种群资源的衰退甚至枯竭. 种群资源的多样性, 它们增长、繁殖行为的复杂性, 再加上经济、社会等诸多因素的影响, 增加了问题的复杂性. 如何利用有限的可再生资源, 实现可持续开发和利用, 已成为从经济管理学家到生态学者都关心的问题. 在现实生活中, 存在各种各样的天然或人工培养的生物资源, 为了能长期地利用这些资源, 就必须进行合理的开发和科学的管理. 人类对生物种群的开发应追求经济利益和环境利益的统一, 这样才能实现可持续发展, 不能为了经济利益而破坏生态环境. 因此, 在数学上定量分析人类对生物种群的开发, 对合理利用资源、保护生态环境具有重要意义.

数学生态学使用数学方法研究和解决生态学问题, 通过对实际生活中的问题进行抽象化来建立数学模型, 从而把复杂的生态学问题转化为数学问题, 然后用数学模型预测种群的发展和变化规律, 从而合理使用并适当调整种群资源的发展过程与发展趋势, 进而使种群的发展符合人类的期望. 到目前为止, 对种群动力学的研究经过了长期的发展, 而当前急需解决的问题就是利用种群动力学系统的模型来研究可再生性资源的最优开发问题.

农业、牧业、渔业都以生物资源为对象, 通过栽培、养殖、捕捞等生产过程, 为人类提供最基本的生活资料. 对于渔业, 最简单的数学问题是 1931 年 V. Volterra 为了解释亚得里亚海捕捞的收获量周期性涨落而设计的模型, 也称 Lotka-Volterra 方程. 但从 20 世纪 20 年代起, 尤其是第二次世界大战之后, 工业化的捕鱼使渔业开始衰退, 由此产生了如何适度捕鱼而不致使渔业资源枯竭的问题. 20 世纪 40 年代后期, 人们开始对捕获鱼类数量、年龄类型进行统计分析, 然后运用数学方法预测今后的产量, 从而提出最优捕捞措施. “最优捕鱼策略”问题就是在这个背景下提出来的, 意图使人们了解如何把数学应用于探讨资源和环境的开发和利用上.

现实世界中, 生态系统中的种群关系可谓错综复杂, 任何一个物种的存在都有可能威胁和制约其他物种的生存, 同时又必须依赖于其他物种. 而任何一个物种的灭绝都会影响整个生态系统的平衡, 威胁人类的可持续发展. 近些年来, 由于人们生活水平的提高, 市场对于水产品的需求不断增加. 在利益的驱动下, 人类对生物资源进行了掠夺式的开发, 从而导致生物资源严重衰退. 长此以往, 自然资源很可能会遭到破坏, 最终会出现生物资源枯竭的情况. 为了避免这种情况, 要适当降低捕获量, 从而保护生态资源的平衡. 但是, 追求最大利益是人的本性. 因此, 在保证生物持续生存的同时, 也要考虑利益的最大化.

随着社会的发展和人类文明的进步, 人类对于自然的认识也越来越深刻. 人们意识到生态系统是一个具有复杂性的统一体, 当使用数学模型来描述生态系统时, 要求模型的内容越来越丰富, 各种模型相互交叉, 把生态系统的复杂关系尽量在模型中得到量化, 从而使数学生态模型越来越进步和成熟. 在生态平衡的前提下, 根据生态学和生物学原则建立更合理的性能指标, 研究具体的具有年龄结构的种群模型的控制和最优开发问题, 选择合适的捕获量值, 在避免出现种群过度开发的前提下使收益极大化, 一方面可以促进数学生态学取得发展, 另一方面使数学理论本身在实际应用过程中得到丰富和发展, 这是具有现实意义和应用价值的. 近些年来, 作为基础研究工具的数学与实际的生态问题结合得越来越紧密, 随着研究队伍不断壮大, 研究成果也越来越深入.

随着科技的不断进步、工农业的快速发展, 经济得到了迅猛的增长, 但同时人类面临着环境污染的极大威胁, 特别是工业污染日益严重, 大量有毒物质和污

染物被排放到环境中，一些生态系统的结构和功能已经遭到了严重的破坏，并在一定程度上威胁到了生物资源的多样性. 特别是发展中国家，环境污染直接或间接地影响到了生物的生存和发展. 我国是世界上生物种类最丰富的国家之一，也是生物多样性保护的重要地区. 但是自 21 世纪以来，我国经济发展效益和环境保护需求之间的矛盾日益加剧. 根据 GDP 的变化形式，我国工业一直保持着高能耗、高污染、粗放型的发展模式. 显然，这将是对环境的严重破坏. 我们应该清晰地认识到，中国的基本国情是：人口多、环境承载能力脆弱，这使得中国不能效仿西方国家走“先污染，后治理”的道路. 因此，保护环境、为子孙后代留下美丽的山水是我们当代人刻不容缓的责任.

面对这样的现实，我们不得不在发展经济的同时对生态系统加以保护，除了宣传环保有关知识、提高人们的环保意识外，还要依靠高科技、环保政策和法律等手段对生物资源进行综合治理，提高环境资源利用率，使生物资源得到充分利用，实现可持续发展. 生物种群动力学的最优控制主要是运用数学上的微分方程、积分方程、偏微分方程、控制论等相关理论知识建立数学模型，对生物种群系统进行研究. 数学生态学的主要任务之一就是利用这些数学理论和思想研究种群的变化规律. 借助数学模型的思想方法将复杂的生物种群问题转化为数学问题来研究生物种群的发展动态，不仅能够描述种群个体的生长过程，理解个体的生命现象，预测其演化趋势，而且能够帮助人们对其进行有效的控制，使其向着期望的理想状态发展.

研究污染环境对生物种群系统、群落乃至生态系统的影响，不仅能为生态环境保护制度的制定提供科学的理论依据，还能对环境保护以及促进生态系统的平衡起到积极作用. 目前，许多生物的生存状况并不乐观，时刻面临着灭绝的危险. 从生态学方面考虑，如果种群的生存环境受到了一定程度的污染，生物将无法继续生存，那么种群将会逐步走向灭绝. 因此，确定污染环境对种群系统的影响是有必要的. 本书以污染环境中的种群系统作为研究对象，进而开展系统动力学行为研究，以期为种群的控制及演化问题提供理论依据，同时为相关部门提供符合实际的参考.

1.2　国内外研究现状

(1) 不考虑个体结构差异的种群模型

种群动力学研究起源于人口统计，早在 16 世纪徐光启便将数学应用到种群生态的研究当中, 估算了人口的增长规律[1]. 1798 年, Malthus 首次提出最简单的种群动力系统模型, 即人口增长模型[2]

$$x^{'}(t) = rx$$

其中, $x(t)$ 表示 t 时刻的人口密度, r 表示人口随时间的相对增长率. 根据 Malthus 模型分析, 可以得到人口将按指数 r 无穷增长, 显然这是不合实际的. 于是, 1938 年, Verhulst 将 Malthus 模型进一步改进, 将环境制约因素考虑进去, 得到人口数量的净增长率和人口数量有关, 得到了 Logistic 模型[3]

$$x^{'}(t) = rx(t)\left(1 - \frac{x(t)}{k}\right)$$

其中, $k > 0$, 为环境容载量. 然而, 以上两个模型均没有考虑个体间的差异, 使得其研究结果与实际生态差距较大.

(2) 具有年龄结构的种群模型

种群个体间存在着多种结构差异, 比如年龄、个体尺度、内部结构、空间位置、基因等, 这些差异不仅影响种群个体的生命活动参数, 而且也决定群体行为. 因此在建立模型时, 应当考虑个体间的上述差异.

1911 年, Sharpe 和 Lotka 首次建立了具有年龄结构的线性模型系统[4]

$$\begin{cases} p_t + p_a + \mu(a)p(a,t) = 0, \\ p(0,t) = \displaystyle\int_0^{a_+} \beta(a)p(a,t)\mathrm{d}a, \\ p(a,0) = p_0(a). \end{cases}$$

其中, $p(a,t)$ 表示 t 时刻年龄为 a 的种群密度, 生命参数 $\beta(a), \mu(a)$ 分别表示基于年龄的出生率和死亡率, $p_0(a)$ 为初始时刻的年龄分布. 由此, 学者对具有年龄结构的种群动力系统进行了大量的研究. 1974 年, Curtin 和 MacCamy 首先建立了带密度制约的年龄结构种群模型, 提出了非线性系统的最优收获模型[5]

$$\begin{cases} p_t + p_a = -\mu(a,P(t))p(a,t), \\ p(0,t) = \displaystyle\int_0^{\infty} \beta(a,P(t))p(a,t)\mathrm{d}a, \\ p(a,0) = p_0(a), \\ P(t) = \displaystyle\int_0^{\infty} p(a,t)\mathrm{d}a. \end{cases}$$

其中, $p(a,t)$ 表示 t 时刻年龄为 a 的种群密度, $P(t)$ 为 t 时刻种群个体总量, 生命参数 $\beta(a,P(t)),\mu(a,P(t))$ 分别表示基于年龄的出生率和死亡率, $p_0(a)$ 为初始时刻的年龄分布. 他们证明了模型解的存在唯一性, 并得到了平均年龄分布是渐近稳定的充分条件. 然而, 对于种群的控制问题却一直没有学者进行研究, 直到 1985 年, 德国学者 Brokate 首次提出与年龄相关的种群动力系统的控制问题, 并导出了最优收获问题的极大值原理[6]. 2000 年, Anita 阐明了具有年龄结构的种群动力系统的控制问题, 建立了具有年龄结构的非线性种群的模型[7]

$$\begin{cases}\max\displaystyle\int_0^T\int_0^{a_+}u(a,t)p^u(a,t)\mathrm{d}a\mathrm{d}t,\\ p_t+p_a+\mu(a,t)p(a,t)=f(a,t)-u(a,t)p(a,t),\\ p(0,t)=\displaystyle\int_0^{a_+}\beta(a,t)p(a,t)\mathrm{d}a,\\ p(a,t)=p(a,t+T),\end{cases}$$

得到了系统解的存在唯一性和最优解的存在性, 给出了最优性条件, 这些思想和方法为后续研究提供了重要的理论依据. 2004 年, 赵春、王绵森、何泽荣等研究了一类周期种群系统的适定性及最优控制问题[8]. 2006 年, 何泽荣、朱广田利用不动点原理讨论了具有加权的种群系统[9]

$$\begin{cases}\max\displaystyle\int_0^T\int_0^{A}u(a,t)p^u(a,t)\mathrm{d}a\mathrm{d}t,\\ p_t+p_a+\mu(a,t,P(t))p(a,t)=f(a,t)-u(a,t)p(a,t),\\ p(0,t)=\displaystyle\int_0^{a_+}\beta(a,t,p(t))p(a,t)\mathrm{d}a,\\ p(a,t)=p(a,t+T),\\ P(t)=\displaystyle\int_0^{a_+}p(x,t)\mathrm{d}a.\end{cases}$$

2017 年, 沈荣涛、曹雪靓讨论了一类具有年龄分布和加权总规模的同周期种群系统的最优控制, 其成果为以后最优控制的研究提供了理论支持[10]. 2020 年, 何泽荣等研究了年龄等级结构的竞争种群系统解的存在性问题, 利用不动点方法证明了解的存在唯一性[11], 为之后人们研究年龄等级结构种群系统奠定了基础.

(3) 具有尺度结构的种群模型

随着实验研究的不断深入, 学者们发现个体尺度在种群演变过程中起着越来越重要的作用. 所谓个体尺度, 是指用来描述种群个体的一些特征数量指标,例如长度、直径、重量、体积等生理或统计量. 实验表明, 个体尺度在很大程度上决定个体的生命参数, 例如存活率、增长率、竞争力等. 近几十年来, 越来越多的学者开始研究种群个体差异的动力学系统, 并取得了许多重要的成果.

1967 年, Sinko 和 Streifer 首次提出具有尺度结构的种群模型[12]

$$\begin{cases} p_t(s,a,t)+p_a(s,a,t)+(g(s,a,t)p(s,a,t)(s,a,t))_s=-\mu(s,a,t)p(s,a,t), \\ p(s,0,t)=\displaystyle\int_0^{\infty}\int_0^{\infty}\beta(\hat{s},a,t)p(\hat{s},a,t)\mathrm{d}\hat{s}\mathrm{d}a, \\ p(s,a,0)=p_0(s,a). \end{cases}$$

其中, $g(s,a,t),\mu(s,a,t)$ 分别表示 t 时刻重量为 s、年龄为 a 的个体增长率和死亡率, $\beta(\hat{s},a,t)$ 表示 t 时刻重量为 $\hat{s}$、年龄为 a 的个体繁殖率, $p_0(s,a)$ 为初始时刻的尺度分布. 该模型为今后研究具有尺度结构的种群模型奠定基础. 1984 年, Diekmann 等对一类带有尺度结构的细胞分裂模型进行了详细的分析, 主要讨论了系统模型平衡分布的稳定性[13]. 1988 年, Cushing 建立了一类竞争种群的尺度结构模型, 讨论了该模型解的渐进稳定性[14]. 1995 年, Calsina 等学者证明了模型解的存在唯一性, 并得到了平衡尺度分布稳定的充分条件[15]. 1997 年, Kato 及其合作者研究了具有尺度结构的种群模型[16]

$$\begin{cases} u_t+(V(x,t)u)_x+\mu(x,t)u(x,t)=f(x,t)-\alpha(x,t)u(x,t), \\ V(0,t)u(0,t)=\displaystyle\int_0^{l}\beta(x,t)u(x,t)\mathrm{d}x, \\ u(x,0)=u_0(x), \end{cases}$$

证明了系统解的局部存在唯一性及局部解的连续依赖性, 接着又做了进一步的研究, 得到了状态系统模型非负解的存在唯一性以及解关于控制变量的连续依赖性, 应用紧性定理和极值化序列法证明了最优策略的存在性, 借助切锥法锥和共轭系统技巧导出了最优性条件[17]. Farkas 应用特征方程研究了一类非线性模型的稳定性[18], 并和 Hagen 利用谱理论及算子半群分析了一类密度依赖的单种群模型的稳定性和正则性, 发现算子谱的性质决定种群的长期发展规律[19]. 近些年, 刘炎、何泽荣对一类依赖两种资源的尺度结构模型进行研究, 给出了平衡态的局部稳定性条件[20]. 2012 年, 何泽荣等研究了具有尺度结构的种群模型的生育率控制问题, 确立了状态系统模型非负解的存在唯一性, 以及解关于控制变量

的连续依赖性, 借助切锥法锥和共轭系统技巧导出了最优性条件[21]. 2014 年, 何泽荣、刘丽丽、刘荣研究了一类周期环境中具有尺度结构的种群模型的适定性及最优收获问题[22]. 同年, 他们又提出了模拟周期环境和尺度结构的种群系统的最优收获率[23]. 何泽荣、谢强军、江晓东研究了个体尺度差异下竞争种群系统的稳定性, 利用种群再生数推导了平衡态的存在性条件, 根据特征根的分布给出了平衡态的稳定性判据[24]. 2019 年, 梁丽宇、胡永亮研究了周期环境中具有尺度结构的竞争种群系统的适定性[25]. 对于非自治的周期系统, Mao 根据 Hasminskii 的理论[26], 通过构造合适的 Lyapunov 函数得到了正周期解的存在性[27]. 对随机种群系统周期解的研究已取得了丰富的成果[28–30]. 以上文献均讨论了具有尺度结构的种群模型, 进一步改进了具有年龄结构的种群模型, 更贴近实际.

(4) 污染环境中的种群模型

为了更真实地反映客观事实, 在建立数学模型时, 考虑污染环境中的种群模型具有重要的意义. 早在 1980 年, Hallam 和他的同事们就开始研究大容量环境中连续输入毒素对单种群的影响, 建立了具有连续毒素输入的单种群模型

$$\begin{cases} \dfrac{\mathrm{d}x}{\mathrm{d}t} = x(b-d-fx), \\ \dfrac{\mathrm{d}C_0}{\mathrm{d}t} = KC_e - gC_0 - mC_0, \\ \dfrac{\mathrm{d}C_e}{\mathrm{d}t} = -KC_e x + g_1 C_0 x - hC_e + u(t). \end{cases}$$

其中, $x(t)$ 表示 t 时刻种群在给定空间里的全体成员数, C_e 表示 t 时刻环境中的毒素浓度, C_0 表示 t 时刻生物体内的毒素浓度, b, d 分别表示种群的出生率和死亡率, f 是常数. 他们研究了种群的持久生存和灭绝问题, 取得了许多成果[31–33]. 1991 年, 马知恩、宋保军、王稳地考虑环境污染对种群系统生存的影响, 得出生物生存的阈值, 其研究成果有明显的生态意义[34]. 2003 年, 张海梅、宋维堂、王辉考虑了污染环境中生物种群系统的控制问题, 将污染物输入率作为控制变量, 给出了该系统的存在性定理[35]. 张玲等建立了生物种群在污染环境中的一个线性生灭过程模型, 分析得到了生物种群数量变化的概率分布[36]. 燕飞雪等研究了污染环境中种群内禀增长率与物种体内毒素浓度为非线性函数关系时单种群模型的动力学行为, 得到了种群的持续生存和灭绝的判别条件[37]. Sudipa 等建立了污染环境中捕食–被捕食种群模型[38]. 近些年, 雒志学、何泽荣研究了污染环境中具有年龄结构的线性种群动力系统非负解的存在唯一性、控制问题的

存在性和必要条件[39]. 贠晓菊与笔者在其基础上进一步研究了污染环境中与年龄相关的加权种群动力系统的最优控制[40]. 随后, 曹雪靓、雒志学研究了污染环境中森林发展系统的最优控制[41]. 这些理论成果为学者们继续对种群系统的研究提供了建立模型的思路.

(5) 具有时滞的种群模型

我们知道, 对于生物而言, 时滞是客观存在的, 也是不可忽视的因素, 例如新生个体的孕育、食物的消化吸收等都需要时间. 1977 年, Swick 研究了具有时滞与年龄结构的非线性种群模型[42,43]. Cushing 研究了具有时滞与年龄结构种群的稳定性和不稳定性[44]. 近些年, 刘炎、何泽荣研究了基于时滞与年龄分布的齐次模型[45]

$$
\begin{cases}
\dfrac{\partial p}{\partial t}+\dfrac{\partial p}{\partial a}=-\mu(a,t)p-u(a,t)p,\\
p(0,t)=\displaystyle\int_{A_1}^{A_2}\beta(a,t-\tau)p(a,t-\tau)\mathrm{d}a,\\
p(a,t)=\begin{cases}\varphi(a,t), & (a,t)\in[0,A)\times[-\tau,0],\\ 0, & (a,t)\in[A,+\infty)\times[-\tau,+\infty),\end{cases}
\end{cases}
$$

证明了解的存在唯一性. 何泽荣、倪冬冬等研究了带有时滞的尺度结构种群模型, 此模型是包含全局反馈的偏泛函积分微分方程, 证实了最优策略的存在唯一性[46]. 甄洁、赵春进一步优化了此模型, 研究了一类具有时滞和年龄结构的种群系统的最优输入率控制问题[47]. 近年来，一些学者采用遍历性方法求解最优收获策略[48–50], 避免了求解 Fokker-Planck 方程, 直接利用系统的遍历性得到最大可持续产量, 更加完善了可再生资源优化控制的理论基础, 为本书提供了新的思路.

(6) 随机种群系统模型

然而, 在现实生活中, 种群系统会不可避免地受到随机环境的影响, 与确定系统相比, 随机种群系统能更好地反映种群的发展过程, 故而很多学者把随机因素引入数学模型中, 建立随机种群系统模型并进行研究. 张启敏等首次在原来的确定系统上考虑了由于环境等因素引起的随机干扰, 建立了随机种群系统模型[51]

$$\begin{cases} \dfrac{\partial p(r,t)}{\partial t} + \dfrac{\partial [p(r,t)]}{\partial t} + \lambda_1(r,t,P(t))p(r,t) + \mu_1(r,t)p(r,t) \\ \quad = f_1(r,t,P(t,x)) + g_1(r,t,P(t,x))\mathrm{d}\omega_t + h_1(r,t,P(t,x))\mathrm{d}N_t, \\ p(r,0) = p_0, \\ p(0,t) = \displaystyle\int_0^A \beta_1(r,t,P(t,x))p(r,t)\mathrm{d}r, \\ P(t) = \displaystyle\int_0^A p(r,t)\mathrm{d}r, \end{cases}$$

讨论了系统解的存在唯一性及指数稳定性. 接着, 他们对具有年龄结构的种群系统的数值解进行了分析[52], 为了更能说明问题, 又把空间扩散考虑到随机模型中, 对年龄相关的随机种群扩散系统模型的数值解进行了研究[53]. 戴晓娟、张启敏研究了非线性随机种群系统的最优控制[54], 并利用随机极大值等原理[55], 给出了最优控制存在的充分必要条件[56]. 赵钰等考虑了模糊随机因素, 研究污染环境下具有年龄结构和模糊随机扰动的种群模型[57]. 胡永亮、雒志学等研究了一类污染环境下具有扩散和年龄结构的随机单种群系统, 给出了系统强解的存在唯一性[58]. Zuo 和 Jiang 研究了具有非线性捕获项的捕食-食饵系统在白噪声干扰下的平稳分布和遍历性[59]. Liu 等研究了具有种群行为的随机捕食-食饵模型, 得到了正解的平稳分布和种群灭绝的条件[60].

本书在上述参考文献的基础上进行改进完善, 在已有种群模型的基础上加入权函数, 综合考虑个体尺度、年龄、时滞、空间扩散及毒素浓度对种群出生率和死亡率的影响, 研究污染环境中不同种群系统的最优控制问题.

1.3　研究内容

本书考虑污染环境中具有年龄结构的种群模型, 分别为污染环境中具有年龄结构的非线性种群系统模型、污染环境中具有年龄结构的种群扩散系统模型、污染环境中具有年龄结构的竞争种群系统模型, 主要证明了种群系统解的存在唯一性以及最优控制的存在性, 从而得到最优控制的必要条件. 具体内容如下:

第 1 章主要论述生物种群研究的意义及成果.

第 2 章主要为常用的理论知识及相关符号说明.

第 3 章研究污染环境中具有年龄结构的非线性种群系统的最优控制, 通过不动点定理讨论系统解的存在唯一性; 利用 Mazur 定理以及相对紧性证明最优控制的存在性; 通过构造共轭系统并且结合切锥和法锥的性质, 导出最优控制的必要条件.

第 4 章研究污染环境中具有年龄结构的带扩散的种群系统的最优控制, 利用相关理论证明非负解的存在唯一性, 然后借助切锥和法锥的性质, 给出控制问题的最优条件, 应用 Ekeland 变分法确立最优控制的存在性.

第 5 章研究污染环境中具有年龄结构的竞争种群系统的最优控制, 利用不动点定理和 Mazur 定理分别证明系统解的存在唯一性以及最优控制的存在性, 运用切锥和法锥的性质得到最优控制的必要条件.

第 6 章对全书所做的工作进行总结和展望.

第 2 章 预备知识

2.1 基本定义及引理

引理 2.1 (紧性定理 [61]) 设 $\Gamma(0,T;L^2(0,A;H_0^1(\Omega)))$, $L^2(0,A;L^{-1}(\Omega))$ 是 $p\in L^2(0,T;L^2(0,A;H_0^1(\Omega)))$ 且 $\dfrac{\partial p}{\partial t}\in(0,A;L^2(0,A;L^{-1}(\Omega)))$ 的元素的集合, 则从 $\Gamma(0,T;L^2(0,A;H_0^1(\Omega)))$, $L^2(0,A;L^{-1}(\Omega))$ 到 $L^2(Q)$ 的线性映射是紧的.

引理 2.2 (不动点定理 [62])

(1) 设 X 为一个集合, T 是 X 到 X 中的映射. 如果存在 $x_0\in X$, 使得 $Tx_0=x_0$, 则称 x_0 为映射 T 的一个不动点.

(2) 设 (X,d) 为一个距离空间, T 是 X 到 X 中的映射. 如果存在一常数 $a(0<a<1)$, 使得对所有的 $x,y\in X$, 有 $d(x,y)\leqslant ad(x,y)$, 则映射 T 为压缩映射.

(3) 设 (X,d) 为一个完备的距离空间, T 是 X 上的压缩映射, 那么映射 T 有且只有一个不动点.

引理 2.3 (Bellman引理 [62]) 如果 $x\in C([a,b]),\psi\in L^1(a,b),\psi(t)\geqslant 0$, a.e.$t\in(a,b),M\in R$,

$$x(t)\leqslant M+\int_a^t\psi(s)x(s)\mathrm{d}s$$

对任意的 $t\in[a,b]$, 则

$$x(t)\leqslant M\exp\left(\int_a^t\psi(s)\mathrm{d}s\right)$$

引理 2.4 (Gronwall 引理 [62]) 令 $x:[a,b]\to R(a,b\in R,a<b)$ 是连续函数, $\varphi\in L^\infty(a,b)$, $\psi\in L^1(a,b)$, $\psi\geqslant 0$, a.e.$t\in(a,b)$. 如果

$$x(t)\leqslant\varphi(t)+\int_a^t\psi(s)x(s)\mathrm{d}s$$

对任意 $t \in [a,b]$, 则

$$x(t) \leqslant \varphi(t) + \int_a^t \psi(s)\varphi(s)\exp\left(\int_s^t \psi(\tau)\mathrm{d}\tau\right)\mathrm{d}s$$

引理 2.5 (Mazur 定理 [7]) 设 $\{x_n\}_{n\in N}$ 为 Banach 空间 X 中的任一序列, 且 x_n 弱收敛于 $x \in X$, 则存在序列 $\{y_n\}_{n\in N} \subset X$ (y_n 属于 x_n 的凸组合) 使得 $\{y_n\}_{n\in N}$ 在 X 中强收敛于 x. 具体表述为：存在序列 $\{y_n\}_{n\in N} \subset X$ 满足

$$y_n = \sum_{i=n+1}^{k_n} \lambda_i^n x_i,\quad \lambda_i^n \geqslant 0,\qquad \sum_{i=n+1}^{k_n} \lambda_i^n = 1(k_n \geqslant n+1)$$

使得当 $n \to +\infty$ 时, 有 $\{y_n\}_{n\in N}$ 在 X 中强收敛于 x.

引理 2.6 (Ekeland 变分原理 [7]) 假如 (X,d) 是完备的度量空间, f 是下半连续函数, $f \geqslant 0$ 且不恒等于 $+\infty, \varepsilon > 0, f$ 满足

$$f(u) \leqslant \inf f(x); x \in X + \varepsilon, u \in X$$

则对任意的 $\lambda > 0$, 存在 $u_\varepsilon \in x$, 使得

$$f(u_\varepsilon) \leqslant f(u), d(u_\varepsilon, u) \leqslant \lambda$$

$$f(x) \geqslant f(u_\varepsilon) - \varepsilon\lambda^{-1} d(u_\varepsilon, u), \forall x \in X \setminus \{u_\varepsilon\}$$

引理 2.7 (Fréchet-Kolmogorov 定理 [63]) 设 $M \subset L^p(R^n), 1 \leqslant p < +\infty$, 则 M 是 $L^p(R^n)$ 中列紧集的充分必要条件为:

(1) $\sup\limits_{f\in M} \|f\| < +\infty$.

(2) $\lim\limits_{|t|\to 0} \int_{R^n} |f(t+s) - f(s)|^p \mathrm{d}s = 0, \forall f \in M$ 一致成立.

(3) $\lim\limits_{a\to+\infty} \int_{|s|>a} |f(s)|^p \mathrm{d}s = 0, \forall f \in M$ 一致成立, 其中, $\|f\| = \left(\int_{R^n} |f(s)|^p \mathrm{d}s\right)^{\frac{1}{p}}$ 是 $f \in L^p(R^n)$ 中的范数, $t = (t_1, t_2, \cdots, t_n), |t| = \left(\sum\limits_{i=1}^n |t_i|^2\right)^{\frac{1}{2}}$.

定义 2.1 (切锥与法锥 [64]) 设 $u \in U = \{v \in L^\infty(Q) : \gamma_1(\alpha) \leqslant v(a,t) \leqslant \gamma_2(\alpha)\}$, 其中, $Q = (0,A)\times(0,T)$ 且 $\gamma_1(\cdot), \gamma_2(\cdot)$ 是给定的可测函数, 使得 $\gamma_1(\alpha) \leqslant \gamma_2(\alpha) \leqslant \gamma$.

(1) 凸集合 U 中的正切锥 $T_u(U)$ 具有如下性质: $v \in T_u(U)$, 当且仅当几乎处处在 Q 上时有

$$v(a,t) \leqslant 0, \text{ 当 } u(a,t) = \gamma_2(\alpha)$$

(2) 法锥 (即标准锥) $N_u(U)$ 具有以下性质: $\omega \in N_u(U)$, 当且仅当几乎处处在 Q 上时有

$$\begin{cases} \omega(a,t) \geqslant 0, u(a,t) = \gamma_2(\alpha), \\ \omega(a,t) = 0, \gamma_1(\alpha) < u(a,t) < \gamma_2(\alpha), \\ \omega(a,t) \leqslant 0, u(a,t) = \gamma_1(\alpha). \end{cases}$$

定义 2.2 (Brown 运动 [65])　如果一维实值连续 $\{\mathscr{F}_t\}$ 适应的随机过程 $\{B(t)\}_{t\geqslant 0}$ 满足下列条件:

(1) $B_0 = 0$ a.s.,

(2) 对任意 $0 \leqslant s < t < \infty$, $B(t) - B(s) \sim N(0, t-s)$,

(3) 对任意 $0 \leqslant s < t < \infty$, $B(t) - B(s)$ 与 $\mathscr{F}_s$ 独立,

则称 $\{B(t)\}_{t\geqslant 0}$ 为 Brown 运动或 Wiener 过程.

定义 2.3　设 X 是 Banach 空间, 如果函数 $\varphi : X \to \overline{R}$ 在任一点 $x_0 \in X$ 上均满足

$$\inf_{x \to x_0} \varphi(x) \geqslant \varphi x_0$$

则称它是下半连续的.

引理 2.8 (Itô 公式 [65])　d 维随机微分方程

$$\mathrm{d}x(t) = f(x(t),t)\mathrm{d}t + g(x(t),t)\mathrm{d}B(t), \quad t \geqslant t_0 \tag{2.1}$$

满足初值 $x(0) = x_0 \in \mathbb{R}^d$. 定义与上述方程相关的微分算子 $\mathscr{L}$ 为

$$\mathscr{L} = \frac{\partial}{\partial t} + \sum_{i=1}^{d} f_i(x(t),t)\frac{\partial}{\partial x_i} + \frac{1}{2}\sum_{i,j=1}^{d}[g^\top(x(t),t)g(x(t),t)]_{ij}\frac{\partial^2}{\partial x_i \partial x_j} \tag{2.2}$$

若 $\mathscr{L}$ 作用于函数 $V \in \mathbb{C}^{2,1}(\mathbb{R}^d \times \mathbb{R}_+; \mathbb{R})$, 则

$$\mathscr{L}V(x(t),t) = V_t(x(t),t) + V_x(x(t),t)f(x(t),t) + \\ \frac{1}{2}\mathrm{trace}[g^\top(x(t),t)V_{xx}(x(t),t)g(x(t),t)]$$

其中, $V_t = \dfrac{\partial V}{\partial t}$, $V_x = \left(\dfrac{\partial V}{\partial x_1}, \cdots, \dfrac{\partial V}{\partial x_d}\right)$, $V_{xx} = \left(\dfrac{\partial^2 V}{\partial x_i \partial x_j}\right)_{d\times d}$. 若 $x(t) \in \mathbb{R}^d$, 那么

$$\mathrm{d}V(x(t),t) = \mathscr{L}V(x(t),t)\mathrm{d}t + V_x(x(t),t)g(x(t),t)\mathrm{d}B(t) \tag{2.3}$$

2.2 重要不等式

(1) Hölder 不等式 [66]

$$|E(X^{\mathrm{T}}Y)| \leqslant (E|X|^p)^{\frac{1}{p}}(E|Y|^q)^{\frac{1}{q}}, p, q > 1, \frac{1}{p} + \frac{1}{q} = 1$$

(2) Burkholder-Davis-Gundy 不等式 [66]

设 $g \in L^2(R_+, R^{n\times m})$, 对 $t > 0$ 定义

$$x(t) = \int_0^t g(s)\mathrm{d}B(s), |A(t)| = \int_0^t |g(s)|^2\mathrm{d}s$$

则对任意的 $p > 0$, 存在常数 c_p, C_p 只与 p 有关, 使得

$$c_p E|A(t)|^{\frac{p}{2}} \leqslant E(\sup_{0\leqslant s\leqslant t}|x(s)|^p) \leqslant C_p E|A(t)|^{\frac{p}{2}}, t \geqslant 0$$

2.3 相关符号说明

以下为本书常用符号:

(1) $\mathbb{R}, \mathbb{R}^+$ 表示区间 $(-\infty, +\infty), (0, +\infty)$.

(2) 若 $a, b \in \mathbb{R}$, 则 $a \vee b = \max\{a, b\}, a \wedge b = \min\{a, b\}$.

(3) $\mathrm{tr}\boldsymbol{A}$ 表示矩阵 $\boldsymbol{A} = (a_{ij})_{n\times n}$ 的迹, 即 $\mathrm{tr}\boldsymbol{A} = \sum_{i=1}^{n} a_{ii}$.

(4) $|\boldsymbol{x}|$ 表示向量 $\boldsymbol{x} = (x_1, x_2, \cdots, x_n)^{\mathrm{T}}$ 的 2-范数, 即 $|\boldsymbol{x}| = \left(\sum_{i=1}^{n} x_i^2\right)^{\frac{1}{2}}$.

(5) 对于 $\boldsymbol{A} \in \mathbb{R}^{n\times m}$, 记 $|\boldsymbol{A}| = \sqrt{\mathrm{tr}[\boldsymbol{A}^{\mathrm{T}}\boldsymbol{A}]} = \left(\sum_{i=1}^{n}\sum_{j=1}^{m} a_{ij}^2\right)^{\frac{1}{2}}$.

(6) $\|x\|_1 = \sum_{i=1}^{n} |x_i|, \|x\|_\infty = \max_{1\leqslant i\leqslant n} |x_i|$.

(7) $C^1(\Omega)$ 表示 Ω 上的一阶连续导数.

(8) $L^1(\Omega)$ 表示 Ω 上的可积函数类.

(9) $L^1_{\text{loc}}(\Omega)$ 表示 Ω 上的局部可积函数类.

(10) $L^2(\Omega)$ 表示 Ω 上的平方可积函数类.

(11) $L^\infty(\Omega)$ 表示 Ω 上的有界函数类.

(12) $L^\infty_{\text{loc}}(\Omega)$ 表示 Ω 上的局部有界函数类.

(13) 给定可测空间 (S,Σ,μ), $L^p(S,\mu)=\left\{f;\|f\|_p=\left(\int_S|f|^p\mathrm{d}\mu\right)^{\frac{1}{p}}<\infty\right\}$ 表示 (S,Σ,μ) 上的可测函数.

第 3 章 污染环境中具有年龄结构的非线性种群系统的最优控制

3.1 污染环境中具有加权的非线性种群系统的最优控制

随着社会的发展, 环境污染日益严重, 已严重危及种群的生存. 因此, 环境污染对种群影响的研究和种群存在风险的估计是非常重要的. Hallam 提出环境污染中的问题可以用动力学思想解决, 参考文献 [67, 68] 主要研究环境污染对种群的影响. 1994 年, KuBo M 和 Langlais M 研究了具有年龄和空间结构的非线性种群动力系统的周期解 [69]. 其他学者对种群的最优控制问题也有所研究 (见参考文献 [7, 70]).

雒志学和何泽荣主要从线性种群动力系统非负解的存在唯一性、控制问题的最优条件、最优控制的存在性等方面研究了污染环境中与年龄相关的线性种群动力系统的最优控制问题 [39]. 本节主要研究污染环境中与年龄相关的非线性种群动力系统的最优控制.

3.1.1 模型及其适定性

本节考虑如下污染环境中与年龄相关的非线性种群动力系统

$$\begin{cases}\dfrac{\partial p(a,t)}{\partial a}+\dfrac{\partial p(a,t)}{\partial t}=-\mu(a,c_0(t),S(t))p(a,t)-u(a,c_0(t),S(t))p(a,t), & (a,t)\in Q,\\ \dfrac{\mathrm{d}c_0(t)}{\mathrm{d}t}=kc_e(t)-gc_0(t)-mc_0(t), & t\in(0,T),\\ \dfrac{\mathrm{d}c_e(t)}{\mathrm{d}t}=-k_1c_e(t)P(t)+g_1c_0(t)P(t)-hc_e(t)+v(t), & t\in(0,T),\\ p(0,t)=\displaystyle\int_0^A\beta(a,c_0(t),S(t))p(a,t)\mathrm{d}a, & t\in(0,T),\\ p(a,0)=p_0(a), & a\in(0,A)\\ S(t)=\displaystyle\int_0^A w(a,t)p(a,t)\mathrm{d}a, & t\in(0,T),\\ 0\leqslant c_0(t)\leqslant 1, 0\leqslant c_e(t)\leqslant 1, & \\ P(t)=\displaystyle\int_0^A p(a,t)\mathrm{d}a, & (a,t)\in Q.\end{cases} \tag{3.1.1}$$

其中, $Q=(0,A)\times(0,T)$; $p(a,t)$ 表示 t 时刻年龄为 a 的种群个体的密度; $c_0(t)$ 和 $c_e(t)$ 分别表示 t 时刻有机物中污染物的浓度和环境中污染物的浓度; $\mu(a,c_0(t),S(t))$ 和 $\beta(a,c_0(t),S(t))$ 分别表示依赖于年龄 a 和浓度 $c_0(t)$ 的死亡率和生育率; $v(t)$ 表示 t 时刻的外界输入率; $p_0(a)$ 表示种群分布的初始年龄; $P(t)$ 表示 t 时刻的种群总规模; A 表示年龄最大值, $0<A<+\infty$; k,g,m,k_1,g_1,h 都是非负常数.

本节做以下假设:

(H$_1$) $\mu(a,c_0(t),S(t))\in L^1_{\text{loc}}$, $0\leqslant\mu(a,c_0(t),S(t))\leqslant\mu^0$, $\displaystyle\int_0^A\mu(a,c_0(t+a-A),S(t))\mathrm{d}a=+\infty$, $(a,t)\in Q$,其中, $\mu(a,c_0(t),S(t))$ 在$(0,A)\times(-\infty,0)$ 上延拓为零.

(H$_2$) $\beta(a,c_0(t),S(t))\in L^1_{\text{loc}}(Q)$, $0\leqslant\beta(a,c_0(t),S(t))\leqslant M_1$, $0\leqslant p_0(a)\leqslant p^0$, $(a,t)\in Q$, M_1和p^0都为常数.

(H$_3$) $v(.)\in L^2[0,T], 0\leqslant v_0\leqslant v_1<+\infty$.

(H$_4$) $|\beta(a,c_0(t),S^1)-\beta(a,c_0(t),S^2)|\leqslant L_\beta(M')|S^1-S^2|$, $|\mu(a,c_0(t),S^1)-\mu(a,c_0(t),S^2)|\leqslant L_\mu(M')|S^1-S^2|$,对任意的 $a\in(0,A)$.

(H$_5$) 对任意 $(a,t)\in Q$, $0\leqslant w(a,t)\leqslant w_0$.

(H_6) $g \leqslant k \leqslant g+m, v_1 \in h$.

不失一般性, 假设 $u \equiv 0$.

定义 3.1 如果满足下列等式, 则称 $(p(a,t), c_0(t), c_e(t))$ 为系统(3.1.1)的解:

$$c_0(t) = c_0(0)\exp\{-(g+m)t\} + k\int_0^t c_e(s)\exp\{(s-t)(g+m)\}\mathrm{d}s$$

$$c_e(t) = c_e(0)\exp\left\{-\int_0^t (k_1 p(\tau)+h)\mathrm{d}\tau\right\} + \int_0^t (g_1 c_0(s)p(s)+v(s))\exp\left\{\int_t^s (k_1 p(\tau)+h)\mathrm{d}\tau\right\}\mathrm{d}s$$

$$p(a, c_0(t); S) = \begin{cases} p_0(a-t)\Pi(a, c_0(t), t; S), & a \geqslant t, \\ b(c_0(t-a); S)\Pi(a, c_0(t), a; S), & a < t. \end{cases} \tag{3.1.2}$$

其中,

$$\Pi(a, c_0(t), a; S) = \exp\left\{-\int_0^s \mu((a-\tau), c_0(t-\tau), S(t-\tau))\mathrm{d}\tau\right\}, s \in (0, \min(a,t)) \tag{3.1.3}$$

而 $b(.;S)$ 是下列 Volterra 积分方程的解:

$$b(.;S) = F(c_0(t);S) + \int_0^t K(c_0(t), s; S)b(t-s;S)\mathrm{d}s, t \in (0,T) \tag{3.1.4}$$

其中,

$$F(c_0(t);S) = \int_0^\infty \beta(a+t, c_0(t), S(t))p_0(a)\Pi(a+t, c_0(t), t; S)\mathrm{d}a \tag{3.1.5}$$

$$K(c_0(t), a; S) = \beta(a, c_0(t), S(t))\Pi(a, c_0(t), a; S) \tag{3.1.6}$$

上式中, 函数 p_0, β, Π 在其定义域外延拓为零. 在系统 (3.1.1) 中, $c_0(t)$ 和 $c_e(t)$ 表示污染物的浓度, 所以有不等式

$$0 \leqslant c_0(t) \leqslant 1,\ 0 \leqslant c_e(t) \leqslant 1,\ t \in [0,T] \tag{3.1.7}$$

本节假定 $T > A$, 当 $T \leqslant A$ 时用同样的方法处理, 见参考文献 [70]. 令 $M' = p_0\max\{AM_1\exp^{TM_1}, 1\}$, $H = \{v \in L^\infty(0,T;L'(0,A)) : 0 \leqslant v(a,t) \leqslant M'$几乎处处成立$\}$. $\hbar = \{h \in L^\infty(0,T) : 0 \leqslant h(t) \leqslant AM'\omega_0$几乎处处成立$\}$.

引理 3.1　存在正常数 B_1 , B_2, 使得对任意 $S_1, S_2 \in \hbar$, $t \in (0,T)$, 有

$$|F(c_0(t);S^1) - F(c_0(t);S^2)| \leqslant B_1\left(|S^1(t) - S^2(t)| + \int_0^t |S^1(s) - S^2(s)|\mathrm{d}s\right)$$

$$0 \leqslant b(c_0(t);S^1) \leqslant B_2$$

$$|b(t;S^1) - b(t;S^2)| \leqslant B_2\left(|S^1(t) - S^2(t)| + \int_0^t |S^1(s) - S^2(s)|\mathrm{d}s\right) \tag{3.1.8}$$

证明　由式 (3.1.3)、式(3.1.5) 和假设 $(\mathrm{H}_1) \sim (\mathrm{H}_5)$ 知, 对所有 $t \in (0,T)$, 几乎处处有

$$\begin{aligned}
&|F(c_0(t);S^1) - F(c_0(t);S^2)| \\
\leqslant &\int_0^\infty |\beta(a+t,c_0(t),S^1(t)) - \beta(a+t,c_0(t),S^2(t))|p_0(a)\Pi(a+t,c_0(t),t;S^1)\mathrm{d}a+ \\
&\int_0^\infty \beta(a+t,c_0(t),S^2(t))p_0(a)|\Pi(a+t,c_0(t),t;S^1) - \Pi(a+t,c_0(t),t;S^2)|\mathrm{d}a \\
\leqslant &p^0AL_\beta(M')|S^1(t)-S^2(t)|+M_1p^0\int_0^\infty \exp\left\{-\int_0^s \mu((a-\tau),c_0(t-\tau),S^1(t-\tau))\mathrm{d}\tau\right\}- \\
&\exp\left\{-\int_0^s \mu((a-\tau),c_0(t-\tau),S^2(t-\tau))\mathrm{d}\tau\right\}\mathrm{d}a \\
\leqslant &p^0AL_\beta(M')|S^1(t) - S^2(t)|+ \\
&M_1p^0\int_0^\infty\int_0^t |\mu((a+s),c_0(s),S^1(s)) - \mu((a+s),c_0(s),S^2(s))|\mathrm{d}s\mathrm{d}a \\
\leqslant &p^0AL_\beta(M')|S^1(t) - S^2(t)| + M_1p^0L_\mu(M')\int_0^t |S^1(s) - S^2(s)|\mathrm{d}s
\end{aligned} \tag{3.1.9}$$

其中, $L_\beta(M')$, $L\mu(M')$ 分别为 β , μ 相应于 $\hbar$ 的局部 Lipschitz 常数, 系统 (3.1) 已成立.

由式 (3.1.4)到式 (3.1.6) 可知, $b(c_0(t);S^1) \leqslant AM_1p^0 + M_1\int_0^t b(s;S^1)\mathrm{d}s$, 由此据 Bellman 不等式可得

$$0 \leqslant b(c_0(t);S^1) \leqslant AM_1p^0\exp^{TM_1} := T_1 \tag{3.1.10}$$

由式 (3.1.6) 得

$$\begin{aligned}
&\int_0^t |K(c_0(t),s;S^1)b(c_0(t-s);S^1)-K(c_0(t),s;S^2)b(c_0(t-s);S^2)|\mathrm{d}s\\
\leqslant&\int_0^t b(c_0(t-s);s^1)|K(c_0(t),s;S^1)-K(c_0(t),s;S^2)|\mathrm{d}s+\\
&\int_0^t K(c_0(t),s;S^2)|b(c_0(t-s);S^1)-b(c_0(t-s);S^2)|\mathrm{d}s\\
\leqslant&T_1\int_0^t |\beta(s,c_0(t),S^1(t))\Pi(s,c_0(t),S^1(t))-\beta(s,c_0(t),S^2(t))\Pi(s,c_0(t),S^2(t))|\mathrm{d}s+\\
&\int_0^t M_1|b(s;S^1)-b(s;S^2)|\mathrm{d}s\\
\leqslant&T_1\int_0^t \beta(s,c_0(t),S;S^1(t))|\Pi(s,c_0(t),S;S^1(t))-\Pi(s,c_0(t),S;S^2(t))|\mathrm{d}s+\\
&T_1\int_0^t \Pi(s,c_0(t),S;S^2(t))|\beta(s,c_0(t),S;S^1(t))-\beta(s,c_0(t),S;S^2(t))|\mathrm{d}s+\\
&M_1\int_0^t |b(s;S^1)-b(s;S^2)|\mathrm{d}s\\
\leqslant&T_1M_1TL_\mu(M')\int_0^t |S^1(s)-S^2(s)|\mathrm{d}s+TT_1L_\beta(M')|S^1(t)-S^2(t)|\mathrm{d}s+\\
&M_1\int_0^t |b(s;S^1)-b(s;S^2)|\mathrm{d}s\\
\leqslant&(T_1M_1TL_\mu(M')+M_1)\int_0^t |S^1(t)-S^2(t)|\mathrm{d}s+T_1TL_\beta(M')|S^1(t)-S^2(t)|
\end{aligned} \tag{3.1.11}$$

结合系统(3.1)、式 (3.1.4) 和式(3.1.11) 得

$$\begin{aligned}
&|b(c_0(t);S^1)-b(c_0(t);S^2)|\\
\leqslant&\int_0^t |K(c_0(t),s;S^1)b(c_0(t-s);S^1)-K(c_0(t),s;S^2)b(c_0(t-s);S^2)|\mathrm{d}s\\
\leqslant&Ap^0L_\beta(M')|S^1(t)-S^2(t)|+M_1p^0L_\mu(M')
\end{aligned}$$

$$\int_0^t |S^1(s)-S^2(s)|\mathrm{d}s+(T_1M_1TL_\mu+M_1)\int_0^t |S^1(s)-S^2(s)|\mathrm{d}s+$$

$$T_1TL_\beta(M')|S^1(t)-S^2(t)|$$

$$\leqslant (1+T_1T)B_1(|S^1(t)-S^2(t)|+\int_0^t |S^1(s)-S^2(s)|\mathrm{d}s)+$$

$$M_1\int_0^t |b(s;S^1)-b(s;S^2)|\mathrm{d}s \tag{3.1.12}$$

再利用 Growall 不等式可得

$$|b(c_0(t);S^1)-b(c_0(t);S^2)|\leqslant B_2(|S^1(t)-S^2(t)|+\int_0^t |S^1(s)-S^2(s)|\mathrm{d}s$$

其中, $B_2=(1+T_1T)B_1[1+M_1(1+T)\exp^{TM_1}]$.

定义算子

$$PH\to L^\infty(0,T;L^1(0,A))$$

$$(Gp)(a,t)=p(a,c_0(t);S(t)),\qquad S(t)=\int_0^A w(a,t)p(a,t)\mathrm{d}a$$

$p(a,c_0(t);V)$ 形式如式 (3.1.2). 显然, $(Gp)\in H$.

定理 3.1　存在 $B_3>0$, 使得对任意 $p^1,p^2\in H$, 有 ($\|.\|_1$ 表示 L^1 中的范数)

$$||Gp^1(.,t)-Gp^2(.,t)||_1\leqslant B_3\int_0^t ||p^1(.,t)-p^2(.,t)||_1\mathrm{d}s,\ t\in(0,T).$$

证明　令 $S^i(t)=\int_0^A w(a,t)p^i(a,t)\mathrm{d}a, i=1,2$. 由式 (3.1.2)、式(3.1.3) 和引理 3.1 可得

$$||Gp^1(.,t)-Gp^2(.,t)||_1$$

$$=\int_0^t |p(a,c_0(t);S^1(t))-p(a,c_0(t);S^2(t))|\mathrm{d}a+$$

$$\int_0^A |p(a,c_0(t);S^1(t))-p(a,c_0(t);S^2(t))|\mathrm{d}a$$

$$=\int_0^t |b(c_0(t-a);S^1)\Pi(a,c_0(t),a;S^1)-b(c_0(t-a);S^2)\Pi(a,c_0(t),a;S^2)|\mathrm{d}a+$$

$$\int_t^A p^0(a-t)|\Pi(a,c_0(t),a;S^1)-\Pi(a,c_0(t),a;S^2)|\mathrm{d}a$$

$$\leqslant \int_0^t b(c_0(t-a);S^1)|\Pi(a,c_0(t),a;S^1)-\Pi(a,c_0(t),a;S^2)|\mathrm{d}a+$$

$$\int_0^t \Pi(a,c_0(t),a;S^2)|b(c_0(t-a);S^1)-b(c_0(t-a);S^2)|\mathrm{d}a+$$

$$p_0B_2\int_0^t |\exp\{-\int_0^a \mu(a-\tau,c_0(t-\tau),S^1(t-\tau))\mathrm{d}\tau\}-$$

$$\exp\{-\int_0^a \mu(a-\tau,c_0(t-\tau),S^2(t-\tau))\}|\mathrm{d}\tau\mathrm{d}a+$$

$$p^0\int_t^A |\exp\{-\int_0^t \mu(a-\tau,c_0(t-\tau),S^1(t-\tau))\mathrm{d}\tau\}-\mu(a-\tau,c_0(t-\tau),S^2(t-\tau))\mathrm{d}\tau\}|\mathrm{d}a+$$

$$\int_0^t |b(c_0(t-a);S^1)-b(c_0(t-a);S^2)|\mathrm{d}a$$

$$\leqslant B_2\int_0^t\int_0^a |\mu(a-\tau,c_0(t-\tau),S^1(t-\tau))-\mu(a-\tau,c_0(t-\tau),S^2(t-\tau))|\mathrm{d}\tau\mathrm{d}a+$$

$$p^0\int_t^A\int_0^t |\mu(a-\tau,c_0(t-\tau),S^1(t-\tau))-\mu(a-\tau,c_0(t-\tau),S^2(t-\tau))|\mathrm{d}\tau\mathrm{d}a+$$

$$\int_0^t |b(c_0(t-a);S^1)-b(c_0(t-a);S^2)|\mathrm{d}a$$

$$\leqslant B_2L_\mu(M')\int_0^t\int_0^a |S^1(t-\tau)-S^2(t-\tau)|\mathrm{d}\tau\mathrm{d}a+B_2\int_0^t |(S^1(t-a)-S^2(t-a)|+$$

$$\int_0^{t-a} |S^1(s)-S^2(s)|\mathrm{d}s)\mathrm{d}a+p^0\int_t^A\int_0^t |S^1(t-\tau)-S^2(t-\tau)|\mathrm{d}\tau\mathrm{d}a$$

$$\leqslant B_2L_\mu(M')\int_0^t\int_0^t |S^1(t-\tau)-S^2(t-\tau)|\mathrm{d}\tau\mathrm{d}a+B_2\int_0^t |S^1(t-a)-S^2(t-a)|\mathrm{d}a+$$

$$B_2\int_0^t\int_0^t |S^1(t)-S^2(t)|\mathrm{d}s)\mathrm{d}a+p^0\int_0^A\int_0^t |S^1(t-\tau)-S^2(t-\tau)|\mathrm{d}\tau\mathrm{d}a$$

$$\leqslant (TB_2L_\mu(M')+B_2+B_2T+Ap^0)\int_0^t |S^1(s)-S^2(s)|\mathrm{d}s$$

$$=T_2\int_0^t |\int_0^A w(a,t)[p^1(a,s)-p^2(a,s)]\mathrm{d}a|\mathrm{d}s\leqslant T_2w_0\int_0^t ||p^1(.,s)-p^2(.,s)||_1\mathrm{d}s \tag{3.1.13}$$

其中, $B_3 = T_2 w_0$.

引理 3.2　对系统 (3.1.1), 如果 $g \leqslant k \leqslant g+m$, $v_1 \in h$, 则对任意 $t \in [0,T]$, 恒有 $0 \leqslant c_0(t) \leqslant 1, 0 \leqslant c_e(t) \leqslant 1$.

证明见参考文献 [67].

下面讨论系统 (3.1.1) 解的存在唯一性.

引理 3.3　假如 $(\mathrm{H}_1) \sim (\mathrm{H}_6)$ 成立, 系统 (3.1.1) 存在唯一非负解 $(p(a, c_0(t)), c_0(t), c_e(t))$ 使得

(1) $(p(a, c_0(t), S), c_0(t), c_e(t)) \in L^\infty(Q) \times L^\infty(0,T) \times L^\infty(0,T)$.

(2) $0 \leqslant c_0(t) \leqslant 1, 0 \leqslant c_e(t) \leqslant 1, \forall t \in (0,T), 0 \leqslant p(a,t), \int_0^A p(a,t)\mathrm{d}a \leqslant M, \forall (a,t) \in Q, M = Ap^0 \exp\{M_1 T\}$.

证明　定义状态空间 $X = \{(p(a, c_0(t), S), c_0(t), c_e(t)) \in L^\infty(0,T; L^1(0,A)) \times L^\infty(0,T) \times L^\infty(0,T); 0 \leqslant c_0(t) \leqslant 1, 0 \leqslant c_e(t) \leqslant 1, 0 \leqslant p(a,t), \int_0^A p(a,t)\mathrm{d}a \leqslant M,$ 在 Q 上几乎处处成立$\}$, 同时定义映射 $G: X \to X, G(p, c_0, c_e) = (G_1(p, c_0, c_e), G_2(p, c_0, c_e), G_3(p, c_0, c_e))$, 其中, $G_2(p, c_0, c_e) = c_0(0)\exp\{-(g+m)t\} + k\int_0^t c_e(s)\exp\{(s-t)(g+m)\}\mathrm{d}s, G_3(p, c_0, c_e) = c_e(0)\exp\left\{-\int_0^t (k_1 p(\tau) + h)\mathrm{d}\tau\right\} + \int_0^t (g_1 c_0(s) p(s) + v(s))\exp\left\{\int_t^s (k_1 p(\tau) + h)\mathrm{d}\tau\right\}\mathrm{d}s$.

$$
\begin{aligned}
&|G_2(x^1) - G_2(x^2)|(t) \\
&= |k\int_0^t c_e^1(s)\exp\{(s-t)(g+m)\}\mathrm{d}s - k\int_0^t c_e^2(s)\exp\{(s-t)(g+m)\}\mathrm{d}s| \\
&\leqslant M_2 \int_0^t |c_e^1(s) - c_e^2(s)|\mathrm{d}s, \text{当} M_2 = k \text{时}
\end{aligned} \tag{3.1.14}
$$

$$
\begin{aligned}
|G_3(x^1) - G_3(x^2)|(t) = {} & |c_e(0)\exp\left\{-\int_0^t (k_1 p^1(\tau) + h)\mathrm{d}\tau\right\} + \\
& \int_0^t (g_1 c_0^1(s) p^1(s) + v(s))\exp\left\{\int_t^s (k_1 p^1(\tau) + h)\mathrm{d}\tau\right\}\mathrm{d}s - \\
& c_e(0)\exp\left\{-\int_0^t (k_1 p^2(\tau) + h)\mathrm{d}\tau\right\} - \\
& \int_0^t (g_1 c_0^2(s) p^2(s) + v(s))\exp\left\{\int_t^s (k_1 p^2(\tau) + h)\mathrm{d}a\right\}\mathrm{d}s| +
\end{aligned}
$$

$$
\begin{aligned}
&k_1\int_0^t |p^1(\tau)-p^2(\tau)|\mathrm{d}\tau+\\
&\int_0^t |v(s)\left(\exp\left\{\int_t^s k_1p^1(\tau)\mathrm{d}\tau\right\}-\exp\left\{\int_t^s k_1p^2(\tau)\mathrm{d}\tau\right\}\right)|\mathrm{d}s\\
\leqslant\ &(k_1+g_1)\int_0^t |p^1(s)-p^2(s)|\mathrm{d}s+g_1M\int_0^t |c_0^1(s)-c_0^2(s)|\mathrm{d}s+\\
&(g_1k_1M+k_1h_1)\int_0^t\int_0^\tau |p^1(s)-p^2(s)|\mathrm{d}s\mathrm{d}\tau\\
\leqslant\ &M_3\left(\int_0^t\int_0^A |p^1(a,s)-p^2(a,s)|\mathrm{d}a\mathrm{d}s+\int_0^t |c_0^1(s)-c_0^2(s)|\mathrm{d}s\right)
\end{aligned}
\tag{3.1.15}
$$

其中, $M_3=\max\{k_1+g_1+Tk_1h_1+TMg_1k_1, g_1M\}$ 是常数. 在 X 中, 定义等价泛函 $\|(p,c_0,c_e)\|_*=\mathrm{Ess}\sup\limits_{t\in[0,T]}\mathrm{e}^{-\lambda t}\left\{\int_0^A |p(a,t)\mathrm{d}a+|c_0(t)|+|c_e(t)|\right\}$, $\lambda>0$.

$$
\begin{aligned}
||G(x_1)-G(x_2)||_* =\ & ||G_1(x^1)-G_1(x^2), G_2(x^1)-G_2(x^2), G_3(x^1)-G_3(x^2))||_*\\
\leqslant\ & M_4\mathrm{Ess}\sup_{t\in[0,T]}\mathrm{e}^{-\lambda t}\int_0^t\left\{\int_0^A |p^1(a,s)-p^2(a,s)|\mathrm{d}a+\right.\\
&\left.|c_0^1(s)-c_0^2(s)|+|c_e^1(s)-c_e^2(s)|\right\}\mathrm{d}s\\
=\ & M_4\mathrm{Ess}\sup_{t\in[0,T]}\mathrm{e}^{-\lambda t}\int_0^t \mathrm{e}^{\lambda s}\left\{\mathrm{e}^{-\lambda s}\left(\int_0^A |p^1(a,s)-p^2(a,s)|\mathrm{d}a+\right.\right.\\
&\left.\left.|c_0^1(s)-c_0^2(s)|+|c_e^1(s)-c_e^2(s)|\right)\right\}\mathrm{d}s\\
\leqslant\ & M_4||x^1-x^2||_*\mathrm{Ess}\sup_{t\in[0,T]}\left\{\mathrm{e}^{-\lambda t}\int_0^t \mathrm{e}^{\lambda s}\mathrm{d}s\right\}\\
\leqslant\ & \frac{M_4}{\lambda}||x^1-x^2||_*
\end{aligned}
\tag{3.1.16}
$$

其中, $M_4=\max\{M_1,M_2,M_3\}$. 因此, 选择 $\lambda>M_4$ 使得 G 绝对收敛于 $(X,\|.\|_*)$, G 的唯一固定点 (p,c_0,c_e) 一定是系统 (3.1.1) 的解.

3.1.2 最优控制的存在性

本节主要考虑控制问题

$$
\max J(u)=\int_0^T\int_0^A g(a,t)u(a,t)p(a,t)\mathrm{d}a\mathrm{d}t \tag{3.1.17}
$$

$J(u)$ 代表收获种群的总效益, $U=\{u\in L^\infty(Q):0\leqslant u(a,t)\leqslant H$ 在 Q 上几乎处处成立$\}$ 为可容许控制集, $g\in L^1(Q)$ 表示个体经济价值, (u,p) 满足系统 (3.1.1).

令 $S^u(t)=\int_0^A w(a,t)p^u(a,t)\mathrm{d}a$.

引理 3.4 如果对充分小的 $\varepsilon>0$, $\int_0^{a-\varepsilon}\left(\frac{\partial w}{\partial t}+\frac{\partial w}{\partial a}\right)\mathrm{d}a$ 在 $(0,T)$ 上有界, 且存在常数 $M_5\geqslant Aw_0p^0$, 使得 $\int_0^{a-\varepsilon}\mu(a,t,M_5)\mathrm{d}a$ 在 $(0,T)$ 上有界, 则集 $\{S^u:u\in U\}$ 在 $L^2(0,T)$ 中相对紧.

证明 对充分小的 $\varepsilon>0$, 定义 $S^{u,\varepsilon}(t)=\int_0^{a-\varepsilon}w(a,t)p^u(a,t)\mathrm{d}a$. 在系统 (3.1.1) 两边同时乘以 $w(a,t)$, 并对 a 在 $[0,a-\varepsilon]$ 上积分得

$$\begin{aligned}\frac{\mathrm{d}S^{u,\varepsilon}(t)}{\mathrm{d}t}=&\int_0^{a-\varepsilon}p^u(a,t)\left(\frac{\partial w}{\partial t}+\frac{\partial w}{\partial a}\right)\mathrm{d}a-w(a-\varepsilon,t)p^u(a-\varepsilon,t)+\\&w(0,t)\int_0^a p^u(a,t)\beta\mathrm{d}a-\int_0^{a-\varepsilon}w(a,t)p^u(a,t)[\mu(a,t,S^u(t))+u(a,t)]\mathrm{d}a\end{aligned}$$

由引理条件知 $\frac{\mathrm{d}S^{u,\varepsilon}(t)}{\mathrm{d}t}$ 关于 u 一致有界, 利用 Frechet-Kolmmogorov 准则 [63], 自然可证 $\{S^{u,\varepsilon}:u\in v\}$ 在 $L^2(0,T)$ 中相对紧.

将 $S^{u,\varepsilon}$ 做如下延拓: 当 $t<0$ 或 $t>T$ 时, $S^{u,\varepsilon}(t)=0$. 显然, $S^{u,\varepsilon}(t)$ 在 R 上关于 u 一致有界, 且 $\lim\limits_{a\to+\infty}\int_{|s|>a}[S^{u,\varepsilon}(s)]^2\mathrm{d}s=0$ 关于 u 一致成立.

并且

$$\begin{aligned}\int_0^T[S^{u,\varepsilon}(s+t)-S^{u,\varepsilon}(s)]^2\mathrm{d}s&=\int_0^T\left[\int_s^{s+t}\frac{\mathrm{d}S^{u,\varepsilon}(r)}{\mathrm{d}r}\mathrm{d}r\right]^2\mathrm{d}s\\&\leqslant|t|\int_0^T\left|\int_s^{s+t}\left[\frac{\mathrm{d}S^{u,\varepsilon}(r)}{\mathrm{d}r}\right]^2\mathrm{d}r\right|\mathrm{d}s\\&\leqslant|t|T\int_0^T\left[\frac{\mathrm{d}S^{u,\varepsilon}(r)}{\mathrm{d}r}\right]^2\mathrm{d}r\end{aligned}$$

再利用 $\frac{\mathrm{d}S^{u,\varepsilon}(t)}{\mathrm{d}t}$ 关于 u 的一致有界性得 $\lim\limits_{t\to0}\int_0^T[S^{u,\varepsilon}(s+t)-S^{u,\varepsilon}(s)]^2\mathrm{d}s=0$ 关于 u 一致成立.

因此, $\{S^{u,\varepsilon}: u\in U\}$ 在 $L^2(0,T)$ 中相对紧. 最后, 根据 p^u 关于 u 的一致有界性可知

$$|S^u(t)-S^{u,\varepsilon}(t)|=\int_{a-\varepsilon}^{a} w(a,t)p^u(a,t)\mathrm{d}a\leqslant \varepsilon M w_0, \forall t\in[0,T],\ \forall u\in U$$

由 $\{S^{u,\varepsilon}: u\in U\}$ 的相对紧性自然得证该引理 [9].

定理 3.2 若引理 3.4 的条件成立, 则控制问题有解.

证明 令 $d=\sup\limits_{u\in U} J(u)$, 由定理 3.1 知 $0\leqslant d<+\infty$. 设 $\{u^n: n\geqslant 1\}$ 为 U 中的极大化序列, 使得

$$d-\frac{1}{n}<J(u^n)\leqslant d \tag{3.1.18}$$

由于 p^{u^n} 关于 u^n 一致有界, 故存在 u^n 的子序列 (仍记为 u^n), 使得当 $n\to\infty$ 时,

$$p^{u^n}\text{在 } L^2(Q) \text{ 中弱收敛于} p^* \tag{3.1.19}$$

同时存在子序列 $\{c_{i0}^n\}$, $\{c_e^n\}$ 满足 $\{c_{i0}^n\}$ 在 [0,T] 中收敛于 $c_0^*(n\to\infty)$, $\{c_e^n\}$ 在 [0,T] 中收敛于 $c_e^*(n\to\infty)$.

此外, 根据引理 3.4 知, 存在 u^n 的子序列 (仍记为 u^n), 使得当 $n\to\infty$ 时, 下列式子成立:

$$\text{在} L^2(0,T) \text{ 中, } S^{u^n}\to S^*$$

$$\text{对 } [0,T] \text{ 中几乎所有的 } t \text{ ,有 } S^{u^n}(t)\to S^*(t) \tag{3.1.20}$$

对序列 p^{u^n}, $\{c_{i0}^n\}$ 和 $\{c_e^n\}$ 应用 Mazur [7] 定理 , 存在序列 $\{\widetilde{p}_i^n: n\geqslant 1\}$, $\{c_{i0}^n\}$, $\{c_e^n\}$ 和实数 a_i^n, 使得

$$\begin{aligned}
\widetilde{p}^n(a,t)&=\sum_{i=n+1}^{k_n} a_i^n p^{u^i}(a,t),\quad a_i^n\geqslant 0,\qquad \sum_{i=n+1}^{k_n} a_i^n=1\\
\widetilde{c}_{i0}^n(t)&=\sum_{j=n+1}^{k_n} a_j^n c_{i0}^{n_j},\quad a_j^n\geqslant 0,\qquad \sum_{j=n+1}^{k_n} a_j^n=1\\
\widetilde{c}_e^n(t)&=\sum_{j=n+1}^{k_n} a_j^n c_e^{n_j},\quad a_j^n\geqslant 0,\qquad \sum_{j=n+1}^{k_n} a_j^n=1
\end{aligned} \tag{3.1.21}$$

并且

$$\text{在} L^2(Q) \text{ 中当 } n\to\infty \text{ 时, } \widetilde{p}^n\to p^*$$

$$\text{在 } [0,T] \text{ 中当 } n\to\infty \text{时，} \widetilde{c}_{i0}^n \to c_{i0}^*,\ \ \widetilde{c}_e^n \to c_e^* \tag{3.1.22}$$

定义控制序列

$$\widetilde{u}^n = \begin{cases} \dfrac{\sum\limits_{i=n+1}^{k_n} a_i^n u^i(a,t) p^{u^i}(a,t)}{\sum\limits_{i=n+1}^{k_n} a_i^n p^{u^i}(a,t)}, & \text{若分母不为零,} \\ \widetilde{u}^n = \underline{u}, & \text{若分母为零.} \end{cases} \tag{3.1.23}$$

显然，$\widetilde{u}^n \in U$. 利用 $L^2(Q)$ 中有界序列的弱紧性知，存在子序列 (仍记为 $\widetilde{u}^n$)，使得：当 $n\to\infty$时，$\widetilde{u}^n$弱收敛于u^*.

由式 (3.1.19)和式 (3.1.2) 可知

$$S^*(t) = \int_0^a w(a,t) p^*(a,t)\mathrm{d}a$$

根据式 (3.1.21)、式 (3.1.23) 和式 (3.1.17) 可得

$$\begin{cases} \dfrac{\partial \widetilde{p}^n}{\partial t} + \dfrac{\partial \widetilde{p}^n}{\partial a} = -\sum\limits_{i=n+1}^{k_n} a_i^n \mu(a, c_0(t), S^{u^i}(t)) p^{u^i} - \widetilde{u}^n(a, c_0(t), S(t)) \widetilde{p}^n(a,t), \\ \qquad\qquad\qquad\qquad\qquad\qquad\qquad\qquad\qquad\qquad (a,t)\in Q, \\ \dfrac{\mathrm{d}\widetilde{c}_0^n(t)}{\mathrm{d}t} = k\widetilde{c}_e^n(t) - g\widetilde{c}_0^n - m\widetilde{c}_0^n, & t\in(0,T), \\ \dfrac{\mathrm{d}\widetilde{c}_e^n(t)}{\mathrm{d}t} = -k_1 \sum\limits_{i=n+1}^{k_n} a_i^n c_e^{n_i} P^{u_i} + g_1 \sum\limits_{i=n+1}^{k_n} a_i^n c_0^{n_i} P^{u_i} - h\widetilde{c}_e^n + v(t), & t\in(0,T), \\ \widetilde{p}^n(0,t) = \displaystyle\int_0^A \sum\limits_{i=n+1}^{k_n} a_i^n \beta(a, c_0(t), S^{u^i}(t)) p^{u^i}(a,t)\mathrm{d}a, & t\in(0,T), \\ \widetilde{p}^n(a,0) = p_0(a), & a\in(0,A), \\ S^{u^i}(t) = \displaystyle\int_0^A w p^{u^i}(a,t)\mathrm{d}a, & t\in(0,T), \\ 0 \leqslant \widetilde{c}_0^n(t) \leqslant 1, 0 \leqslant \widetilde{c}_e^n(t) \leqslant 1, \\ P^{u^i}(t) = \displaystyle\int_0^A p^{u^i}(a,t)\mathrm{d}a, & (a,t)\in Q. \end{cases} \tag{3.1.24}$$

当 $n \to \infty$ 时, 由式 (3.1.18) 知 $S^{u^i}(t) \to S^*$. 再由假设 (H_1)、假设 (H_2) 和式 (3.1.22) 可得, 对几乎所有的 $(a,t) \in Q$, 下列式子成立:

$$\begin{cases} \sum_{i=n+1}^{k_n} a_i^n \mu(a, c_0(t), S^{u^i}(t)) p^{u^i} \to \mu(a, c_0(t), S^*(t)) p^*(a,t), \\ \sum_{i=n+1}^{k_n} a_i^n \beta(a, c_0(t), S^{u^i}(t)) p^{u^i}(a,t) \to \beta(a, c_0(t), S^*(t)) p^*(a,t). \end{cases} \tag{3.1.25}$$

对式 (3.1.22) 的积分形式取极限 $(n \to \infty)$ 并利用式 (3.1.25) 得 $p^{u^*} = p^*$, 从而 $S^{u^*} = S^*$.

由式 (3.1.18) 知, $d - \dfrac{1}{n} \leqslant \sum\limits_{i=n+1}^{k_n} a_i^n J(u^i) \leqslant d$. 因此, $\sum\limits_{i=n+1}^{k_n} a_i^n J(u^i) \to d(n \to \infty)$. 又因为

$$\begin{aligned} \sum_{i=n+1}^{k_n} a_i^n J(u^i) &= \sum_{i=n+1}^{k_n} \left[\int_0^T \int_0^A g(a,t) u^i(a,t) p^{u^i}(a,t) \right] \mathrm{d}a\mathrm{d}t \\ &= \int_0^T \int_0^A g(a,t) \sum_{i=n+1}^{k_n} a_i^n u^i(a,t) p^{u^i}(a,t) \mathrm{d}a\mathrm{d}t \\ &= \int_0^T \int_0^A g(a,t) \widetilde{u}^n(a,t) \widetilde{p}^n(a,t) \mathrm{d}a\mathrm{d}t \\ &\to \int_0^T \int_0^A g(a,t) u^*(a,t) p^{u^*}(a,t) \mathrm{d}a\mathrm{d}t \quad (n \to \infty) \\ &= J(u^*) \end{aligned}$$

所以, $J(u^*) = d = \sup\limits_{u \in U} J(u)$, 说明 u^* 为最优解:

3.1.3 最优控制的必要条件

本节主要考虑最优控制的必要条件, 设 (p, c_0, c_e) 是下列系统相应于 u 的解:

$$
\begin{cases}
\dfrac{\partial p(a,t)}{\partial a}+\dfrac{\partial p(a,t)}{\partial t}=-\mu(a,c_0(t),S(t))p(a,t)-u(a,c_0(t),S(t))p(a,t), \\
\hfill (a,t)\in Q, \\
\dfrac{\mathrm{d}c_0(t)}{\mathrm{d}t}=kc_e(t)-gc_0(t)-mc_0(t), & t\in(0,T), \\
\dfrac{\mathrm{d}c_e(t)}{\mathrm{d}t}=-k_1c_e(t)P(t)+g_1c_0(t)P(t)-hc_e(t)+v(t), & t\in(0,T), \\
p(0,t)=\displaystyle\int_0^A \beta(a,c_0(t),S(t))p(a,t)\mathrm{d}a, & a\in(0,A), \\
p(a,0)=p_0(a), & t\in(0,T), \\
S(t)=\displaystyle\int_0^A w(a,t)p(a,t)\mathrm{d}a, & t\in(0,T), \\
0\leqslant c_0(t)\leqslant 1, 0\leqslant c_e(t)\leqslant 1, \\
P(t)=\displaystyle\int_0^A p(a,t)\mathrm{d}a, & (a,t)\in Q.
\end{cases}
\tag{3.1.26}
$$

定理 3.3　如果 u^* 是最优控制, (p^*,c_0^*,c_e^*) 是对应的最优状态, 则

$$
u^*(a,t)=Ł\left(\frac{[g(a,t)-q_1(a,t)]p^*(a,t)}{c_1}\right) \text{ 在 } Q\text{上几乎处处成立}
$$

其中

$$
Ł(x)=\begin{cases} 0, & x<0, \\ x, & 0\leqslant x\leqslant H, \\ H, & x>H, \end{cases}
$$

(q_1,q_2,q_3) 是下列共轭系统相应于 (u^*,v^*) 的解

$$\begin{cases}\dfrac{\partial q_1}{\partial a}+\dfrac{\partial q_1}{\partial t}=-[\mu(a,c_0^*(t),S^*(t))+u^*(a,t)]q_1(a,t)+\\ (k_1-g_1)c_0^*(t)q_3(t)-g(a,t)u^*(a,t),\\ \dfrac{\mathrm{d}q_2}{\mathrm{d}t}=-\displaystyle\int_0^A\dfrac{\partial\mu(a,c_0^*(t),S^*(t))}{\partial c_0}p^*(a,t)q_1(a,t)\mathrm{d}a+(g+m)q_2(t)-g_1p^*(t)q_3(t),\\ \dfrac{\mathrm{d}q_3}{\mathrm{d}t}=kq_2+k_1p^*(t)q_3(t)+hq_3(t),\\ q_1(0,T)=q_1(A,t)=0,\\ q_2(T)=q_3(T)=0.\end{cases}\tag{3.1.27}$$

证明　系统 (3.1.27) 的唯一有界解的存在性可用与系统 (3.1.1) 相同的方法处理. $(u^*+\varepsilon r)\in U$ 使得 ε 足够小 [71], 由 $J(u^*+\varepsilon r)\leqslant J(u^*)$ 可得

$$\int_0^T\int_0^A g(a,t)[u^*(a,t)+\varepsilon r]p^\varepsilon(a,t)\mathrm{d}a\mathrm{d}t\leqslant\int_0^T\int_0^A g(a,t)u^*p^*(a,t)\mathrm{d}a\mathrm{d}t$$

即

$$\int_0^T\int_0^A g(a,t)u^*z_1(a,t)\mathrm{d}a\mathrm{d}t+\int_0^T\int_0^A g(a,t)p^*(a,t)r\mathrm{d}a\mathrm{d}t\leqslant 0\tag{3.1.28}$$

其中, $z_1(a,t)=\lim\limits_{\varepsilon\to 0}\dfrac{1}{\varepsilon}(p^\varepsilon(a,t)-p^*(a,t))$, $z_2(t)=\lim\limits_{\varepsilon\to 0}\dfrac{1}{\varepsilon}(c_0^\varepsilon(t)-c_0^*(t))$, $z_3(t)=\lim\limits_{\varepsilon\to 0}\dfrac{1}{\varepsilon}(c_e^\varepsilon(t)-c_e^*(t))$, p^ε 相应于 $u^*+\varepsilon r$ 的解. 由定理 3.3 的条件可知, $z_1(a,t)$, $z_2(t)$, $z_3(t)$ 有意义, 同时 (z_1,z_2,z_3) 满足

$$\begin{cases}\dfrac{\partial z_1}{\partial a}+\dfrac{\partial z_1}{\partial t}=-[\mu(a,c_0^*(t),S^*(t))+u^*(a,t)]z_1(a,t)-\\ \dfrac{\partial\mu(a,c_0^*(t),S^*(t))}{\partial c_0}p^*(a,t)z_2(a,t)-\dfrac{\partial\mu(a,c_0^*(t),S^*(t))}{\partial S}p^*(a,t)z_2(t)-rp^*(a,t),\\ \dfrac{\mathrm{d}z_2}{\mathrm{d}t}=kz_3(t)-gz_2(t)-mz_2(t),\\ \dfrac{\mathrm{d}z_3}{\mathrm{d}t}=-k_1c_e^*(t)Z_1(t)+g_1c_0^*(t)z_1(a,t)+g_1P^*(t)z_2(t)-(k_1P^*(t)+h)z_3(t)+r,\\ z_1(0,t)=\displaystyle\int_0^A\beta(a,c_0^*(t),S^*(t))z_1(a,t)\mathrm{d}a-\int_0^A\frac{\partial\beta(a,c_0^*(t),S^*(t))}{\partial c_0}\mathrm{d}a-\\ \displaystyle\int_0^A\frac{\partial\beta(a,c_0^*(t),S^*(t))}{\partial S}\mathrm{d}a,\\ z_1(a,0)=z_2(0)=z_3(0)=0,\\ Z_1=\displaystyle\int_0^A z_1(a,t)\mathrm{d}a,P^*=\int_0^A p^*(a,t)\mathrm{d}a,\\ Z_1(a,T)=0.\end{cases}\tag{3.1.29}$$

将系统 (3.1.27) 的前三个方程分别乘以 q_1, q_2, q_3 在 Q 上积分, 并结合式 (3.1.29) 得

$$\int_0^T\int_0^A g(a,t)u^*(a,t)z_1(a,t)\mathrm{d}a\mathrm{d}t=-\int_0^T\int_0^A rp^*(a,t)q_1(a,t)\mathrm{d}a\mathrm{d}t-\int_0^T rq_3(t)\mathrm{d}t\tag{3.1.30}$$

将式 (3.1.30) 代入式 (3.1.28) 可得

$$\int_0^T\int_0^A(g-q_1)p^*(a,t)r\mathrm{d}a\mathrm{d}t-\int_0^T q_3(t)r\mathrm{d}t\leqslant 0,\ r\in u^*$$

由法锥性质可得 $((g-q_1)p^*-q_3)\in N_U(u^*)$, 即定理结论成立.

3.1.4　小结

本节建立了污染环境中与年龄相关的具有加权的种群动力系统模型, 并讨论了该模型及其适定性, 利用不动点定理得出该系统解的唯一性, 利用极大化序列及紧性证明最优控制的存在性, 推导出共轭系统, 利用法锥性质得到最优控制的必要条件.

3.2 污染环境中具有时滞的个体尺度种群系统的最优控制

我们知道, 对于生物而言, 时滞是客观存在的, 也是不可忽视的因素, 例如新生个体的孕育、食物的消化吸收等都需要时间. 在现实世界中, 生物种群的成熟不是瞬时的过程, 而是存在时滞的, 时滞可认为是种群个体从孕育到成熟所花的时间. 本节考虑的时滞为孕育期时滞. 引入时滞往往会增加理论分析的难度且常常会给系统带来复杂的影响. 在 1977 年, Swick K E 研究了具有时滞与年龄结构的非线性种群模型 [42,43]. Cushing J M 研究了具有时滞与年龄结构的种群的稳定性和不稳定性 [44]. 近些年, 何泽荣等研究了基于时滞与年龄分布的齐次模型和尺度结构模型 [45,46], 邱宏、刘思棋、邓文敏研究了带 Lévy 跳的时滞捕食-食饵随机模型的最优捕获问题 [72], 陈姗姗等研究了具有 Patch 结构的时滞单种群模型的 Hopf 分支 [73]. 陈沙沙、廖新元等对污染环境中带时滞的随机竞争模型生存性进行分析, 得到两种群灭绝、非平均持久、弱平均持久及强平均持久的充分条件 [74].

本节在考虑种群个体差异的基础上, 进一步考虑在污染环境中个体从受孕到出生的时间滞后, 建立了污染环境中一类具有时滞的个体尺度种群系统的最优输入率控制模型. 通过利用特征线法和适当的变量替换, 在合理的假设条件下证明了状态系统的适定性、解对控制变量的连续依赖性及最优控制的存在性, 最终得到系统最优输入率的必要条件.

3.2.1 基本模型及其适定性

本节提出并研究如下污染环境中具有时滞和尺度结构的非线性种群动力系统

$$
\begin{cases}
\dfrac{\partial[g(s)p(s,t)]}{\partial s}+\dfrac{\partial p(s,t)}{\partial t}=-\mu(s,t,c_0(t),J(t))p(s,t)-u(s,t,c_0(t))p(s,t), \\
\dfrac{\mathrm{d}c_0(t)}{\mathrm{d}t}=kc_e(t)-gc_0(t)-mc_0(t), & t\in(0,T), \\
\dfrac{\mathrm{d}c_e(t)}{\mathrm{d}t}=-k_1c_e(t)P(t)+g_1c_0(t)P(t)-hc_e(t)+v(t), & t\in(0,T), \\
g(s_-)p(s_-,t)=\displaystyle\int_{s_-}^{s_+}\beta(s,t-\tau,c_0(t-\tau),R(t))p(s,t-\tau)\mathrm{d}s, & t\in(0,T), \\
p(s,t)=\begin{cases}\varphi(s,t), & (s,t)\in[s_-,s_+)\times[-\tau,0], \\ 0, & (s,t)\in[s_+,+\infty)\times[-\tau,+\infty),\end{cases} \\
J(t)=\displaystyle\int_{s_-}^{s_+}\delta(s,t)p(s,t)\mathrm{d}s, R(t)=\int_{s_-}^{s_+}\gamma(s,t)p(s,t)\mathrm{d}s, & t\in(0,T), \\
0\leqslant c_0(0)\leqslant 1, 0\leqslant c_e(0)\leqslant 1, \\
P(t)=\displaystyle\int_{s_-}^{s_+}p(s,t)\mathrm{d}s, & (s,t)\in Q.
\end{cases}
\tag{3.2.1}
$$

其中, $Q=[s_-,s_+]\times(0,T)$, 正常数 s_-,s_+ 分别表示种群个体的最小和最大有限尺度; T 表示种群的控制周期, $0<T<\infty$; $p(s,t)$ 表示 t 时刻尺度为 s 的种群个体的密度; $g(s)$ 代表个体尺度 s 随时间的增长率; $c_0(t)$ 和 $c_e(t)$ 分别表示 t 时刻有机物中污染物的浓度和环境中污染物的浓度; $\mu(s,t,c_0(t),J(t))$ 和 $\beta(s,t-\tau,c_0(t-\tau),R(t))$ 表示依赖于尺度 s 和浓度 $c_0(t)$ 的死亡率和出生率; $v(t)$ 表示 t 时刻的外界输入率; $u(s,t,c_0(t))$ 表示人对种群个体的捕捞强度; $\varphi(s,t)$ 表示种群在初始时间段上的数量分布; $\varphi(s,0)$ 表示 $t=0$ 时刻种群密度的初始分布; 边界条件 $p(s,t)=0,\forall(s,t)\in[s_+,+\infty)\times[-\tau,+\infty)$ 表示任何时刻都不会有尺度超过 s_+ 的个体; $P(t)$ 表示 t 时刻的种群总规模; 常数 $\tau>0$ 表示新生个体的孕育期; $\delta(s,t)$, $\gamma(s,t)$ 表示权重函数; k,g,m,k_1,g_1,h 都是非负常数.

本节做以下假设:

(H_1) $\varphi\in C([s_-,s_+]\times[-\tau,0],R^+), 0\leqslant\varphi\leqslant M$, 其中 M 为常数.

(H_2) $\beta\in C([s_-,s_+]\times(0,T),R^+), 0\leqslant\beta\leqslant\overline{\beta}<+\infty$.

(H_3) $\mu\in C([s_-,s_+]\times(0,T),R^+), \mu(s,t,c_0(t),J(t))=\alpha_1(s_+-s)^{-\alpha_2}, \alpha_1>0$, $\alpha_2>1$, 且满足

$$\left|\frac{\partial \mu(s,t,c_0(t),J(t))}{\partial s}\right|+\left|\frac{\partial^2 \mu(s,t,c_0(t),J(t))}{\partial s^2}\right|\leqslant \lambda, \lambda\text{为正常数}.$$

(H$_4$) $g\in C^1([s_-,s_+],R^+)$, $g(s_-)>0, g(s^+)=0; \int_{s_-}^{s_+}\frac{\mathrm{d}s}{g(s)}<\infty$, $\int_{s_-}^{s_+}\frac{u(s)}{g(s)}\mathrm{d}s<\infty$, $g(s)^{-1}<N$, 其中 N 为常数.

(H$_5$) 函数 g,β,φ 满足由系统 (3.2.1) 中第 4 式所确定的匹配性条件, 即

$$g(s_-)\varphi(s_-,0)=\int_{s_-}^{s_+}\beta(s,-\tau,c_0(-\tau),R(t))\varphi(s,-\tau)\mathrm{d}s$$

(H$_6$) 容许控制集定义为

$$u\in\mathcal{U}=\{u(s,t)\in L^\infty(Q):0\leqslant \underline{u}\leqslant u(s,t)\leqslant \overline{u}, \text{a.e.}Q\}$$

其中, $\underline{u},\overline{u}$, 为非负常数.

(H$_7$) $\forall(s,t)\in Q, 0\leqslant\delta(s,t)\leqslant M_2, 0\leqslant\gamma(s,t)\leqslant M_3$, $M_i(i=2,3)$ 为固定常数.

(H$_8$) 控制区间长度满足 $T>\tau+\Gamma(s_+)$.

不失一般性, 本节假设 $u\equiv 0$.

定义 $\Gamma(s)=\int_{s_-}^{s}\frac{1}{g(x)}\mathrm{d}x$, 它表示个体从出生到尺度增长至 s 所需要的时间, 即个体相对于尺度 s 的年龄, 应用特征线法引进变量 θ 使得: $\frac{\mathrm{d}t}{\mathrm{d}\theta}=1, \frac{\mathrm{d}s}{\mathrm{d}\theta}=g(s(\theta))$, 则有

$$\frac{\mathrm{d}p(s(\theta),t(\theta))}{\mathrm{d}\theta}=g(s(\theta))\frac{\partial p(s(\theta),t(\theta))}{\partial s}+\frac{\partial p(s(\theta),t(\theta))}{\partial t}\tag{3.2.2}$$

由系统 (3.2.1) 的第 1 式得

$$\frac{\partial p(s,t)}{\partial t}+g(s)\frac{\partial p(s,t)}{\partial s}+p(s,t)\frac{\mathrm{d}g(s)}{\mathrm{d}s}=-\mu(s,t,c_0(t),J(t))p(s,t)$$

由此式 (3.2.2) 变为

$$\frac{\mathrm{d}p(s(\theta),t(\theta))}{\mathrm{d}\theta}=-\left[\mu(s,t(\theta),c_0(t),J(t))+\frac{\mathrm{d}g(s)}{\mathrm{d}s}\right]\Bigg|_{s=s(\theta)}p(s(\theta),t(\theta))$$

设在 t_0 时刻某个体的尺度为 s_0, 经过一段时间 $\theta = t - t_0$ 后, 尺度变为 s, 则有 $s = \Gamma^{-1}(\Gamma(s_0) + \theta)$, 由上式及系统 (3.2.1) 可得

$$c_0(t) = c_0(0)\exp\{-(g+m)t\} + k\int_0^T c_e(s)\exp\{(s-t)(g+m)\}\mathrm{d}s \tag{3.2.3}$$

$$\begin{aligned} c_e(t) = {} & c_e(0)\exp\left\{-\int_0^T (k_1P(\tau)+h)\mathrm{d}\tau\right\} + \\ & \int_0^T (g_1c_0(s)P(s)+\nu(s))\exp\left\{\int_t^s (k_1P(\tau)+h)\mathrm{d}\tau\right\}\mathrm{d}s \end{aligned} \tag{3.2.4}$$

$$\begin{aligned} & p(\Gamma^{-1}(\Gamma(s_0)+\theta), t_0+\theta) \\ = & \begin{cases} p(s_0,t_0)\exp\left\{-\displaystyle\int_0^\theta \mu(\Gamma^{-1}[\Gamma(s_0)+x], t_0+x, c_0(t); J(t-x)) + \right. \\ \left. g'(\Gamma^{-1}[\Gamma(s_0)+x])\mathrm{d}x\right\}, & 0 < \theta \leqslant \Gamma(s_+) - \Gamma(s_0), \\ 0, & \theta > \Gamma(s_+) - \Gamma(s_0). \end{cases} \end{aligned} \tag{3.2.5}$$

为了后续讨论方便, 将式 (3.2.5) 进一步具体化如下

当 $0 < t \leqslant \Gamma(s)$ 时, 取 $s_0 = \Gamma^{-1}(\Gamma(s) - t), t_0 = 0, \theta = t$, 由式 (3.2.5) 及系统 (3.2.1) 第 5 式可得

$$\begin{aligned} p(s,t) = {} & \varphi(\Gamma^{-1}[\Gamma(s)-t], 0)\exp\left\{-\int_0^t [\mu(\Gamma^{-1}[\Gamma(s)+x-t], x, c_0(t); J(t-x)) + \right. \\ & \left. g'(\Gamma^{-1}[\Gamma(s)+x-t])]\mathrm{d}x\right\} \end{aligned} \tag{3.2.6}$$

取 $s_0 = \Gamma^{-1}(\Gamma(s) - t), t_0 = -\tau, \theta = t$, 由式 (3.2.5) 可得

$$\begin{aligned} p(s,t-\tau) = {} & \varphi(\Gamma^{-1}[\Gamma(s)-t], -\tau)\exp\left\{-\int_0^t [\mu(\Gamma^{-1}[\Gamma(s)+x-t], x-\tau, c_0(t); \right. \\ & \left. J(t-\tau-x)) + g'(\Gamma^{-1}[\Gamma(s)+x-t])]\mathrm{d}x\right\} \end{aligned} \tag{3.2.7}$$

当 $t > \Gamma(s)$, 取 $s_0 = s_-, t_0 = t - \Gamma(s), \theta = \Gamma(s)$, 定义 $B(t) := g(s_-)p(s_-, t)$, 由式 (3.2.5) 得

$$p(s,t) = \frac{B(t-\Gamma(s))}{g(s_-)} \exp\left\{ -\int_0^{\Gamma(s)} [\mu(\Gamma^{-1}(x), t + x - \Gamma(s), c_0(t); J(t-x)) + g^{'}(\Gamma^{-1}(x))] \mathrm{d}x \right\} \tag{3.2.8}$$

同理, 为了得到 $p(s, t-\tau)$ 的表达式, 需分情况讨论.

当 $t - \tau \leqslant \Gamma(s)$ 时, 即 $-\tau \leqslant t - \tau - \Gamma(s) \leqslant 0$, 取 $s_0 = s_-, t_0 = t - \tau - \Gamma(s), \theta = \Gamma(s)$, 由式 (3.2.5) 可得

$$p(s, t-\tau) = \varphi(s_-, t - \tau - \Gamma(s)) \exp\left\{ -\int_0^{\Gamma(s)} [\mu(\Gamma^{-1}(x), t + x - \tau - \Gamma(s), c_0(t); J(t - \tau - x)) + g^{'}(\Gamma^{-1}(x))] \mathrm{d}x \right\} \tag{3.2.9}$$

当 $t - \tau > \Gamma(s)$ 时, 同样取 $s_0 = s_-, t_0 = t - \tau - \Gamma(s), \theta = \Gamma(s)$, 由式 (3.2.5) 可得

$$p(s, t-\tau) = \frac{B(t - \tau - \Gamma(s))}{g(s_-)} \exp\left\{ -\int_0^{\Gamma(s)} [\mu(\Gamma^{-1}(x), t + x - \tau - \Gamma(s), c_0(t); J(t - \tau - x)) + g^{'}(\Gamma^{-1}(x))] \mathrm{d}x \right\} \tag{3.2.10}$$

由系统 (3.2.1) 的第 4 式可知

$$B(t) = \int_{s_-}^{s_+} \beta(s, t-\tau, c_0(t-\tau), R(t)) p(s, t-\tau) \mathrm{d}s, t \in (0, T) \tag{3.2.11}$$

当 $0 < t \leqslant \tau$ 时, 由初始条件直接给出 $p(s, t-\tau)$, 故 $B(t)$ 已知.

当 $t > \tau$ 时, 定义

$$\Pi(s, t, c_0(t); x, J) = \exp\left\{ -\int_0^{\Gamma(s)} [\mu(\Gamma^{-1}(x), t + x - \Gamma(s), c_0(t); J(t - \tau - x)) + g^{'}(\Gamma^{-1}(x))] \mathrm{d}x \right\} \tag{3.2.12}$$

由式 (3.2.9)~ 式 (3.2.12) 得

$$B(t)=\int_{s_-}^{\Gamma^{-1}(t-\tau)}\beta(s,t-\tau,c_0(t-\tau),R(t))\frac{B(t-\tau-\Gamma(s))}{g(s_-)}\Pi(s,t-\tau,c_0(t);x,J)\mathrm{d}s+$$
$$\int_{\Gamma^{-1}(t-\tau)}^{s^+}\beta(s,t-\tau,c_0(t-\tau),R(t))\Pi(s,t-\tau,c_0(t);x,J)\varphi(s_-,t-\tau-\Gamma(s))\mathrm{d}s$$

对积分变量进行替换, 令 $y=t-\tau-\Gamma(s)$, 可得

$$B(t)=\int_0^{t-\tau}\beta(\Gamma^{-1}(t-\tau-y),t-\tau,c_0(t-\tau),R(t))\frac{B(y)}{g(s_-)}\Pi(\Gamma^{-1}(t-\tau-$$
$$y),t)g(\Gamma^{-1}(t-\tau-y))\mathrm{d}y+\int_{\Gamma^{-1}(t-\tau)}^{s^+}\beta(s,t-\tau,c_0(t-$$
$$\tau),R(t))\Pi(s,t-\tau,c_0(t);x,J)\varphi(s_-,t-\tau-\Gamma(s))\mathrm{d}s$$

因此, $B(t)$ 满足具有时滞的 Volterra 积分方程

$$B(t)=F(t-\tau,c_0(t-\tau),J,R)+$$
$$\int_0^{t-\tau}K(t-\tau-y,t-\tau,c_0(t-\tau),J,R)B(y)\mathrm{d}y,\quad t>\tau \tag{3.2.13}$$

其中, 定义函数 F,K 为

$$F(t,c_0(t),J,R)=\int_{\Gamma^{-1}(t-\tau)}^{s^+}\beta(s,t-\tau,c_0(t-\tau),R(t))\Pi(s,t-$$
$$\tau,c_0(t);x,J)\varphi(s_-,t-\tau-\Gamma(s))\mathrm{d}s \tag{3.2.14}$$

$$K(r,t,c_0(t),J,R)=\beta(\Gamma^{-1}(r),t-\tau,c_0(t-\tau),R(t))\frac{g(\Gamma^{-1}(r))}{g(s_-)}\Pi(\Gamma^{-1}(r),t,c_0(t),J) \tag{3.2.15}$$

定理 3.4　系统 (3.2.1) 在 $R^+:=(0,+\infty)$ 上有唯一的非负解 $p^u(s,t)$, 且它在任意有限时间区间内有界.

证明　当 $t\in(0,\tau]$ 时, 由式 (3.2.11) 可得

$$B(t)=\int_{s_-}^{s_+}\beta(s,t-\tau,c_0(t-\tau),R(t))\varphi(s,t-\tau)\mathrm{d}s:=B_1(t)$$

当 $t\in(\tau,2\tau]$ 时, 由式 (3.2.13) 可得

$$B(t)=F(t,c_0(t),J,R)+\int_0^{t-\tau}K(t-\tau-y,t-\tau,c_0(t-\tau),J,R)B_1(y)\mathrm{d}y:=B_2(t)$$

当 $t\in(2\tau,3\tau]$ 时, 由式 (3.2.13) 可得

$$\begin{aligned}B(t)=F(t,c_0(t),J,R)+\int_0^{\tau}K(t-\tau-y,t-\tau,c_0(t-\tau),J,R)B_1(y)\mathrm{d}y+\\ \int_{\tau}^{t-\tau}K(t-\tau-y,t-\tau,c_0(t-\tau),J,R)B_2(y)\mathrm{d}y:=B_3(t)\end{aligned}$$

如此继续, 可由以下迭代方程定义函数 $B(t)$

$$\begin{cases}B_0(t)=F(t,c_0(t),J,R),\\ B_{n+1}(t)=F(t,c_0(t),J,R)+\displaystyle\int_0^{t-\tau}K(t-\tau-y,t-\tau,c_0(t),J,R)B_n(y)\mathrm{d}y,t>\tau.\end{cases}$$

函数列 $B_n(t)$ 收敛于式 (3.2.13) 的解 $B(t)$. 因此, 式 (3.2.6)、式 (3.2.7) 就为系统 (3.2.1) 的解且是唯一的. 由函数 F,K 的定义, 可知该解也为非负解.

下面证明该解的有界性. 由假设 $(\mathrm{H}_1)\sim(\mathrm{H}_7)$ 可知函数 F 有上界, 令其上界为 F^+, 则由式 (3.2.13) 知

$$B(t)\leqslant F^++\int_0^{t}K(t-\tau-y,t-\tau,c_0(t-\tau),J,R)B(y)\mathrm{d}y$$

由 K 的有界性及 Bellman 不等式知, $B(t)$ 在 t 的有限区间上有上界, 从而在任意有限时间区间内 $p(s,t)$ 有界. 证毕.

推论 3.1 若假设 $(\mathrm{H}_1)\sim(\mathrm{H}_7)$ 成立, 则对任意给定的 $u_1(s,t)\leqslant u_2(s,t)$, a.e. $(s,t)\in Q$, 有 $p^{u_1}(s,t)\geqslant p^{u_2}(s,t)$, a.e. $(s,t)\in Q$, 其中, $p^u(s,t)$ 为系统 (3.2.1) 相应于 $u(s,t)$ 的解.

3.2.2 最优控制的存在性

本小节主要考虑控制问题

$$\max_{u\in\mathcal{U}}J(u)=\int_{Q_T}w(s,t)u(s,t,c_0(t))p(s,t)\mathrm{d}s\mathrm{d}t \tag{3.2.16}$$

其中, $w(s,t) \geqslant 0$ 为权函数, 表示 t 时刻尺度为 s 的个体的经济价值. 记 $p(s,t)$ 为给定 $u \in \mathcal{U}$ 时系统 (3.2.1) 的解, 因此 $J(u)$ 表示在时间段 $[0,T]$ 内人们捕捞种群个体所获得的总经济效益.

引理 3.5 若假设 $(\mathrm{H}_1) \sim (\mathrm{H}_8)$ 成立, $J^u(t) = \int_{s^-}^{s+} \delta(s,t)p^u(s,t)\mathrm{d}s$, $R^u(t) = \int_{s_-}^{s_+} \gamma(s,t)p^u(s,t)\mathrm{d}s$, 则 $\{J^u(t) : u \in \mathcal{U}\}$, $\{R^u(t) : u \in \mathcal{U}\}$ 在 $L^2(0,T)$ 中是相对紧的.

证明 首先证明 $\{J^u(t) : u \in \mathcal{U}\}$ 在 $L^2(0,T)$ 中是相对紧的.

由于 $\dfrac{\mathrm{d}J^u(t)}{\mathrm{d}t} = \int_{s_-}^{s_+} \delta(s,t)p^u(s,t)\mathrm{d}s$, 在系统 (3.2.1) 两边同时乘以 $\delta(s,t)$, 在 $[s_-, s_+]$ 上积分可得

$$\begin{aligned}\int_{s_-}^{s_+} \delta(s,t)\frac{\partial p^u}{\partial t}\mathrm{d}s &= \int_{s_-}^{s_+} \delta(s,t)[f - \mu p^u - up^u]\mathrm{d}s - \int_{s_-}^{s_+} \delta(s,t)\frac{\partial(g(s)p^u)}{\partial s}\mathrm{d}s \\ &\triangleq I_1 + I_2.\end{aligned}$$

由于 I_1 关于 $u \in \mathcal{U}$ 一致有界. 对于 I_2, 系统 (3.2.1) 的第 4 式可得

$$\begin{aligned}I_2 &= -\int_{s_-}^{s_+} \delta(s,t)\frac{\partial(g(s)p^u)}{\partial s}\mathrm{d}s \\ &= \int_{s_-}^{s_+} \delta'(s,t)g(s)p^u(s,t)\mathrm{d}s + g(s_-)p^u(s_-,t)\delta(s_-,t) \\ &= \int_{s_-}^{s_+} \delta'(s,t)g(s)p^u(s,t)\mathrm{d}s + \delta(s_-,t)\int_{s_-}^{s_+} \beta(s,t-\tau,c_0(t-\tau),R(t))p(s,t-\tau)\mathrm{d}s\end{aligned}$$

由假设知, I_2 关于 $u \in \mathcal{U}$ 一致有界. 于是, $\dfrac{\mathrm{d}J^u(t)}{\mathrm{d}t}$ 关于 $u \in \mathcal{U}$ 一致有界.

当 $t < 0$ 或 $t > T$ 时, 令 $J^u(t) = 0$, 将 $J^u(t)$ 延拓到 $(-\infty,+\infty)$ 上, 则 $J^u(t)$ 在 $(-\infty,+\infty)$ 上连续.

(1) $J^u(t)$ 关于 $u \in \mathcal{U}$ 一致有界. 由于

$$J^u(t) = \int_{s_-}^{s_+} \delta(s,t)p^u(s,t)\mathrm{d}s$$

则 $J^u(t)$ 关于 $u \in \mathcal{U}$ 一致有界.

(2) 证明 $\lim\limits_{t\to 0}\int_0^T [J^u(s+t)-J^u(s)]^2\mathrm{d}s=0$, 由于

$$\begin{aligned}\int_0^T [J^u(s+t)-J^u(s)]^2\mathrm{d}s &= \int_0^T \left[\int_s^{s+t}\frac{\mathrm{d}J^u(r)}{\mathrm{d}r}\right]^2\mathrm{d}s\\ &\leqslant |t|\int_0^T\left[\int_s^{s+t}\left(\frac{\mathrm{d}J^u(r)}{\mathrm{d}r}\right)^2\right]\mathrm{d}s\\ &\leqslant |t|T\int_0^T\left(\frac{\mathrm{d}J^u(r)}{\mathrm{d}r}\right)^2\mathrm{d}r\end{aligned}$$

且 $\dfrac{\mathrm{d}J^u(t)}{\mathrm{d}t}$ 关于 $u\in\mathcal{U}$ 一致有界, 则 $\lim\limits_{t\to 0}\int_0^T [J^u(s+t)-J^u(s)]^2\mathrm{d}s=0$.

(3) 显然, $\lim\limits_{t\to 0}\int_{|s|>a}[J^u(s)]^2\mathrm{d}s=0$.

综上所述, 由 Fréchet-Kolmogorov 准则可知, $\{J^u(t):u\in\mathcal{U}\}$ 在 $L^2(0,T)$ 中是相对紧的.

同理可证, $\{R^u(t):u\in\mathcal{U}\}$ 在 $L^2(0,T)$ 中是相对紧的. 引理证毕.

定理 3.5 系统 (3.2.1) 与控制问题 (3.2.16) 至少存在一个最优解.

证明 令 $\bar{J}=\max\limits_{u\in\mathcal{U}}J(u)$, 由推论 3.1 可得

$$0\leqslant J(f)<+\infty$$

设 $\{u_n:n\geqslant 1\}$ 为任一 $J(u)$ 的极大化序列, 使得

$$J-\frac{1}{n}\leqslant J(u_n)<\bar{J} \tag{3.2.17}$$

因 $\{p^{u_n}\}$ 关于 u_n 一致有界, 故存在 u_n 的子序列 (仍记为 $\{p^{u_n}\}$), 使得

$$\{p^{u_n}\}\text{在 } L^2(Q_T)\text{ 中弱收敛于 } p^*(n\to\infty) \tag{3.2.18}$$

同时, 存在子序列 $\{c_0^n\}$,$\{c_0^e\}$ 满足

$$\{c_0^n\}\text{在 }[0,T]\text{ 中弱收敛于 } c_0^*(n\to\infty)$$

$$\{c_e^n\}\text{在 }[0,T]\text{ 中弱收敛于 } c_e^*(n\to\infty)$$

当 $t\in(0,+\infty)$, $u\in\mathcal{U}$ 时, 令

$$J^u(t) = \int_{s_-}^{s_+} \delta(s,t)p^u(s,t)\mathrm{d}s,\ R^u(s,t) = \int_{s_-}^{s_-} \gamma(s,t)p^u(s,t)\mathrm{d}s$$

存在 u_n 的子序列 (仍记为 $\{p^{u_n}\}$), 使得当 $n \to \infty$ 时, 下列式子成立

$$\text{在}\ \ L^2(0,T)\ \text{中}\ J^{u_n} \to J^*,\ R^{u_n} \to R^*$$

$$\text{对}\ (0,T)\ \text{中几乎所有的}\ t,\ \text{有}\ J^{u_n}(t) \to J^*(t),\ R^{u_n}(t) \to R^*(t)$$

对序列 $\{p^{u_n}\}$, $\{c_0^n\}$, $\{c_e^n\}$ 应用 Mazur 定理, 存在序列 $\{\widetilde{p}_n : n \geqslant 1\}$, $\{\widetilde{c}_0^n\}$, $\{\widetilde{c}_e^n\}$ 和实数 λ_i^n, 使得

$$\widetilde{p}_n(s,t) = \sum_{i=n+1}^{k_n} \lambda_i^n p^{u_i},\ \widetilde{c}_0^n(t) = \sum_{i=n+1}^{k_n} \lambda_i^n c_0^i(t),\ \widetilde{c}_e^n(t) = \sum_{i=n+1}^{k_n} \lambda_i^n c_e^i(t)$$

$$\lambda_i^n \geqslant 0, \quad \sum_{i=n+1}^{k_n} \lambda_i^n = 1, \quad k_n \geqslant n+1 \tag{3.2.19}$$

且

$$\begin{aligned} &\{\widetilde{p}_n\}\text{在 } L^2(Q_T)\ \text{中收敛于 } p^*(n \to \infty) \\ &\{\widetilde{c}_0^n\}\text{在 } [0,T]\ \text{中收敛于 } c_0^*(n \to \infty) \\ &\{\widetilde{c}_e^n\}\text{在 } [0,T]\ \text{中收敛于 } c_e^*(n \to \infty) \end{aligned} \tag{3.2.20}$$

定义控制函数序列

$$\widetilde{\widetilde{u}}_n(s,t,c_0(t)) = \begin{cases} \dfrac{\displaystyle\sum_{i=n+1}^{k_n} \lambda_i^n u_i(s,t,c_0(t))p^{u_i}(s,t)}{\displaystyle\sum_{i=n+1}^{k_n} \lambda_i^n p^{u_i}(s,t)}, & \text{若} \displaystyle\sum_{i=n+1}^{k_n} \lambda_i^n p^{u_i}(s,t) \neq 0, \\ \underline{u}(s,t,c_0(t)), & \text{若} \displaystyle\sum_{i=n+1}^{k_n} \lambda_i^n p^{u_i}(s,t) = 0. \end{cases} \tag{3.2.21}$$

显然, $\widetilde{u}_n \in \mathcal{U}$, 且 $p_n(s,t) = p^{\widetilde{u}_n}(s,t)$, a.e.$(s,t) \in Q_T$.

利用 $L^2(Q_T)$ 中有界序列的弱紧性知, 存在 $\{\widetilde{u}_n\}$ 的子序列 (仍记为 $\{\widetilde{u}_n\}$) 使得

$$\widetilde{u}_n\ \text{在}\ \ L^2(Q)\ \text{中弱收敛于} u^*(n \to \infty) \tag{3.2.22}$$

根据式 (3.2.19)、式 (3.2.20) 及系统 (3.2.1) 可得

$$\left\{\begin{aligned}&\frac{\partial[g(s)\widetilde{p}_n(s,t)]}{\partial s}+\frac{\partial p_n(s,t)}{\partial t}=-\sum_{i=n+1}^{k_n}\lambda_i^n\mu(s,t,c_0(t),J^{u_i}(t))p^{u_i}(s,t)-\\&\qquad\qquad\widetilde{u}_n(s,t,c)0(t))\widetilde{p}_n(s,t),\\&\frac{\mathrm{d}\widetilde{c}_0^n}{\mathrm{d}t}=k\widetilde{c}_e^n(t)-g\widetilde{c}_0^n(t)-m\widetilde{c}_0^n(t),\\&\frac{\mathrm{d}\widetilde{c}_e^n}{\mathrm{d}t}=-\sum_{i=n+1}^{k_n}\lambda_i^n k_1c_e^i(t)P^{u_i}(t)+\sum_{i=n+1}^{k_n}\lambda_i^n g_1c_0^i(t)P^{u_i}(t)-h\widetilde{c}_e^n(t)+v(t),\\&g(s_-)\widetilde{p}_n(s_-,t)=\int_{s_-}^{s_+}\lambda_i^n\beta(s,t-\tau,c_0(t-\tau),R^{u_i}(t))p^{u_i}(s,t-\tau)\mathrm{d}s,\\&\widetilde{p}_n(s,t)=\begin{cases}\varphi(s,t), & (s,t)\in[s_-,s_+)\times[-\tau,0],\\0, & (s,t)\in[s_+,+\infty)\times[-\tau,+\infty],\end{cases}\\&J^{u_i}(t)=\int_{s_-}^{s_+}\delta(s,t)p^{u_i}(s,t)\mathrm{d}s,\ R^{u_i}(t)=\int_{s_-}^{s_+}\gamma(s,t)p^{u_i}(s,t)\mathrm{d}s,\\&0\leqslant\widetilde{c}_0^n(t)\leqslant1,0\leqslant\widetilde{c}_e^n(t)\leqslant1,\\&P^{u_i}(t)=\int_{s_-}^{s_+}p^{u_i}(s,t)\mathrm{d}s.\end{aligned}\right.\tag{3.2.23}$$

由引理 3.5 可得, $J^{u_i}(t)\to J(t)$, $R^{u_i}(t)\to R(t)$, 再由假设 (H_2)、假设 (H_3) 和控制问题 (3.2.16) 可得, 对几乎所有的 $(s,t)\in Q_T$, 下式成立

$$\left\{\begin{aligned}&\sum_{i=n+1}^{k_n}\lambda_i^n\mu(s,t,c_0(t),J^{u_i}(t))p^{u_i}(s,t)\to\mu(s,t,c_0(t),J^*(t))p^*(s,t),\\&\sum_{i=n+1}^{k_n}\lambda_i^n\beta(s,t-\tau,c_0(t-\tau),R^{u_i}(t))p^{u_i}(s,t)\to\beta(s,t-\tau,c_0^*(t-\tau),R^*(t))p^*(s,t),\\&\sum_{i=n+1}^{k_n}\lambda_i^n c_0^i(t)P^{u_i}(t)\to c_0^*P^*(t),\\&\sum_{i=n+1}^{k_n}\lambda_i^n c_e^i(t)P^{u_i}(t)\to c_e^*P^*(t).\end{aligned}\right.\tag{3.2.24}$$

对式 (3.2.23) 取极限, 在弱解意义下可得, (p^*, c_0^*, c_e^*) 是系统 (3.2.1) 相应

于 u^* 的解, 即

$$p^* = p^{u^*}(s,t),\ J^*(t) = J^{u^*}(t),\ R^*(t) = R^{u^*}(t),\ \text{a.e.}(s,t) \in Q_T$$

由式 (3.2.17) 可知, $\bar{J} - \dfrac{1}{n} \leqslant \displaystyle\sum_{i=n+1}^{k_n} \lambda_i^n J(u_i) \leqslant \bar{J}$, 故 $\displaystyle\sum_{i=n+1}^{k_n} \lambda_i^n \to \bar{J}(n \to \infty)$.

又因为

$$\begin{aligned}
\sum_{i=n+1}^{k_n} \lambda_i^n J(u_i) &= \sum_{i=n+1}^{k_n} \lambda_i^n \int_{Q_T} w(s,t) u_i(s,t,c_0(t)) p^{u_i}(s,t) \mathrm{d}s\mathrm{d}t \\
&= \int_{Q_T} w(s,t) \sum_{i=n+1}^{k_n} \lambda_i^n u_i(s,t,c_0(t)) p^{u_i}(s,t) \mathrm{d}s\mathrm{d}t \\
&\to \int_{Q_T} w(s,t) \sum_{i=n+1}^{k_n} \lambda_i^n \widetilde{u}(s,t,c_0(t)) \widetilde{p}^n(s,t) \mathrm{d}s\mathrm{d}t \\
&\to \int_{Q_T} w(s,t) \sum_{i=n+1}^{k_n} \lambda_i^n u^*(s,t,c_0(t)) p^*(s,t) \mathrm{d}s\mathrm{d}t (n \to \infty) \\
&\to \int_{Q_T} w(s,t) \sum_{i=n+1}^{k_n} \lambda_i^n u^*(s,t,c_0(t)) p^{u^*}(s,t) \mathrm{d}s\mathrm{d}t (n \to \infty)
\end{aligned}$$

所以 $J(u^*) = \bar{J} = \sup\limits_{u \in \mathcal{U}} J(u)$, 这说明 u^* 为最优解.

3.2.3　最优控制的必要条件

定理 3.6　如果 (u^*, p^*, c_0^*, c_e^*) 是系统 (3.2.1) 和控制问题 (3.2.16) 的最优控制对, 则任一最优策略具有如下结构:

$$u^*(s,t,c_0(t)) = \mathcal{L}_1\left(\frac{[w(s,t) - q_1(s,t)]u^*(s,t,c_0(t))}{c_1}\right)\ \text{在}\ Q_T\ \text{上几乎处处成立},$$

$$p^{u^*}(t) = \mathcal{L}_2\left(\frac{q_3(t)}{c_2}\right)\ \text{在}\ (0,T)\ \text{上几乎处处成立}.$$

其中

$$\mathcal{L}_i(x)=\begin{cases}0, & x<0,\\ x, & 0<x\leqslant H_i,\ i=1,2,\\ H_i, & x>H_i,\end{cases}\tag{3.2.25}$$

且 (q_1,q_2,q_3) 是下列共轭系统的解:

$$\begin{cases}g(s)\dfrac{\partial q_1}{\partial s}+\dfrac{\partial q_1}{\partial t}=[\mu(s,t,c_0^*(t),J^*(t))+u^*(s,t)+g(s)]q_1(s,t)+k_1c_e^*(t)q_3(t)-\\ g_1c_0^*(t)q_3(t)-\dfrac{1}{g(s_-,t)}q_1(0,t)\displaystyle\int_0^T\dfrac{\partial\beta(s,t,c_0^*(t-\tau),R^*(t))}{\partial R}p^*(s,t)\int_{s_-}^{s+}r(t)\mathrm{d}s+\\ w(s,t)u^*(s,t,c_0^*(t))-\dfrac{1}{g(s_-,t)}\beta(s,t,c_0^*(t-\tau),R^*(t))q(0,t+\tau)+\\ \displaystyle\int_0^T\dfrac{\partial\mu(s,t,c_0^*(t),J^*(t))}{\partial J}p^*(s,t)q_1(s,t)\int_{s_-}^{s+}\delta(s,t)\mathrm{d}s,\\ \dfrac{\mathrm{d}q_2}{\mathrm{d}t}=-\displaystyle\int_{s_-}^{s+}\dfrac{\partial\mu(s,t,c_0^*(t),J^*(t))}{\partial c_0}p^*(s,t)q_1(s,t)\mathrm{d}s+(g+m)q_2(t)-g_1p^*(s,t)q_3(t)+\\ \displaystyle\int_{s_-}^{s+}\dfrac{\partial u(s,c_0^*(t),J^*(t))}{\partial c_0}p^*(s,t)q_1(s,t)\mathrm{d}s+\\ \dfrac{1}{g(s_-,t)}q_1(0,t)\displaystyle\int_{s_-}^{s+}\dfrac{\partial\beta(s,t,c_0^*(t),R^*(t))}{\partial c_0}p^*(s,t)\mathrm{d}s,\\ \dfrac{\mathrm{d}q_3}{\mathrm{d}t}=kq_2k_1p^*(s,t)q_3(t)+hq_3(t),\\ q_1(s,T)=q_1(s_+,t)=0,q_2(T)=q_3(T)=0,\\ P^*(t)=\displaystyle\int_{s_-}^{s+}p^*(s,t)\mathrm{d}s.\end{cases}\tag{3.2.26}$$

证明 对任意固定的 $v\in\Gamma_U(u^*)$ (表示 U 在 u^* 处的切锥), 当 $\varepsilon>0$ 且充分小时, 有 $u^\varepsilon:=u^*+\varepsilon v\in U$, (z_{1,z_2,z_3}) 满足

$$
\begin{cases}
\dfrac{\partial z_1}{\partial s}+\dfrac{\partial z_1}{\partial t}=-[\mu(s,t,c_0^*(t),J^*(t))+u^*(s,t,c_0^*(t),J^*(t))]z_1(s,t)-\\
\dfrac{\partial \mu(s,t,c_0^*(t),J^*(t))}{\partial c_0}p^*(s,t)z_2(t)-\dfrac{\partial u(s,t,c_0^*(t),J^*(t))}{\partial c_0}p^*(s,t)z_2(t)-\\
\dfrac{\partial \mu(s,t,c_0^*(t),J^*(t))}{\partial J}p^*(s,t)M(t)-v_1p^*(s,t),\\
\dfrac{\mathrm{d}z_2}{\mathrm{d}t}=kz_3(t)-gz_2(t)-mz_2(t),\\
\dfrac{\mathrm{d}z_3}{\mathrm{d}t}=-k_1c_e^*(t)z_1(t)+g_1c_0^*(t)Z_1(s,t)+g_1P^*(t)z_2(t)-(k_1P^*(t)+h)z_3(t)+v_2,\\
g(s_-,t)z_1(s_-,t)=\displaystyle\int_{s_-}^{s_+}\beta(s,t-\tau,c_0^*(t-\tau),R^*(t))z_1(s,t-\tau)\mathrm{d}s-\\
\displaystyle\int_{s_-}^{s_+}\dfrac{\partial \beta(s,t-\tau,c_0^*(t-\tau),R^*(t))}{\partial c_0}p^*(s,t)z_2(t)\mathrm{d}s-\\
\displaystyle\int_{s_-}^{s_+}\dfrac{\partial \beta(s,t-\tau,c_0^*(t-\tau),R^*(t))}{\partial R}p^*(s,t)W(t)\mathrm{d}s,\\
M(t)=\displaystyle\int_{s_-}^{s_+}\delta(s,t)z_1(s,t)\mathrm{d}s,W(t)=\int_{s_-}^{s_+}\gamma(s,t)z_1(s,t)\mathrm{d}s,\\
z_1(s,0)=z_2(0)=z_3(0)=0,\\
Z_1=\displaystyle\int_{s_-}^{s_+}z_1(s,t)\mathrm{d}s,Z_1(s,T)=0,P^*(t)=\int_{s_-}^{s_+}p^*(s,t)\mathrm{d}s.
\end{cases}
\tag{3.2.27}
$$

其中，$z_1(s,t)=\lim\limits_{\varepsilon\to 0}\dfrac{1}{\varepsilon}(p^\varepsilon(s,t)-p^*(s,t))$；$z_2(t)=\lim\limits_{\varepsilon\to 0}\dfrac{1}{\varepsilon}(c_0^\varepsilon(t)-c_0^*(t))$; $z_3(t)=\lim\limits_{\varepsilon\to 0}\dfrac{1}{\varepsilon}(c_e^\varepsilon(t)-c_e^*(t))$.

设 p^ε 为系统 (3.2.1) 相应于 $u=u^\varepsilon$ 的解, 由 u^* 是最优控制, $J(u^*)$ 为 $J(u)$ 的最大值, 得

$$\int_{Q_T}w(s,t)[u^*(s,t,c_0(t))+\varepsilon v]p^\varepsilon(s,t)\mathrm{d}s\mathrm{d}t\leqslant\int_{Q_T}w(s,t)u^*(s,t,c_0(t))p^*(s,t)\mathrm{d}s\mathrm{d}t$$

即

$$\int_{Q_T}w(s,t)u^*(s,t,c_0(t))z_1(s,t)\mathrm{d}s\mathrm{d}t+\int_{Q_T}w(s,t)p^*(s,t)v\mathrm{d}s\mathrm{d}t\leqslant 0 \tag{3.2.28}$$

在式 (3.2.27) 的第 1 式两边同时乘以 q_1, 并在 Q_T 上积分得

$$
\begin{aligned}
&\int_0^T\int_{s_-}^{s_+}[z_{1t}+(g(s)z_1)_s]q_1\mathrm{d}s\mathrm{d}t\\
=&\int_0^T\int_{s_-}^{s_+}-\mu(s,t,c_0^*(t),J^*(t))z_1q_1\mathrm{d}s\mathrm{d}t-\int_0^T\int_{s_-}^{s_+}u^*(s,t,c_0^*(t))z_1q_1\mathrm{d}s\mathrm{d}t-\\
&\int_0^T\int_{s_-}^{s_+}\frac{\partial\mu(s,t,c_0^*(t),J^*(t))}{\partial c_0}p^*(s,t)z_2(t)q_1\mathrm{d}s\mathrm{d}t-\\
&\int_0^T\int_{s_-}^{s_+}\frac{\partial u^*(s,t,c_0^*(t))}{\partial c_0}p^*(s,t)z_2q_1\mathrm{d}s\mathrm{d}t-\\
&\int_0^T\int_{s_-}^{s_+}\frac{\partial\mu(s,t,c_0^*(t),J^*(t))}{\partial J}p^*(s,t)M(t)q_1\mathrm{d}s\mathrm{d}t-\\
&\int_0^T\int_{s_-}^{s_+}v_1p^*(s,t)q_1\mathrm{d}s\mathrm{d}t
\end{aligned}
\tag{3.2.29}
$$

在式 (3.2.27) 的第 2 式两边同时乘以 q_2, 并在 R^+ 上积分得

$$
-\int_0^T z_2\mathrm{d}q_2=\int_0^T kz_3(t)q_2\mathrm{d}t-\int_0^T gz_2(t)q_2\mathrm{d}t-\int_0^T mz_2(t)q_2\mathrm{d}t \tag{3.2.30}
$$

在式 (3.2.27) 的第 3 式两边同时乘以 q_3, 并在 R^+ 上积分得

$$
\begin{aligned}
-\int_0^T z_3\mathrm{d}q_3=&\int_0^T\int_{s_-}^{s_+}-kc_e^*(t)z_1(s,t)q_3\mathrm{d}s\mathrm{d}t+\int_0^T\int_{s_-}^{s_+}g_1c_0^*(t)z_1(s,t)q_3\mathrm{d}s\mathrm{d}t+\\
&\int_0^T v_2q_3\mathrm{d}t+\int_0^T\int_{s_-}^{s_+}g_1p^*(s,t)z_2t)q_3\mathrm{d}s\mathrm{d}t-\\
&\int_0^T\int_{s_-}^{s_+}(k_1p^*(s,t)+h)z_3(t)q_3\mathrm{d}s\mathrm{d}t
\end{aligned}
\tag{3.2.31}
$$

于是, 由式 (3.2.29)、式 (3.2.30) 和式 (3.2.31) 结合系统 (3.2.26) 可得

$$
\int_0^T\int_{s_-}^{s_+}w(s,t)p^*(s,t)z_1(s,t)\mathrm{d}s\mathrm{d}t=-\int_0^T\int_{s_-}^{s_+}v_1p^*(s,t)q_1(s,t)\mathrm{d}s\mathrm{d}t+\int_0^T v_2q_3(t)\mathrm{d}t \tag{3.2.32}
$$

将式 (3.2.32) 代入式 (3.2.28) 可得

$$
\int_0^T\int_{s_-}^{s_+}(w(s,t)-q_1(s,t))p^*v_1\mathrm{d}s\mathrm{d}t+\int_0^\infty q_3(t)v_2\mathrm{d}t\leqslant 0,\ (v_1,v_2)\in(u^*,v^*)
$$

因此, 根据法锥性质, $((w(s,t)-q_1)u^*(s,t), q_3(t)) \in N_\Omega(u^*, v^*)$, 即结论成立.

3.2.4　小结

种群的数量动态是种群生态学研究的重要内容, 用数学模型的方法对其进行研究不仅能够揭示种群发展的动态, 预测它的发展方向, 而且能使人们采取有效措施对其进行控制, 使其向着人们期望的理想状态发展. 本节研究了污染环境中具有时滞的个体尺度种群系统的最优输入率控制问题, 通过利用特征线法和适当的变量替换, 在合理的假设条件下证明了状态系统的适定性、解对控制变量的连续依赖性及最优控制的存在性, 最终得到系统最优输入率的必要条件.

3.3　污染环境中具有尺度结构的周期种群系统的最优控制

随着环境污染日益严重, 种群的生存面临着极大威胁. 因此, 我们需要建立模型去解决污染环境中的问题. 大量的生态学研究表明, 个体尺度结构差异要比年龄结构更能逼真地模拟生物种群的演化过程. 鉴于种群的生存环境经常会经历季节影响等周期性变化, 这样的外部环境对资源开发具有很大的影响. 由此, 研究污染环境中具有尺度结构的周期种群系统的最优控制问题就有非常重要的现实意义.

近些年, 关于年龄结构的种群模型的行为分析和控制问题有大量的研究成果 [7–11]. 与此同时, 大量的学者将个体尺度作为研究的重点 [12–15]. 何泽荣等研究了一类周期环境中具有尺度结构的种群模型的适定性及最优收获问题 [22], 接着又提出了模拟周期环境和尺度结构的种群系统的最优收获率 [23]. 2019 年, 梁丽宇、雒志学研究了周期环境中具有尺度结构的捕食种群系统的最优控制问题 [25]. 魏莹莹等研究了种群繁殖过程中阶段结构的动力学问题 [75]. 张智强等研究了一类非线性年龄等级结构种群模型的稳定性 [76]. 周楠等研究了非线性年龄等级结构种群模型的最优收获问题 [77]. 目前, 考虑个体尺度的种群模型较多, 但在污染环境中具有个体尺度周期种群系统的最优控制种群模型尚且没有, 这样建立的模型更符合实际. 本节主要讨论解的存在唯一性, 用极大值原理及紧性讨论控制问题的存在性, 最后利用法锥技巧得到控制问题的最优条件.

3.3.1　基本模型及其适定性

本节提出并研究如下污染环境中具有尺度结构的周期种群系统

$$\begin{cases}\dfrac{\partial p}{\partial t}+\dfrac{\partial[V(x,t)p]}{\partial x}=f(x,t)-\mu(x,t,c_0(t),J(t))p-\alpha(x,c_0(t),J(t))p, & (x,t)\in Q,\\ \dfrac{\mathrm{d}c_0(t)}{\mathrm{d}t}=kc_e(t)-gc_0(t)-mc_0(t), & t\in R_+,\\ \dfrac{\mathrm{d}c_e(t)}{\mathrm{d}t}=-k_1c_e(t)P(t)+g_1c_0(t)P(t)-hc_e(t)+v(t), & t\in R_+,\\ V(0,t)p(0,t)=\displaystyle\int_0^l \beta(x,t,c_0(t),R(t))p(x,t)\mathrm{d}x, & t\in R_+,\\ J(t)=\displaystyle\int_0^l \delta(x,t)p(x,t)\mathrm{d}x, & t\in R_+,\\ R(t)=\displaystyle\int_0^l \gamma(x,t)p(x,t)\mathrm{d}x, & t\in R_+,\\ 0\leqslant c_0(0)\leqslant 1, 0\leqslant c_e(0)\leqslant 1,\\ P(t)=\displaystyle\int_0^l p(x,t)\mathrm{d}x, & (x,t)\in Q,\\ p(x,0)=p_0(x), & x\in(0,l),\\ p(x,t)=p(x,t+T), c_0(t)=c_0(t+T), c_e(t)=c_e(t+T), & (x,t)\in Q.\end{cases} \tag{3.3.1}$$

其中, $Q=(0,l)\times R_+$, $R_+=[0,+\infty)$, 固定常数 l,T 分别表示个体所不能超越的最大尺度和环境变化周期; 状态变量 $p(x,t)$ 表示 t 时刻尺度为 x 的种群个体分布密度; $c_0(t)$ 和 $c_e(t)$ 分别表示 t 时刻有机物中污染物的浓度和环境中污染物的浓度; 控制函数 $\alpha(x,c_0(t),J(t))$ 表示 t 时刻人类对尺度为 x 的种群个体的收获努力度; 生命参数 $\beta(x,t,c_0(t),R(t)),\mu(x,t,c_0(t),J(t)),V(x,t)$ 分别表示 t 时刻尺度为 x 的种群个体平均出生率、死亡率和尺度增长率; $v(t)$ 表示 t 时刻的外界输入率; $p_0(x)$ 表示种群分布的初始年龄; $P(t)$ 表示 t 时刻的种群总规模; 函数 $f(x,t)$ 表示外界向种群生存环境的迁入率.

本节做以下假设:

(H_1) $0\leqslant \beta(x,t,c_0(t),R(t))=\beta(x,t+T,c_0(t),R(t))\leqslant\overline{\beta}$, a.e. $(x,t)\in Q$, 其中 $\overline{\beta}$ 为常数.

(H_2) $\mu(x,t,c_0(t),J(t))=\mu_0(x,t,c_0(t),J(t))+\overline{\mu}(x,t,c_0(t),J(t))$, a.e.$(x,t)\in Q$, $\mu_0(x,t,c_0(t),J(t))\in L^1_{\mathrm{loc}}([0,l))$, $\mu_0(x,t,c_0(t),J(t))\geqslant 0$, $\displaystyle\int_0^l\mu_0(x,t,c_0(t),J(t))\mathrm{d}x=+\infty$, $\overline{\mu}\in L^\infty(Q)$, $\overline{\mu}(x,t,c_0(t),J(t))\geqslant 0$, $\overline{\mu}(x,t,c_0(t),J(t))=\overline{\mu}(x,t+T,c_0(t),J(t))$.

(H_3) $V(x,t)$ 有界连续, 且对 $\forall t\in R_+$, 有 $V(l,t)=0$, $V(x,t)$ 关于 x 满足

局部 Lipschitz 条件，$V(x,t) \geqslant 0$ 且 $V(x,t)=V(x,t+T), \text{a.e.}(x,t)\in Q$.

(H_4) $f\in L^\infty(Q), f(x,t)\geqslant 0$ 且$f(x,t)=f(x,t+T), \text{a.e.}(x,t)\in Q$.

(H_5) 收获努力度 $\alpha(x,c_0(t),J(t))$ 属于容许控制集

$$\Omega=\{\alpha\in L_T^\infty(Q): 0\leqslant \underline{\alpha}\leqslant \alpha(x,c_0(t),J(t))\leqslant \overline{\alpha}\}$$

其中，$\underline{\alpha},\overline{\alpha}$ 为已知常数，$L_T^\infty(Q)=\{h\in L^\infty(Q)|h(x,t)=h(x,t+T)\}$.

在本节中，不失一般性，假设 $\alpha(x,c_0(t),J(t))\equiv 0$，系统 (3.3.1) 变为

$$\begin{cases}\dfrac{\partial p}{\partial t}+\dfrac{\partial[V(x,t)p]}{\partial x}=f(x,t)-\mu(x,t,c_0(t),J(t))p, & (x,t)\in Q,\\ \dfrac{\mathrm{d}c_0(t)}{\mathrm{d}t}=kc_e(t)-gc_0(t)-mc_0(t), & t\in R_+,\\ \dfrac{\mathrm{d}c_e(t)}{\mathrm{d}t}=-k_1c_e(t)U(t)+g_1c_0(t)U(t)-hc_e(t)+v(t), & t\in R_+,\\ V(0,t)p(0,t)=\displaystyle\int_0^l\beta(x,t,c_0(t),R(t))p(x,t)\mathrm{d}x, & t\in R_+,\\ J(t)=\displaystyle\int_0^l\delta(x,t)p(x,t)\mathrm{d}x, R(t)=\int_0^l\gamma(x,t)p(x,t)\mathrm{d}x, & t\in R_+,\\ 0\leqslant c_0(0)\leqslant 1, 0\leqslant c_e(0)\leqslant 1, & \\ P(t)=\displaystyle\int_0^l p(x,t)\mathrm{d}x, p(x,0)=p_0(x), & (x,t)\in Q,\\ p(x,t)=p(x,t+T), c_0(t)=c_0(t+T), c_e(t)=c_e(t+T), & (x,t)\in Q.\end{cases} \tag{3.3.2}$$

定义 3.2　$\varphi(t;t_0,x_0)$ 为初始条件 $x(t_0)=x_0$ 下常微分方程 $x'(t)=V(x,t)$ 的解，称为系统 (3.3.1) 通过点 (t_0,x_0) 的特征曲线. 特别地，在 x-t 平面上，记通过点 $(0,0)$ 的特征曲线为 $z(t)$.

引理 3.6　若函数 $p(x,t)\in L^\infty(Q)$，沿着每条特征曲线 φ 都绝对连续，且满足

$$\begin{cases} D_\varphi p(x,t) = f(x,t) - [\mu(x,t,c_0(t),J(t)) + V_x(x,t)]p(x,t), & \text{a.e.}(x,t) \in Q, \\ V(0,t)\lim\limits_{\varepsilon\to 0^+} p(\varphi(t+\varepsilon;t,0),t+\varepsilon) = \displaystyle\int_0^l \beta(x,t,c_0(t),R(t))p(x,t)\mathrm{d}x, & \text{a.e.}t \in R_+, \\ \dfrac{\mathrm{d}c_0(t)}{\mathrm{d}t} = kc_e(t) - gc_0(t) - mc_0(t), & t \in R_+, \\ \dfrac{\mathrm{d}c_e(t)}{\mathrm{d}t} = -k_1c_e(t)P(t) + g_1c_0(t)P(t) - hc_e(t) + v(t), & t \in R_+, \\ J(t) = \displaystyle\int_0^l \delta(x,t)p(x,t)\mathrm{d}x, & t \in R_+, \\ R(t) = \displaystyle\int_0^l \gamma(x,t)p(x,t)\mathrm{d}x, & t \in R_+, \\ P(t) = \displaystyle\int_0^l p(x,t)\mathrm{d}x, & (x,t) \in Q, \\ p(x,t) = p(x,t+T), c_0(t) = c_0(t+T), c_e(t) = c_e(t+T), & \text{a.e.}(x,t) \in Q. \end{cases}$$

则称 $(p(x,t),c_0(t),c_e(t))$ 为式 (3.3.2) 的解. 这里, $D_\varphi p(x,t)$ 表示 $p(x,t)$ 沿特征曲线 φ 的方向导数, 即

$$D_\varphi p(x,t) = \lim_{h\to 0}\frac{p(\varphi(t+h;t,x),t+h) - p(x,t)}{h}$$

证明 对于 x-t 平面上第一象限任意固定 (x,t), 当 $x \leqslant z(t)$ 时, 定义初始时刻 $\tau = \tau(x,t)$ 使得 $\varphi(t;\tau,0) = x$, 于是有 $\varphi(t;\tau,x) = 0$. 对于固定函数 $J, R \in L^\infty(0,R^+), J(t), R(t) \geqslant 0$, 从而利用特征线法可知, 当 $x \leqslant z(t)$ 时, 有

$$c_0(t) = c_0(0)\exp\{-(g+m)t\} + k\int_0^\infty c_e(s)\exp\{(s-t)(g+m)\}\mathrm{d}s \tag{3.3.3}$$

$$\begin{aligned} c_e(t) = {} & c_e(0)\exp\left\{-\int_0^\infty (k_1P(\tau)+h)\mathrm{d}\tau\right\} + \\ & \int_0^\infty (g_1c_0(s)P(s) + \nu(s))\exp\left\{\int_t^s (k_1P(\tau)+h)\mathrm{d}\tau\right\}\mathrm{d}s \end{aligned} \tag{3.3.4}$$

$$\begin{aligned} p(x,c_0(t);J,R) = {} & p(0,\varphi^{-1}(0;t,x))\Pi(x,c_0(t),x;J(t)) + \\ & \int_0^x \frac{f(s,\varphi^{-1}(s;t,x))}{V(s,\varphi^{-1}(s;t,x))}\Pi(s,c_0(t),x;J(t))\mathrm{d}s \end{aligned}$$

其中，

$$\Pi(r,c_0(t),x;J(t)) \\ =\exp\left\{-\int_0^r \frac{(\mu(s,t,c_0(t),\varphi^{-1}(s;t,x)),J(t))+V_x(s,\varphi^{-1}(s;t,x))}{V(s,\varphi^{-1}(s;t,x))}\mathrm{d}s\right\}$$

整理得

$$p(x,c_0(t);J,R)=V(0,\tau)p(0,\tau)\frac{E(c_0(t),x;x,J(t))}{V(x,t)}+ \\ \frac{1}{V(x,t)}\int_0^x f(s,\varphi^{-1}(s;t,x))E(c_0(t),s;x,J(t))\mathrm{d}s$$

其中，

$$\tau=t-z^{-1}(x), E(c_0(t),r;x,J(t))=\exp\left\{-\int_0^r \frac{\mu(s,t,c_0(t),\varphi^{-1}(s;t,x),J(t))}{V(s,\varphi^{-1}(s;t,x))}\right\}\mathrm{d}s$$

记 $b(t)=V(0,t)p(0,t)$，于是有

$$p(s,c_0(t);J,R)=b(t-z^{-1}(x))\frac{E(x,c_0(t);x,J(t))}{V(x,t)}+ \\ \frac{1}{V(x,t)}\int_0^x f(s,\varphi^{-1}(s;t,x))E(s,c_0(t);x,J(t))\mathrm{d}s \tag{3.3.5}$$

由式 (3.3.2) 和式 (3.3.5) 知，当 t 充分大时，$b(.;t)$ 满足积分方程

$$b(.;t)=\int_0^l K(x,t,c_0(t),\mu;J,R)b(t-z^{-1}(x))\mathrm{d}x+F^{\mu}(t,c_0(t);J,R) \tag{3.3.6}$$

其中，

$$K(x,t,c_0(t),\mu;J,R) \\ =\begin{cases}\beta(x,t,c_0(t),R(t))\dfrac{E(c_0(t),x;x,J(t))}{V(x,t)}, & 0\leqslant x\leqslant \min\{z(t),l\},\\ 0, & \text{其他}.\end{cases} \tag{3.3.7}$$

$$F^{\mu}(t,c_0(t);J,R)=\int_0^l \frac{\beta(x,t,c_0(t),R(t))}{V(x,t)}\int_0^x f(s,\varphi^{-1}(s;t,x))E(c_0(t),s;x,J(t))\mathrm{d}s\mathrm{d}x \tag{3.3.8}$$

因为 $b(.;t) \in L_T^\infty(R)$ 是式 (3.3.6) 的解, 则 $u(x,t)$ 必为式 (3.3.2) 的解. 我们知道, 若式 (3.3.6) 的解具有存在唯一性, 则式 (3.3.2) 的解也具有存在唯一性.

下面证明式 (3.3.6) 的解具有存在唯一性.

首先, 对任意固定满足 (H_2) 的 μ, 定义有界线性算子 $\mathcal{A}^\mu : L_T^\infty(R^+) \to L_T^\infty(R^+)$,

$$(\mathcal{A}^\mu g)(t, c_0(t); J, R) = \int_0^l K(x, t, c_0(t), \mu; J, R) g(t - z^{-1}(x)) \mathrm{d}x + F^\mu(t, c_0(t); J, R) \tag{3.3.9}$$

由上述定义可知, 式 (3.3.6) 可以写成 $L_T^\infty(R)$ 中的抽象方程

$$b = \mathcal{A}^\mu b + F^\mu \tag{3.3.10}$$

引理 3.7[39]　若 $g \leqslant k \leqslant g+m, \nu_1 \leqslant h$, 则 $0 \leqslant c_0(t) \leqslant 1, 0 \leqslant c_e(t) \leqslant 1$.

定理 3.7　记 $r(\mathcal{A}^\mu)$ 为有界线性算子 $\mathcal{A}^\mu$ 的谱半径. 若 $r(\mathcal{A}^\mu) < 1$, 则式 (3.3.6) 在 $L_T^\infty(R)$ 中有且只有一个解.

证明　当 $r(\mathcal{A}^\mu) < 1$ 时, $(I - \mathcal{A}^\mu)^{-1}$ 存在, 由此可知, 式 (3.3.10) 有唯一解 $b(.;t) = (I - \mathcal{A}^\mu)^{-1} F^\mu$. 从而可知, 式 (3.3.6) 也有唯一解.

定理 3.8　假设 $R_0 := \int_0^l \sup\limits_{t \to R^+} \beta(x, t, c_0(t), R(t)) \dfrac{S(x, t, c_0(t), J(t))}{V(x,t)} \mathrm{d}x < 1$, 则式 (3.3.2) 有唯一解. 其中, 记种群个体的存活概率为

$$\begin{aligned} S(x, t, c_0(t), J(t)) &= E(x, c_0(t); x, t, J(t)) \\ &= \exp\left\{ - \int_0^x \frac{\mu(s, t, c_0(t), \varphi^{-1}(s; t, x), J(t))}{V(s, \varphi^{-1}(s; t, x))} \right\} \mathrm{d}s \end{aligned}$$

净再生数为

$$R_0(t, c_0(t), J, R) = \int_0^l \beta(x, t, c_0(t), R(t)) \frac{S(x, t, c_0(t), J(t))}{V(x,t)} \mathrm{d}x$$

证明　由假设可知, $\tau(\mathcal{A}^\mu) \leqslant R_0 < 1$, 从而由定理 3.7 可知, 式 (3.3.2) 有唯一解.

定理 3.9　若假设 $(H_1) \sim (H_5)$ 及 $R_0 < 1$ 均成立, 则对任意固定的 μ, 式 (3.3.2) 有唯一的解 $p^\mu(x,t)$, 且有以下结论:

(1) $p^\mu(x,t) \geqslant 0$, a.e.$(x,t) \in Q$.

(2) 如果 $f(x,t)>0$, a.e.$(x,t)\in Q$, 则 $p^{\mu}(x,t)\geqslant 0$, a.e.$(x,t)\in Q$.

(3) 如果 $\mu_1(x,t,c_0(t),J(t))\geqslant\mu_2(x,t,c_0(t),J(t))$, a.e.$(x,t)\in Q$, 则 $p^{\mu_1(x,t,c_0(t),J(t))}\leqslant p^{\mu_2(x,t,c_0(t),J(t))}$.

(4) 如果在 $L_T^{\infty}(Q)$ 中, $f_n\to f$, 则在 $L_T^{\infty}(Q)$ 中 $p_n^{\mu}\to p^{\mu}$, 其中, u_n^{μ},u^{μ} 分别为式 (3.3.2) 相应于 f_n,f 的解.

证明 (1) 由于式 (3.3.10) 的解是 $L_T^{\infty}(R)$ 中的迭代序列的极限

$$\begin{cases} b_0(t)=F^{\mu}(t,c_0(t);J,R), & t\in R_+,\\ b_{n+1}(t)=F^{\mu}(t,c_0(t);J,R)+ & \\ \displaystyle\int_0^l K(x,t,c_0(t),\mu;J,R)b_n(t-z^{-1}(x))\mathrm{d}x, & t\in R_+,\ n\geqslant 0. \end{cases}\tag{3.3.11}$$

当 $f(x,t)\geqslant 0$, a.e. $(x,t)\in Q$ 时, 有 $F^{\mu}(t,c_0(t);J,R)\geqslant 0$, a.e. $t\in R_+$. 又 $K(x,t,c_0(t),\mu;J,R)\geqslant 0$, a.e. $(x,t)\in Q$, 于是有 $b_n(t)\geqslant 0$, 取极限得 $b(t)\geqslant 0$, 从而由式 (3.3.5) 得 $p^{\mu}(x,t)\geqslant 0$, a.e. $(x,t)\in Q$.

(2) 类似 (1) 的证明过程可得到结论.

(3) b_n^1, b_n^2 分别为相应于 μ_1, μ_2 的序列, 由于 $K(x,t,c_0(t),\mu_1;J,R)\leqslant K(x,t,c_0(t),\mu_2;J,R)$, a.e.$(x,t)\in Q$, 且 $F^{\mu_1}(t,c_0(t);J,R)\leqslant F^{\mu_2}(t,c_0(t);J,R)$, a.e. $t\in R_+$, 则有 $b_n^1(t)\leqslant b_n^2$, a.e. $t\in R_+$, 取极限得 $b^1(t)\leqslant b^2(t)$, 从而结论 (3) 成立.

(4) 如果在 $L_T^{\infty}(Q)$ 中, $f_n\to f$, 则在 $L_T^{\infty}(R)$ 中 $F_n^{\mu}\to F^{\mu}$, 从而由式 (3.3.5) 知, 在 $L_T^{\infty}(Q)$ 中 $p_n^{\mu}\to p^{\mu}$. 证毕.

最后, 要想得系统 (3.3.1) 解的存在唯一性定理, 只需将式 (3.3.2) 中的 μ 由 $\mu+\alpha$ 替换即可.

3.3.2 最优控制的存在性

本节我们考虑下述周期环境中的最优收获问题

$$\max_{\alpha\in\Omega} J(\alpha)=\int_0^l\int_0^T \omega(x,t)\alpha(x,c_0(t),J(t))p^{\alpha}(x,t)\mathrm{d}x\mathrm{d}t\tag{3.3.12}$$

其中, $\omega(x,t)\geqslant 0$ 为权函数, 表示 t 时刻尺度为 x 的个体的经济价值. 记 $p^{\alpha}(x,t)$ 为给定 $\alpha\in\Omega$ 时系统 (3.3.1) 的解, 因此 $J(\alpha)$ 表示在种群演变的一个周期内人类开发资源所获得的总经济效益.

定理 3.10 系统 (3.3.1) 和问题 (3.3.12) 至少存在一个最优解.

证明 令 $d=\max\limits_{\alpha\in\Omega}J(\alpha)$, 由定理 3.9(3) 可知

$$0\leqslant d\leqslant M\overline{\alpha}\int_0^T\int_0^l p^{\overline{\alpha}}(x,t)\mathrm{d}x\mathrm{d}t<+\infty$$

其中, M 为权函数 $\omega(x,t)$ 的上界.

设 $\{\alpha_n:n\geqslant 1\}$ 为 $J(\alpha)$ 中的极大化序列, 使得

$$d-\frac{1}{n}<J(\alpha_n)\leqslant d \tag{3.3.13}$$

由于 p^{α_n} 关于 p^n 一致有界, 故存在 p^n 的子序列 (仍记为 p^{α_n}) , 使得

$$p^{\alpha_n}\text{在 } L^2(Q) \text{ 中弱收敛于}p^* \tag{3.3.14}$$

同时存在子序列 $\{c_0^n\}$, $\{c_e^n\}$ 满足 $\{c_0^n\}$ 在 $[0,T]$ 中收敛于 $c_0^*(n\to\infty)$, $\{c_e^n\}$ 在 $[0,T]$ 中收敛于 $c_e^*(n\to\infty)$.

此外, 存在 p^n 的子序列 (仍记为 p^{α_n}) , 使得当 $n\to\infty$ 时, 下列式子成立:

$$\text{在}L^2(0,T)\text{ 中, } J^{\alpha_n}\to J^*, R^{\alpha_n}\to R^*.$$

对 $(0,T)$ 中几乎所有的 t ,有 $J^{\alpha_n}(t)\to J^*(t), R^{\alpha_n}(t)\to R^*(t)$.

对序列 $\{p^{\alpha_n}\}$, $\{c_0^n\}$ 和 $\{c_e^n\}$ 应用 Mazur 定理, 存在序列 $\{\widetilde{p}_n:n\geqslant 1\}$, $\{c_0^n\}$, $\{c_e^n\}$ 和实数 λ_i^n, 使得

$$\begin{aligned}
&\widetilde{p}_n(x,t)=\sum_{i=n+1}^{k_n}\lambda_i^n p^{\alpha_i}(x,t), \quad \lambda_i^n\geqslant 0, \quad \sum_{i=n+1}^{k_n}\lambda_i^n=1\\
&\widetilde{c}_0^n(t)=\sum_{j=n+1}^{k_n}a_j^n c_0^{n_j}, \qquad a_j^n\geqslant 0, \quad \sum_{j=n+1}^{k_n}a_j^n=1\\
&\widetilde{c}_e^n(t)=\sum_{j=n+1}^{k_n}a_j^n c_e^{n_j}, \qquad a_j^n\geqslant 0, \quad \sum_{j=n+1}^{k_n}a_j^n=1
\end{aligned} \tag{3.3.15}$$

且

$$\widetilde{p}_n\text{在 } L^2(Q) \text{ 中收敛于}p^* \tag{3.3.16}$$

定义控制序列

$$\widetilde{\alpha}_n=\begin{cases}\dfrac{\displaystyle\sum_{i=n+1}^{k_n}\lambda_i^n\alpha_i(x,c_0(t),J(t))p^{\alpha_i}(x,t)}{\displaystyle\sum_{i=n+1}^{k_n}\lambda_i^n p^{\alpha_i}(x,t)}, & 若\ \displaystyle\sum_{i=n+1}^{k_n}\lambda_i^n p^{\alpha_i}(x,t)\neq 0,\\ \underline{\alpha}, & 若\ \displaystyle\sum_{i=n+1}^{k_n}\lambda_i^n p^{\alpha_i}(x,t)=0.\end{cases}\quad(3.3.17)$$

显然, $\widetilde{\alpha}^n\in\Omega$, 且 $\widetilde{p}_n(x,t)=p^{\widetilde{\alpha}_n}(x,t)$, a.e.$(x,t)\in Q$.

利用 $L^2(Q)$ 中有界序列的弱紧性知, 存在 $\widetilde{\alpha}_n$ 的子序列 (仍记为 $\widetilde{\alpha}_n$), 使得

$$\widetilde{\alpha}_n 在\ L^2(Q)\ 中弱收敛于 \alpha^* \quad(3.3.18)$$

以下证明 $p^*(x,t)=p^{\alpha^*}(x,t)$, a.s.$Q$.

根据系统 (3.3.1)、式 (3.3.15) 和式 (3.3.17) 可得

$$\begin{cases}\dfrac{\partial[V(x,t)\widetilde{p}_n]}{\partial x}+\dfrac{\partial\widetilde{p}}{\partial t}=f(x,t)-\displaystyle\sum_{i=n+1}^{k_n}\lambda_i^n\mu(x,t,c_0(t),J^{\alpha_n})\widetilde{p}_n-\\ \widetilde{\alpha}_n(x,c_0(t),J(t))\widetilde{p}_n, & (x,t)\in Q,\\ \dfrac{\mathrm{d}\widetilde{c}_0^n(t)}{\mathrm{d}t}=k\widetilde{c}_e^n(t)-g\widetilde{c}_0^n-m\widetilde{c}_0^n, & t\in(0,T),\\ \dfrac{\mathrm{d}\widetilde{c}_e^n(t)}{\mathrm{d}t}=-k_1\displaystyle\sum_{i=n+1}^{k_n}a_i^n c_e^{n_i}P^{u_i}+g_1\sum_{i=n+1}^{k_n}a_i^n c_0^{n_i}P^{u_i}-h\widetilde{c}_e^n+v(t), & t\in(0,T),\\ V(0,t)\widetilde{p}_n(0,t)=\displaystyle\int_0^l\beta(x,t,c_0(t),R^{\alpha_n}(t))\widetilde{p}_n(x,t)\mathrm{d}x, & t\in R_+,\\ J^{\alpha_n}(t)=\displaystyle\int_0^l\delta(x,t)\widetilde{p}_n(x,t)\mathrm{d}x, R^{\alpha_n}(t)=\int_0^l\gamma(x,t)\widetilde{p}_n(x,t)\mathrm{d}x, & t\in R_+,\\ 0\leqslant\widetilde{c}_0^n(0)\leqslant 1, 0\leqslant\widetilde{c}_e^n(0)\leqslant 1,\\ \widetilde{P}_n(t)=\displaystyle\int_0^l\widetilde{p}_n(x,t)\mathrm{d}x, (x,t)\in Q, \widetilde{p}_n(x,0)=\widetilde{p}_0(x), & x\in(0,l),\\ \widetilde{p}_n(x,t)=\widetilde{p}_n(x,t+T), \widetilde{c}_0(t)=\widetilde{c}_0(t+T), \widetilde{c}_e(t)=\widetilde{c}_e(t+T), & (x,t)\in Q.\end{cases}$$
$$(3.3.19)$$

当 $n\to\infty$ 时, 对式 (3.3.19) 取极限在弱解意义下可得

$$\begin{cases}\dfrac{\partial p^*}{\partial t}+\dfrac{\partial[V(x,t)p^*]}{\partial x}=f(x,t)-\displaystyle\sum_{i=n+1}^{k_n}\lambda_i^n\mu(x,t,c_0(t),J^*(t))p^*- \\ \alpha^*(x,c_0(t),J(t))p^*, & (x,t)\in Q, \\ \dfrac{\mathrm{d}c_0(t)}{\mathrm{d}t}=kc_e(t)-gc_0(t)-mc_0(t), & t\in R_+, \\ \dfrac{\mathrm{d}c_e(t)}{\mathrm{d}t}=-k_1c_e(t)P(t)+g_1c_0(t)P(t)-hc_e(t)+v(t), & t\in R_+, \\ V(0,t)p^*(0,t)=\displaystyle\int_0^l\beta(x,t,c_0(t),R^*(t))p^*(x,t)\mathrm{d}x, & t\in R_+, \\ J^*(t)=\displaystyle\int_0^l\delta(x,t)p^*(x,t)\mathrm{d}x, R^*(t)=\int_0^l\gamma(x,t)p^*(x,t)\mathrm{d}x, & t\in R_+, \\ 0\leqslant c_0(0)\leqslant 1, 0\leqslant c_e(0)\leqslant 1, \\ P^*(t)=\displaystyle\int_0^l p^*(x,t)\mathrm{d}x, (x,t)\in Q, p^*(x,0)=p^*(x), & x\in(0,l), \\ p^*(x,t)=p^*(x,t+T), c_0^*(t)=c_0^*(t+T), c_e^*(t)=c_e^*(t+T), & (x,t)\in Q.\end{cases} \tag{3.3.20}$$

由此可知, p^* 是系统 (3.3.1) 相应于 α^* 的解, 即

$$p^*(x,t)=p^{\alpha^*}(x,t), J^*(t)=J^{\alpha^*}(t), R^*(t)=R^{\alpha^*}(t),\ \text{a.e.}(x,t)\in Q$$

由式 (3.3.15) 可知, $d-\dfrac{1}{n}\leqslant\displaystyle\sum_{i=n+1}^{k_n}\lambda_i^nJ(\alpha_i)\leqslant d$, 故

$$\sum_{i=n+1}^{k_n}\lambda_i^nJ(\alpha_i)\to d(n\to\infty)$$

此外

$$\begin{aligned}\sum_{i=n+1}^{k_n}\lambda_i^nJ(\alpha_i)&=\sum_{i=n+1}^{k_n}\lambda_i^n\int_Q\omega(x,t)\alpha_i(x,c_0(t),J(t))p^{\alpha_i}(x,t)\mathrm{d}x\mathrm{d}t \\ &=\int_Q\omega(x,t)\sum_{i=n+1}^{k_n}\lambda_i^n\alpha_i(x,c_0(t),J(t))p^{\alpha_i}(x,t)\mathrm{d}x\mathrm{d}t \\ &=\int_Q\omega(x,t)\widetilde{\alpha}_n(x,c_0(t),J(t))\widetilde{p}_n(x,t)\mathrm{d}x\mathrm{d}t\end{aligned}$$

$$
\begin{aligned}
&\to \int_Q \omega(x,t)\alpha^*(x,c_0(t),J(t))p^*(x,t)\mathrm{d}x\mathrm{d}t \quad (n\to\infty)\\
&= \int_Q \omega(x,t)\alpha^*(x,c_0(t),J(t))p^{\alpha^*}(x,t)\mathrm{d}x\mathrm{d}t \quad (n\to\infty)\\
&= J(\alpha^*)
\end{aligned}
$$

所以 $J(\alpha^*)=d=\sup\limits_{\alpha\in\Omega}J(\alpha)$, 这说明 α^* 为最优解.

3.3.3　最优控制的必要条件

引理 3.8　如果 (α^*,p^{α^*}) 是控制问题的最优对, (p^*,c_0^*,c_e^*) 是对应的最优状态, 对 $\forall v\in T_\Omega(\alpha^*)$ (表示集 Ω 在 α^* 处的切锥), 当 $\varepsilon>0$ 且充分小时, 有 $\alpha^*+\varepsilon v\in\Omega$, 则在 $L_T^\infty(Q)$ 中, 当 $\varepsilon\to 0$ 时, 有

$$
\frac{1}{\varepsilon}[p^{\alpha^*+\varepsilon v}(x,t)-p^{\alpha^*}(x,t)]\to z(x,t)
$$

其中, $z(x,t)$ 满足轨道变分系统

$$
\begin{cases}
D_\varphi z(x,t)+[\mu(x,t,c_0(t),J(t))+V_x(x,t)]z(x,t)\\
=-\alpha^*(x,c_0(t),J(t))z(x,t)-v(x,t)p^{\alpha^*}(x,t),\\
V(0,t)z(0,t)=\displaystyle\int_0^l\beta(x,t,c_0(t),R(t))z(x,t)\mathrm{d}x,\\
z(x,t)=z(x,t+T).
\end{cases}
\tag{3.3.21}
$$

证明　系统 (3.3.21) 解的存在唯一性可类似于系统 (3.3.1) 处理. 由于 $p^{\alpha^*+\varepsilon v}$, p^{α^*} 分别为系统 (3.3.1) 相应于 $\alpha^*+\varepsilon v,\alpha^*\in\Omega$ 的解, 记

$$
\theta_\varepsilon(x,t)=\frac{1}{\varepsilon}[p^{\alpha^*+\varepsilon v}(x,t)-p^{\alpha^*}(x,t)]-z(x,t)
$$

显然, $\theta_\varepsilon(x,t)$ 是如下系统的解:

$$
\begin{cases}
D_\varphi\theta_\varepsilon(x,t)+[\mu(x,t,c_0(t),J(t))+V_x(x,t)]\theta_\varepsilon(x,t)\\
=-\alpha^*\theta_\varepsilon(x,c_0(t),J(t))-v(p^{\alpha^*+\varepsilon v}(x,t)-p^{\alpha^*(x,t)}),\\
V(0,t)\theta_\varepsilon(0,t)=\displaystyle\int_0^l\beta(x,t,c_0(t),R(t))\theta_\varepsilon(x,t)\mathrm{d}x,\\
\theta_\varepsilon(x,t)=\theta_\varepsilon(x,t+T).
\end{cases}
$$

由定理 3.9 的结论 (3) 可知, 在 $L_T^\infty(Q)$ 中, 当 $\varepsilon \to 0$ 时, $p^{\alpha^*+\varepsilon v}(x,t) - p^{\alpha^*}(x,t) \to 0$. 由此可得, 当 $\varepsilon \to 0$ 时, $\theta_\varepsilon(x,t) \to 0$. 证毕.

定理 3.11 设 (α^*, p^{α^*}) 是系统 (3.3.1) 的最优解, 则任一最优策略具有如下结构:

$$\alpha^*(x, c_0(t), J(t)) = \mathcal{L}_1\left(\frac{[\omega(x,t) - q_1(x,t)]u^*(x,t)}{c_1}\right) \quad \text{在 } Q \text{ 上几乎处处成立.}$$

$$p^{\alpha^*}(t) = \mathcal{L}_2\left(\frac{q_3(t)}{c_2}\right) \quad \text{在 } (0,T) \text{ 上几乎处处成立.}$$

其中,

$$\mathcal{L}_i(x) = \begin{cases} 0, & x < 0, \\ x, & 0 \leqslant x \leqslant H_i, i = 1,2, \\ H_i, & x > H_i, \end{cases} \tag{3.3.22}$$

(q_1, q_2, q_3) 是下列共轭系统相应于 (α^*, p^{α^*}) 的解:

$$\begin{cases} \dfrac{\partial q_1}{\partial t} + \dfrac{\partial [V(x,t)q_1]}{\partial x} = [\mu(x,t,c_0^*(t),J^*(t)) + \alpha^*(x,c_0(t),J(t))]q_1(x,t) - \\ k_1 c_e^*(t) q_3(t) - g_1 c_0^*(t) q_3(t) + q_1(x,t)\displaystyle\int_0^\infty \dfrac{\partial \beta(x,t,c_0^*(t),R^*(t))}{\partial R} p^*(x,t) \displaystyle\int_0^l \gamma(x,t)\mathrm{d}x - \\ \beta(x,t,c_0^*(t),R^*(t))q_1(x,t) - \omega(x,t)p^*(x,t) + \\ \displaystyle\int_0^\infty \dfrac{\partial \mu(x,t,c_0^*(t),J^*(t))}{\partial J} p^*(x,t)q_1(x,t)\displaystyle\int_0^l \delta(x,t)\mathrm{d}x + \\ \displaystyle\int_0^\infty \dfrac{\partial \alpha^*(x,c_0^*(t),J^*(t))}{\partial J} p^*(x,t)q_1(x,t)\displaystyle\int_0^l \delta(x,t)\mathrm{d}x, \\ \dfrac{\mathrm{d}q_2}{\mathrm{d}t} = \displaystyle\int_0^l \dfrac{\partial \mu(x,t,c_0^*(t),J^*(t))}{\partial c_0} p^*(x,t)q_1(x,t)\mathrm{d}x + (g+m)q_2(t) - g_1 p^*(t) q_3(t) + \\ q_1(x,t)\displaystyle\int_0^l \dfrac{\partial \beta(x,t,c_0^*(t),R^*(t))}{\partial c_0} p^*(x,t)\mathrm{d}x + \displaystyle\int_0^l \dfrac{\partial \alpha^*(x,c_0^*(t),J^*(t))}{\partial c_0} p^*(x,t)q_1(x,t)\mathrm{d}x, \\ \dfrac{\mathrm{d}q_3}{\mathrm{d}t} = kq_2 + k_1 p^*(t)q_3(t) + hq_3(t), \\ q_1(0,T) = q_1(l,t) = 0, q_2(T) = q_3(T) = 0, q_1(x,t) = q_1(x,t+T). \end{cases} \tag{3.3.23}$$

证明 因为 (α^*, p^{α^*}) 是系统 (3.3.1) 的最优对, 对任意固定的 $v \in T_\Omega(\alpha^*)$ 以及充分小的 $\varepsilon(>0)$, 有 $\alpha^\varepsilon := \alpha^* + \varepsilon v \in \Omega$, 由 $J(\alpha^*)$ 为 $J(\alpha)$ 的最大值, 即 $J(p^* +$

$\varepsilon, v^* + \varepsilon) \leqslant J(p^*, v^*)$，得 $\int_0^T \int_0^l \omega(x,t)[\alpha^*(x, c_0(t), J(t)) + \varepsilon v(x,t)]p^\varepsilon(x,t)\mathrm{d}x\mathrm{d}t \leqslant$ $\int_0^T \int_0^l \omega(x,t)\alpha^*(x, c_0(t), J(t))p^*(x,t)\mathrm{d}x\mathrm{d}t$，即

$$\int_0^T \int_0^l \omega(x,t)p^* z_1(x,t)\mathrm{d}x\mathrm{d}t + \int_0^T \int_0^l \omega(x,t)p^*(x,t)v_1\mathrm{d}x\mathrm{d}t \leqslant 0 \tag{3.3.24}$$

其中，$z_1(x,t) = \lim\limits_{\varepsilon\to 0}\frac{1}{\varepsilon}(p^\varepsilon(x,t) - p^*(x,t))$；$z_2(t) = \lim\limits_{\varepsilon\to 0}\frac{1}{\varepsilon}(c_0^\varepsilon(t) - c_0^*(t))$；$z_3(t) = \lim\limits_{\varepsilon\to 0}\frac{1}{\varepsilon}(c_e^\varepsilon(t) - c_e^*(t))$，$p^\varepsilon$ 相应于 $(p^* + \varepsilon v, v^* + \varepsilon v)$.

由于 $z_1(x,t)$, $z_2(t)$, $z_3(t)$ 有意义，同时 (z_1, z_2, z_3) 满足

$$\begin{cases}
\dfrac{\partial z_1}{\partial x} + \dfrac{\partial z_1}{\partial t} = [\mu(x,t,c_0^*(t),J^*(t)) + \alpha^*(x,c_0^*(t),J^*(t)) + V_x] \\
z_1(x,t) - \nu_1 p^*(x,t) - \dfrac{\partial\mu(x,t,c_0^*(t),J^*(t))}{\partial c_0}p^*(x,t)z_2(t) - \\
\dfrac{\partial\alpha^*(x,c_0^*(t),J^*(t))}{\partial c_0}p^*(x,t)z_2(t) - \dfrac{\partial\mu(x,t,c_0^*(t),J^*(t))}{\partial J}p^*(x,t)M(t) - \\
\dfrac{\partial\alpha^*(x,c_0^*(t),J^*(t))}{\partial J}p^*(x,t)M(t), \\
\dfrac{\mathrm{d}z_2}{\mathrm{d}t} = kz_3(t) - gz_2(t) - mz_2(t), \\
\dfrac{\mathrm{d}z_3}{\mathrm{d}t} = -k_1c_e^*(t)Z_1(t) + g_1c_0^*(t)Z_1(t) + g_1P^*(t)z_2(t) - (k_1P^*(t) + h)z_3(t) + v_2(t), \\
V(0,t)z_1(0,t) = \displaystyle\int_0^l \beta(x,t,c_0^*(t),R^*(t))z_1(x,t)\mathrm{d}x - \\
\displaystyle\int_0^l \dfrac{\partial\beta(x,t,c_0^*(t),R^*(t))}{\partial c_0}p^*(x,t)z_2(t)\mathrm{d}x - \dfrac{\partial\beta(x,t,c_0^*(t),R^*(t))}{\partial R}p^*(x,t)W(t)\mathrm{d}x, \\
M(t) = \displaystyle\int_0^l \delta(x,t)z_1(x,t)\mathrm{d}x, W(t) = \displaystyle\int_0^l \gamma(x,t)z_1(x,t)\mathrm{d}x, \\
z_1(x,0) = z_2(0) = z_3(0) = 0, z_1(x,t) = z_1(x,t+T), \\
Z_1 = \displaystyle\int_0^l z_1(x,t)\mathrm{d}x, P^* = \displaystyle\int_0^l p^*(x,t)\mathrm{d}x, Z_1(x,T) = 0.
\end{cases} \tag{3.3.25}$$

在式 (3.3.25) 的第 1 式两边同时乘以 q_1，并在 Q 上积分得

$$\begin{aligned}
&\int_0^\infty \int_0^l [z_t + (Vz)_x]q_1\mathrm{d}x\mathrm{d}t \\
= &\int_0^\infty \int_0^l -\mu(x,t,c_0^*(t),J^*(t))z_1q_1\mathrm{d}x\mathrm{d}t -
\end{aligned}$$

$$\int_0^\infty\int_0^l \frac{\partial \mu(x,t,c_0^*(t),J^*(t))}{\partial c_0}p^*(x,t)z_2(t)q_1\mathrm{d}x\mathrm{d}t-$$

$$\int_0^\infty\int_0^l \frac{\partial \alpha^*(x,c_0^*(t),J^*(t))}{\partial c_0}p^*(x,t)z_2(t)q_1\mathrm{d}x\mathrm{d}t-$$

$$\int_0^\infty\int_0^l \frac{\partial \mu(x,t,c_0^*(t),J^*(t))}{\partial J}p^*(x,t)M(t)q_1\mathrm{d}x\mathrm{d}t-$$

$$\int_0^\infty\int_0^l \frac{\partial \alpha^*(x,c_0^*(t),J^*(t))}{\partial J}p^*(x,t)M(t)q_1\mathrm{d}x\mathrm{d}t-$$

$$\int_0^\infty\int_0^l \nu_1 p^*(x,t)q_1\mathrm{d}x\mathrm{d}t-\int_0^\infty\int_0^l \alpha^*(x,c_0^*(t),J^*(t))z_1q_1\mathrm{d}x\mathrm{d}t \tag{3.3.26}$$

在式 (3.3.25) 的第 2 式两边同时乘以 q_2, 并在 R_+ 上积分得

$$-\int_0^\infty z_2\mathrm{d}q_2=\int_0^\infty kz_3(t)q_2\mathrm{d}t-\int_0^\infty gz_2(t)q_2\mathrm{d}t-\int_0^\infty mz_2(t)q_2\mathrm{d}t \tag{3.3.27}$$

在式 (3.3.25) 的第 3 式两边同时乘以 q_3, 并在 R_+ 上积分得

$$-\int_0^\infty z_3\mathrm{d}q_3=\int_0^\infty\int_0^l -k_1c_e^*(t)z_1(x,t)q_3\mathrm{d}x\mathrm{d}t+\int_0^\infty\int_0^l g_1c_0^*(t)z_1(x,t)q_3\mathrm{d}x\mathrm{d}t+$$

$$\int_0^\infty v_1(t)q_3\mathrm{d}t+\int_0^\infty\int_0^l g_1p^*(x,t)z_2(t)q_3\mathrm{d}x\mathrm{d}t-$$

$$\int_0^\infty\int_0^l (k_1p^*(x,t)+h)z_3(t)q_3\mathrm{d}x\mathrm{d}t \tag{3.3.28}$$

于是, 由式 (3.3.26)、式 (3.3.27)、式 (3.3.28) 结合系统 (3.3.23) 可得以下结果

$$\int_0^\infty\int_0^l \omega(x,t)p^*(x,t)z_1(x,t)\mathrm{d}x\mathrm{d}t=-\int_0^\infty\int_0^l v_1(x,t)p^*(x,t)q_1(x,t)\mathrm{d}x\mathrm{d}t+$$

$$\int_0^\infty v_2(t)q_3(t)\mathrm{d}t \tag{3.3.29}$$

将式 (3.3.29) 代入式 (3.3.24) 可得

$$\int_0^\infty \int_0^l ((\omega(x) - q_1(x,t))p^* v_1 \mathrm{d}x\mathrm{d}t + \int_0^\infty (q_3(t))v_2 \mathrm{d}t \leqslant 0,\ (v_1, v_2) \in (u^*, v^*)$$

因此, 根据法锥性质可知, $((\omega(x) - q_1)u^*(x,t), q_3(t)) \in N_\Omega(\alpha^*, v^*)$, 即定理结论成立.

3.3.4 小结

本节建立了污染环境中具有个体尺度的周期种群系统的种群模型, 主要利用积分方程及算子理论证明了非负解的存在唯一性, 接着利用极大值原理、Mazur 定理及紧性确定了最优策略的存在性, 又借助切锥法锥的技巧导出了控制问题的最优条件.

3.4 污染环境中具有尺度结构的非线性害鼠模型的最优不育控制

生物种群是由个体组成的, 而个体之间存在着年龄、尺度、基因、性别等结构差异, 为了更准确地刻画种群的演化, 学者们首先研究了具有年龄结构的种群模型, 并取得了大量的研究成果 [7,75,78–80]. 然而, 随着实验的进步, 生物学家发现个体尺度比年龄结构更能逼真地模拟生物种群的演化过程. 所谓个体尺度, 是指用来描述种群个体的一些特征数量指标. 参考文献 [21,23] 建立并分析了周期环境和模拟周期环境尺度结构种群系统的最优收获率. 参考文献 [81] 研究了一类周期环境中具有尺度结构的线性害鼠模型的适定性及最优不育控制问题. 参考文献 [82] 研究了一类基于个体尺度的种群模型的适定性及最优不育控制策略.

本节以害鼠种群为例, 研究其最优不育控制. 由于害鼠的生存环境和食物的有限性会导致害鼠个体间产生相互竞争, 从而产生额外的死亡及害鼠种群的迁移, 同时, 种群的生命参数不仅会受到环境的影响还会受到种群个体总量的影响, 所以, 在建模时考虑害鼠的种内竞争及建立可分离死亡率的模型更为合理. 基于此, 建立并分析如下污染环境中依赖个体尺度和迁移项的非线性害鼠模型.

3.4.1 基本模型

本节建立污染环境中具有尺度结构和迁移项的一类非线性害鼠系统

$$
\left\{\begin{array}{ll}
\dfrac{\partial u(x,t)}{\partial t}+\dfrac{\partial[V(x,t)u(x,t)]}{\partial x}=f(x,t)-\mu(x,t,c_0(t))u(x,t)- & \\
\delta_1\alpha(x,t,c_0(t))u(x,t)-\Phi(c_0(t),J(t))u(x,t), & (x,t)\in Q,\\
\dfrac{\mathrm{d}c_0(t)}{\mathrm{d}t}=kc_e(t)-gc_0(t)-mc_0(t), & t\in[0,T],\\
\dfrac{\mathrm{d}c_e(t)}{\mathrm{d}t}=-k_1c_e(t)U(t)+g_1c_0(t)U(t)-hc_e(t)+v_1(t), & t\in[0,T],\\
V(0,t)u(0,t)=\displaystyle\int_0^l\beta(x,t,c_0(t),R(t))\omega(x,t)[1-\delta_2\alpha(x,t,c_0(t))]u(x,t)\mathrm{d}x, & t\in[0,T],\\
J(t)=\displaystyle\int_0^l b(x)u(x,t)\mathrm{d}x,R(t)=\int_0^l\gamma(x)u(x,t)\mathrm{d}x, & t\in[0,T],\\
0\leqslant c_0(0)\leqslant 1,0\leqslant c_e(0)\leqslant 1, & \\
U(t)=\displaystyle\int_0^l u(x,t)\mathrm{d}x, & (x,t)\in Q,\\
u(x,0)=u_0(x), & x\in(0,l).
\end{array}\right. \tag{3.4.1}
$$

其中，$Q=(0,l)\times[0,T]$，固定常数 l,T 分别表示个体所不能超越的最大尺度和环境变化周期；状态变量 $u(x,t)$ 表示 t 时刻尺度为 x 的害鼠个体分布密度；$u_0(x)$ 表示种群初始尺度分布；$V(x,t)$ 表示个体尺度增长率，$V(x,t)=\dfrac{\mathrm{d}x}{\mathrm{d}t}$；函数 $f(x,t)$ 表示外界向种群生存环境的迁入率；$\omega(x,t)$ 表示雌性个体比例；$c_0(t)$ 和 $c_e(t)$ 分别表示 t 时刻有机物中污染物的浓度和环境中污染物的浓度；控制函数 $\alpha(x,t,c_0(t))$ 表示 t 时刻尺度为 x 的害鼠个体所误食的雌性不育剂的平均量；生命参数 $\beta(x,t,c_0(t),R(t))$ 表示种群个体的平均繁殖率；$\mu(x,t,c_0(t))$ 表示 t 时刻尺度为 x 的种群个体的自然死亡率；$v_1(t)$ 表示 t 时刻的外界输入率；$\Phi(c_0(t),J(t))$ 表示依赖于权函数 $b(x)$ 的加权总量 $J(t)$ 的额外死亡率；

$\delta_1\alpha(x,t,c_0(t))$ 表示害鼠个体因误食不育剂所导致的额外死亡率; $\delta_2\alpha(x,t,c_0(t))$ 为 t 时刻尺度为 x 的雌性个体的不育率; $U(t)$ 表示 t 时刻的种群总规模.

本节做出如下假设.

(H_1) $V: Q \to R_+$ 是有界的连续函数, 对任意的 $(x,t)\in Q, \forall\ V(x,t)>0$, $V(l,t)=0$, 即尺度达到最大后不再生长, 并且 $V(x,t)$ 关于 x 满足局部 Lipschitz 条件, 存在 Lipschitz 常数为 L_V, 使得对于任意的 $x_1,x_2\in(0,l)$, $t\in(0,T)$, $|V(x_1,t)-V(x_2,t)|\leqslant L_V|x_1-x_2|$.

(H_2) $\beta: Q\to R_+$ 为可测函数且存在 $\bar{\beta}>0$, 使得 $0\leqslant\beta(x,t,c_0(t),R(t))\leqslant\bar{\beta}$, a.e.$(x,t)\in Q$.

(H_3) $\mu: Q\to R_+$ 为可测函数且存在 $\bar{\mu}>0$, 使得 $0\leqslant\mu(x,t,c_0(t))\leqslant\bar{\mu}$, a.e.$(x,t)\in Q$.

(H_4) $f\in L^\infty(Q)$, $0<b(x)<\bar{b}, 0<\gamma(x)<\bar{\gamma}, x\in(0,l)$; $0\leqslant u_0(x)\leqslant\hat{u}, x\in(0,l)$.

(H_5) $\omega\in L^\infty(Q)$, $0<\omega(x,t)<1, 0\leqslant\delta_i\alpha(x,t,c_0(t))<1, (x,t)\in Q, i=1,2$.

(H_6) $\Phi: R_+\to R_+$ 为连续函数, 且对于任意 $J\in R_+$, 存在 $\bar{\Phi}\in R_+$, 使得 $\Phi(J)\leqslant\bar{\Phi}$, 并且对任意 $J_1,J_2\in[0,r]$, 存在递增函数 $C_\Phi: R_+\to R_+$, 使得当 $|J_1|\leqslant r, |J_2|\leqslant r$ 时 $|\Phi(J_1)-\Phi(J_2)|\leqslant C_\Phi(r)|J_1-J_2|$.

(H_7) 控制变量 $\alpha(x,t,c_0(t))$ 属于允许控制集

$$\alpha(x,t,c_0(t))\in\Omega=\{h\in L^\infty(Q): 0\leqslant h\leqslant L,\ \text{a.e.}(x,t)\in Q, \text{其中}, L\ \text{为正常数}\}$$

(H_8) $g: R\to R_+$ 为非负凸函数, 对任意的 $s\in R$, g' 存在且有界, 存在常数 $\bar{h}>0$, 使得 $h:[0,T]\to(0,\bar{h})$ 为可测函数.

3.4.2　状态系统的适定性

定义 3.3　初值问题 $x'(t)=V(x,t), x(t_0)=x_0$ 的唯一解 $x=\varphi(t;t_0,x_0)$ 称为系统 (3.4.1) 通过点 (t_0,x_0) 的特征曲线, 记作 $\varphi(t;t_0,x_0)$. 特别地, 在 x-t 平面上, 记通过点 $(0,0)$ 的特征曲线为 $z(t)$.

注 3.1　对任意的 $t\in[0,T]$, 有 $\varphi(t;t_0,x_0)\in[0,l)$. 对 x-t 平面第一象限上的任意点 (x,t), 若 $x\leqslant z(t)$, 定义 $\tau\triangleq\tau(x,t)$, 则 $\varphi(t;\tau,0)=x\Leftrightarrow\varphi(t;\tau,x)=0$, 易知 $\tau=\varphi^{-1}(0;t,x)$.

定义 3.4　若函数 $u(x,t)\in C([0,T];L^1_+)$, 沿着每条特征曲线 φ 都绝对连续, 且满足

$$
\begin{cases}
D_\varphi u(x,t) = f(x,t) - [\mu(x,t,c_0(t)) + V_x(x,t) + \\
\Phi(c_0(t), J(t)) + \delta_1\alpha(x,t,c_0(t))]u(x,t), \\
V(0,t)\lim\limits_{\varepsilon\to 0} u(\varphi(t+\varepsilon;t,0), t+\varepsilon) \\
= \displaystyle\int_0^l \beta(x,t,c_0(t),R(t))\omega(x,t)[1-\delta_2\alpha(x,t,c_0(t))]u(x,t)\mathrm{d}x, \\
\lim\limits_{\varepsilon\to 0} u(x+\varepsilon,\varepsilon) = u_0(x), \\
\dfrac{\mathrm{d}c_0(t)}{\mathrm{d}t} = kc_e(t) - gc_0(t) - mc_0(t), \\
\dfrac{\mathrm{d}c_e(t)}{\mathrm{d}t} = -k_1c_e(t)U(t) + g_1c_0(t)U(t) - hc_e(t) + v_1(t), \\
J(t) = \displaystyle\int_0^l b(x)u(x,t)\mathrm{d}x, R(t) = \int_0^l \gamma(x)u(x,t)\mathrm{d}x, \\
U(t) = \displaystyle\int_0^l u(x,t)\mathrm{d}x,
\end{cases}
$$

则称 $(u(x,t), c_0(t), c_e(t))$ 为系统 (3.4.1) 的解. 这里 $D_\varphi u(x,t)$ 表示 $u(x,t)$ 沿特征曲线 φ 的方向导数, 即

$$
D_\varphi u(x,t) = \lim_{h\to 0} \frac{u(\varphi(t+h;t,x), t+h) - u(x,t)}{h}
$$

定义 3.5 系统 (3.4.1) 的解空间为

$$
X = \{(u,c_0,c_e) \in L^\infty(0,T;L^1(0,l)) \times L^\infty(0,T) \times L^\infty(0,T) | 0 \leqslant c_0(t) \leqslant 1, 0 \leqslant c_e(t) \leqslant 1
$$

$$
0 \leqslant \int_0^l u(x,t)\mathrm{d}x \leqslant M, \quad \text{a.e.}(x,t) \in (0,l)\times(0,T)\}
$$

定义 3.6 函数 $u(x,t) \in C([0,T];L^1_+)$, 称为系统 (3.4.1) 的解, 如果 u 满足

$$
u(x,t) = \begin{cases}
\dfrac{F(\tau, u(.,\tau))}{V(0,\tau)} + \displaystyle\int_\tau^t G_V(s,u(.,s))(\varphi(s;t,x))\mathrm{d}s, & x \leqslant z(t), \\
u_0(\varphi(0;t,x)) + \displaystyle\int_0^t G_V(s,u(.,s))(\varphi(s;t,x))\mathrm{d}s, & x > z(t),
\end{cases}
$$

其中, 对任意的 $t \in [0,T]$ 及 $\phi \in L^1$

$$
F(t,c_0(t),\phi) = \int_0^l \beta(x,t,c_0(t),R(t))\omega(x,t)[1-\delta_2\alpha(x,t,c_0(t))]\phi(x)\mathrm{d}x
$$

$$G_V(t,c_0(t),\phi)=f(x,t)-\Bigg[\mu(x,t,c_0(t))+V_x(x,t)+\delta_1\alpha(x,t,c_0(t))-$$
$$\Phi\left(\int_0^l b(x)\phi(x)\mathrm{d}x\right)\Bigg]\phi(x)$$

由于系统 (3.4.1) 的第 2 式和第 3 式为常微分方程, 由此得

$$c_0(t)=c_0(0)\exp\{-(g+m)t\}+k\int_0^T c_e(s)\exp\{(s-t)(g+m)\}\mathrm{d}s$$

$$c_e(t)=c_e(0)\exp\left\{-\int_0^T(k_1U(\tau)+h)\mathrm{d}\tau\right\}+$$
$$\int_0^T(g_1c_0(s)U(s)+v_1(s))\exp\left\{\int_t^s(k_1U(\tau)+h)\mathrm{d}\tau\right\}\mathrm{d}s$$

引理 3.9　对于系统 (3.4.1), 如果 $g\leqslant k\leqslant g+m, v_1<h$, 则对于任意 $t\in[0,T]$, 有 $0\leqslant c_0(t)\leqslant 1, 0\leqslant c_e(t)\leqslant 1$.

证明　见参考文献 [57].

引理 3.10　若假设 $(\mathrm{H}_1)\sim(\mathrm{H}_7)$ 成立, 系统 (3.4.1) 有唯一的非负解 $(u(x,t), c_0(t), c_e(t))$, 使得

(1) $(u(x,t),c_0(t),c_e(t))\in L^\infty(Q)\times L^\infty(0,T)\times L^\infty(0,T)$.

(2) $0\leqslant c_0(t)\leqslant 1, 0\leqslant c_e(t)\leqslant 1$.

证明　见参考文献 [41].

考虑系统 (3.4.1) 的可分离形式解

$$u(x,t)=\widetilde{u}(x,t)y(t)\tag{3.4.2}$$

将式 (3.4.2) 代入系统 (3.4.1) , 可得如下关于 $u(x,t)$ 和 $y(t)$ 的两个子系统

$$\begin{cases}\dfrac{\partial\widetilde{u}}{\partial t}+\dfrac{\partial(V(x,t)\widetilde{u}(x,t))}{\partial x}=\dfrac{f(x,t)}{y(t)}-[\mu(x,t,c_0(t))+\delta_1\alpha(x,t,c_0(t))]\widetilde{u}(x,t), & \\ \hfill (x,t)\in Q, & \\ V(0,t)\widetilde{u}(0,t)=\displaystyle\int_0^l\beta(x,t,c_0(t),\widetilde{R}(t))\omega(x,t)[1-\delta_2\alpha(x,t,c_0(t))]\widetilde{u}(x,t)\mathrm{d}x, & \\ \hfill t\in[0,T], & \\ \widetilde{u}(x,0)=u_0(x), \hfill x\in(0,l), & \\ \widetilde{R}(t)=\displaystyle\int_0^l\gamma(x)\widetilde{u}(x,t)\mathrm{d}x, \hfill t\in[0,T]. &\end{cases}\tag{3.4.3}$$

$$
\begin{cases}
y'(t)+\Phi(y(t)\widetilde{J}(t))y(t)=0, & t\in[0,T],\\
y(0)=1,\\
\widetilde{J}(t)=\displaystyle\int_0^l b(x)\widetilde{u}(x,t)\mathrm{d}x, & t\in[0,T].
\end{cases}
\tag{3.4.4}
$$

定义 3.7 函数对 $(\widetilde{u}(x,t),y(t))$ (其中, $\widetilde{u}\in C([0,T];L^1_+), y\in C([0,T];R_+)$) 称为子系统 (3.4.3) 和子系统 (3.4.4) 的解. 如果 $(\widetilde{u}(x,t),y(t))$ 满足如下积分形式:

$$
\widetilde{u}(x,t)=\begin{cases}
\dfrac{F(\tau,\widetilde{u}(.,\tau))}{V(0,\tau)}+\displaystyle\int_\tau^t G_V(s,\widetilde{u}(.,s))(\varphi(s;t,x))\mathrm{d}s, & x\leqslant z(t),\\
u_0(\varphi(0;t,x))+\displaystyle\int_0^t G_V(s,\widetilde{u}(.,s))(\varphi(s;t,x))\mathrm{d}s, & x>z(t).
\end{cases}
$$

$$
y(t)=\exp\left\{-\int_0^t \Phi(\widetilde{J}(s)y(s))\mathrm{d}s\right\}
$$

其中, 对于任意的 $t\in[0,T]$ 及 $\phi\in L^1$,

$$
\widetilde{J}(s)=\int_0^l b(x)\widetilde{u}(x,s)\mathrm{d}x
$$

$$
G_{y,V}(t,c_0(t),\phi)(x)=-\mu(x,t,c_0(t))\phi(x)-V_x(x,t)\phi(x)-\delta_1\alpha(x,t,c_0(t))\phi(x)+\frac{f(x,t)}{y(t)}
$$

定理 3.12 若假设 $(\mathrm{H}_1)\sim(\mathrm{H}_7)$ 成立, 则对任意的 $\alpha\in\Omega$, 子系统 (3.4.3) 和子系统 (3.4.4) 具有唯一非负有界解 $(\widetilde{u}(x,t),y(t))$.

证明 记 $\theta\triangleq\exp\{-\Phi T\}>0$, 令 $A=\{h\in C[0,T]:\theta\leqslant h(t)\leqslant 1\}$. 对任意的 $h\in C[0,T]$ 及 $\lambda>0$, 定义空间 $C[0,T]$ 上的等价范数 $\|h\|_\lambda=\sup\limits_{t\in[0,T]}\mathrm{e}^{-\lambda t}|h(t)|$. 显然, $(C[0,T],\|\cdot\|_\lambda)$ 为 Banach 空间. 由于 A 是 $C[0,T]$ 中的非空闭子集, 因此 $(A,\|\cdot\|_\lambda)$ 也为 Banach 空间.

第 1 步: 由子系统 (3.4.4) 的第 1 式解得$y(t)=\exp\left\{-\displaystyle\int_0^t\Phi(\widetilde{J}(s)y(s))\mathrm{d}s\right\}\geqslant 0$, 即 $y(t)\in A$. 由参考文献 [83] 可知, 对任意固定 $y(t)\in A$, 子系统 (3.4.4) 有唯一非负解 $\widetilde{u}^y(x,t)\in L^\infty(Q)$, 且

$$
\|\widetilde{u}^y(\cdot,t)\|_{L^1}\leqslant \mathrm{e}^{(\bar{\beta}+2L_v)t}\|u_0\|_{L^1}+\int_0^t \mathrm{e}^{(\bar{\beta}+2L_v)(t-s)}\ \|\ \frac{f(\cdot,s)}{y(s)}\ \|_{L^1}\ \mathrm{d}s
$$

$$\leqslant \mathrm{e}^{(\bar{\beta}+2L_v)t}\|u_0\|_{L^1} + \int_0^t \mathrm{e}^{(\bar{\beta}+2L_v)(t-s)}\frac{\|f(\cdot,s)_{L^1}\|}{y(s)}\mathrm{d}s$$

$$\leqslant \mathrm{e}^{(\bar{\beta}+2L_v)T}\left(\|u_0\|_{L^1} + \frac{\|f(\cdot,\cdot)\|_{L^1_Q}}{\theta}\right) \triangleq r_0 \tag{3.4.5}$$

第 2 步: 令 $\widetilde{J^y}(t) = \int_0^l b(x)\widetilde{u^y}(x,t)\mathrm{d}x$, 对固定的 $\widetilde{J^y}$, 定义映射 $\mathcal{A}$,

$$[\mathcal{A}h](t) = \exp\left\{-\int_0^t \varPhi(\widetilde{J^y}(s)h(s))\mathrm{d}s\right\} \geqslant \theta$$

易知 $\mathcal{A}$ 是从 A 到自身的映射. 由式 (3.4.5) 得

$$|\widetilde{J^y}(t)| = \left|\int_0^l b(x)\widetilde{u^y}(x,t)\mathrm{d}x\right| \leqslant \int_0^l |b(x)||\widetilde{u^y}(x,t)|\mathrm{d}x \leqslant \bar{b}r_0 \triangleq r_1 \tag{3.4.6}$$

则对任意的 $h_1, h_2 \in A$,

$$\begin{aligned}\|(\mathcal{A}h_1)(t) - (\mathcal{A}h_2)(t)\|_\lambda &= \sup_{t\in[0,T]}\{\mathrm{e}^{-\lambda t}|(\mathcal{A}h_1)(t) - (\mathcal{A}h_2)(t)|\} \\ &\leqslant \sup_{t\in[0,T]}\left\{\mathrm{e}^{-\lambda t}\int_0^t |\varPhi(\widetilde{J^y}(s)h_1(s)) - \varPhi(\widetilde{J^y}(s)h_2(s))|\mathrm{d}s\right\} \\ &\leqslant \sup_{t\in[0,T]}\left\{\mathrm{e}^{-\lambda t}C_\varPhi(r_1)r_1\int_0^t \mathrm{e}^{\lambda s}\mathrm{e}^{-\lambda s}|h_1(s) - h_2(s)|\mathrm{d}s\right\} \\ &\leqslant \frac{C_\varPhi(r_1)r_1}{\lambda}\|h_1 - h_2\|_\lambda\end{aligned}$$

于是, 当 $\lambda > C_\varPhi(r_1)r_1$ 时, $\mathcal{A}$ 是 Banach 空间 $(A, \|\cdot\|_\lambda)$ 上的压缩映射, 故映射 $\mathcal{A}$ 有唯一的不动点, 即存在唯一的 $\widetilde{y} \in A$, 使得

$$\widetilde{y}(t) = \exp\left\{-\int_0^t \varPhi(\widetilde{J^y}(s)\widetilde{y}(s))\mathrm{d}s\right\} \tag{3.4.7}$$

第 3 步: 由参考文献 [83] 可知, 对任意的 $y_1, y_2 \in A$, 存在 $M > 0$, 使得对于任意的 $t \in [0,T]$,

$$\|\widetilde{u}^{y_1}(\cdot,t) - \widetilde{u}^{y_2}(\cdot,t)\|_{L^1} \leqslant M\int_0^t |y_1(s) - y_2(s)|\mathrm{d}s$$

$$\mathrm{e}^{-\lambda t}\|\widetilde{u}^{y_1}(\cdot,t)-\widetilde{u}^{y_2}(\cdot,t)\|_{L^1}\leqslant\frac{M}{\lambda}\|y_1-y_2\|_\lambda$$

定义映射 $\mathcal{B}:A\to A$,

$$(\mathcal{B}y)(t)=\widetilde{y}(t),\forall\ y\in A \tag{3.4.8}$$

其中, $\widetilde{y}$ 满足式 (3.4.7) . 由式 (3.4.6) 和式 (3.4.7) 可知, 对任意的 $y_1,y_2\in A$,

$$\begin{aligned}
&|(\mathcal{B}y_1)(t)-(\mathcal{B}y_2)(t)|\\
=&|\widetilde{y}_1(t)-\widetilde{y}_2(t)|\\
=&\left|\exp\left\{-\int_0^t\Phi(\widetilde{J}^{y_1}(s)\widetilde{y}_1(s))\mathrm{d}s\right\}-\exp\left\{-\int_0^t\Phi(\widetilde{J}^{y_2}(s)\widetilde{y}_2(s))\mathrm{d}s\right\}\right|\\
\leqslant&\left|\int_0^t\Phi(\widetilde{J}^{y_1}(s)\widetilde{y}_1(s))\mathrm{d}s-\int_0^t\Phi(\widetilde{J}^{y_2}(s)\widetilde{y}_2(s))\mathrm{d}s\right|\\
\leqslant&C_\Phi(r_1)r_1\int_0^t|\widetilde{y}_1(s)-\widetilde{y}_2(s)|\mathrm{d}s+C_\Phi(r_1)\int_0^t|\widetilde{J}^{y_1}(s)-\widetilde{J}^{y_2}(s)|\mathrm{d}s
\end{aligned} \tag{3.4.9}$$

由于

$$|\widetilde{J}^{y_1}(s)-\widetilde{J}^{y_2}(s)|=\left|\int_0^l b(x)\widetilde{u}^{y_1}(x,t)\mathrm{d}x-\int_0^l b(x)\widetilde{u}^{y_2}(x,t)\mathrm{d}x\right|\leqslant\bar{b}\|\widetilde{u}^{y_1}(\cdot,s)-\widetilde{u}^{y_2}(\cdot,s)\|_{L^1}$$

则

$$\mathrm{e}^{-\lambda t}\int_0^t|\widetilde{J}^{y_1}(s)-\widetilde{J}^{y_2}(s)|\mathrm{d}s\leqslant\bar{b}\mathrm{e}^{-\lambda t}\int_0^t\|\widetilde{u}^{y_1}(\cdot,s)-\widetilde{u}^{y_2}(\cdot,s)\|_{L^1}\mathrm{d}s\leqslant\frac{M\bar{b}}{\lambda^2}\|y_1-y_2\|_\lambda \tag{3.4.10}$$

结合式 (3.4.9) 和式 (3.4.10) 可得

$$\mathrm{e}^{-\lambda t}|\widetilde{y}_1(t)-\widetilde{y}_2(t)|\leqslant\frac{C_\Phi(r_1)M\bar{b}}{\lambda^2}\|y_1-y_2\|_\lambda+C_\Phi(r_1)r_1\int_0^t\mathrm{e}^{-\lambda s}|\widetilde{y}_1(s)-\widetilde{y}_2(s)|\mathrm{d}s$$

于是, 由 Gronwall 不等式得

$$\mathrm{e}^{-\lambda t}|\widetilde{y}_1(t)-\widetilde{y}_2(t)|\leqslant\frac{C_\Phi(r_1)M\bar{b}\mathrm{e}^{C_\Phi(r_1)r_1T}}{\lambda^2}\|y_1-y_2\|_\lambda$$

选择 $\lambda > 0$, 使得 $\dfrac{C_{\Phi}(r_1)M\bar{b}e^{C_{\Phi}(r_1)r_1T}}{\lambda^2} < 1$, 则 $\mathcal{B}$ 是 Banach 空间 $(A, \|\cdot\|_\lambda)$ 上的压缩映射, 从而映射 $\mathcal{B}$ 在 A 上有唯一不动点. 综上所述, 子系统 (3.4.3) 和子系统 (3.4.4) 存在唯一非负有界解 $(\widetilde{u}^y(x,t), y(t))$.

定理 3.13　若 $(\mathrm{H}_1) \sim (\mathrm{H}_7)$ 成立, 则对于任意的 $\alpha \in \Omega$, 系统 (3.4.1) 在 $C([0,T]; L^1_+)$ 上有唯一的非负有界解 $u(x,t)$ 且 $u(x,t) = \widetilde{u}^y(x,t)y(t)$, 其中, $\widetilde{u}^y(x,t), y(t)$ 分别是子系统 (3.4.3) 和子系统 (3.4.4) 的解. 进一步, 存在常数 $M > 0$, 使得 $|u(x,t)| \leqslant M$.

证明　见参考文献 [21].

定理 3.14　若 $(\mathrm{H}_1) \sim (\mathrm{H}_7)$ 成立, 则系统 (3.4.1) 在 $C([0,T]; L^1_+)$ 上的解属于 $L^2[0,T; H^1(0,L)]$ 的解, 即 $u(x,t) \in L^2[0,T; H^1(0,L)]$.

证明　见参考文献 [57].

3.4.3　最优不育策略的存在性

设 u^α 是系统 (3.4.1) 相应于 $\alpha \in \Omega$ 的解, 考虑如下的最优化控制问题:

$$\min_{\alpha\in\Omega} J(\alpha) = \int_0^l g(u^\alpha(x,T) - \bar{u}(x))\mathrm{d}x + \int_0^T \int_0^l h(t)\alpha(x,t,c_0(t))u^\alpha(x,t)\mathrm{d}x\mathrm{d}t \tag{3.4.11}$$

其中, 函数 $\bar{u} \in L^\infty(0,l)$ 是给定的理想分布, 即在不影响农作物生长情况下害鼠的最大量; $g(u^\alpha(x,T) - \bar{u}(x))$ 表示在给定时刻害鼠密度与理想分布的接近程度; $h(t)\alpha(x,t,c_0(t))u^\alpha(x,t)$ 代表不育控制成本, 包括所投放的不育剂的成本以及治理环境污染的费用. 因此, 最优不育控制策略表示在给定时间 T 内, 使害鼠的密度尽可能接近于理想分布, 并且使控制成本尽可能低.

引理 3.11　若 $(\mathrm{H}_1) \sim (\mathrm{H}_8)$ 成立, 令 $J^\alpha(t) = \displaystyle\int_0^l b(x)u^\alpha(x,t)\mathrm{d}x$, $R^\alpha(t) = \displaystyle\int_0^l \gamma(x)u^\alpha(x,t)\mathrm{d}x$, 则 $\{J^\alpha(t) : \alpha \in \Omega\}$, $\{R^\alpha(t) : \alpha \in \Omega\}$ 在 $L^2(0,T)$ 中是相对紧的.

证明　首先证明 $\{J^\alpha(t) : \alpha \in \Omega\}$ 在 $L^2(0,T)$ 中是相对紧的.

由于 $\dfrac{\mathrm{d}J^\alpha(t)}{\mathrm{d}t} = \displaystyle\int_0^l b(x)\frac{\partial u^\alpha(x,t)}{\partial t}\mathrm{d}x$, 系统 (3.4.1) 的第 1 式两边同时乘以 $b(x)$, 在 $(0,l)$ 上积分可得

$$\int_0^l b(x)\frac{\partial u^\alpha}{\partial t}\mathrm{d}x = \int_0^l b(x)[f - \mu u^\alpha - \Phi(c_0(t), J^\alpha(t))u^\alpha - \delta_1\alpha u^\alpha]\mathrm{d}x -$$

$$\int_0^l b(x)\frac{\partial(Vu^\alpha)}{\partial x}\mathrm{d}x \triangleq I_1+I_2$$

由于 I_1 关于 $\alpha\in\Omega$ 一致有界, 对于 I_2 , 由系统 (3.4.1) 的第 2 式可得

$$\begin{aligned}I_2&=-\int_0^l b(x)\frac{\partial(Vu^\alpha)}{\partial x}\mathrm{d}x\\&=V(0,t)u^\alpha(0,t)b(0)+\int_0^l b'(x)V(x,t)u^\alpha(x,t)\mathrm{d}x\\&=b(0)\int_0^l \beta(x,t,c_0(t),R(t))w(x,t)[1-\delta_2\alpha(x,t,c_0(t))]u^\alpha(x,t)\mathrm{d}x+\\&\quad\int_0^l b'(x)V(x,t)u^\alpha(x,t)\mathrm{d}x\end{aligned}$$

可得 I_2 关于 $\alpha\in\Omega$ 一致有界. 于是, $\dfrac{\mathrm{d}J^\alpha(t)}{\mathrm{d}t}$ 关于 $\alpha\in\Omega$ 一致有界.

当 $t<0$ 或 $t>T$ 时, 令 $J^\alpha(t)=0$, 将 $J^\alpha(t)$ 延拓到 $(-\infty,+\infty)$ 上, 则 $J^\alpha(t)$ 在 $(-\infty,+\infty)$ 上连续.

(1) 证明 $J^\alpha(t)$ 关于 $\alpha\in\Omega$ 的一致有界性. 由于

$$J^\alpha(t)=\int_0^l b(x)u^\alpha(x,t)\mathrm{d}x$$

则由假设 (H_4) 及定理 3.12 知, $J^\alpha(t)$ 关于 $\alpha\in\Omega$ 一致有界.

(2) 证明 $\lim\limits_{t\to 0}\int_0^T[J^\alpha(s+t)-J^\alpha(s)]^2\mathrm{d}s=0$. 由于

$$\begin{aligned}\int_0^T[J^\alpha(s+t)-J^\alpha(s)]^2\mathrm{d}s&=\int_0^T\left[\int_s^{s+t}\frac{\mathrm{d}J^\alpha(r)}{\mathrm{d}r}\mathrm{d}r\right]^2\mathrm{d}s\\&\leqslant|t|\int_0^T\left[\int_s^{s+t}\left(\frac{\mathrm{d}J^\alpha(r)}{\mathrm{d}r}\right)^2\mathrm{d}r\right]\mathrm{d}s\\&\leqslant|t|T\int_0^T\left(\frac{\mathrm{d}J^\alpha(r)}{\mathrm{d}r}\right)^2\mathrm{d}r\end{aligned}$$

且 $\dfrac{\mathrm{d}J^\alpha(t)}{\mathrm{d}t}$ 关于 $\alpha\in\Omega$ 一致有界, 因此 $\lim\limits_{t\to 0}\int_0^T[J^\alpha(s+t)-J^\alpha(s)]^2\mathrm{d}s=0$.

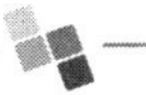

(3) 显然, $\lim\limits_{a\to\infty}\int_{|s|>a}[J^\alpha(s)]^2\mathrm{d}s=0$.

综上所述, 由 Fréchet-Kolmogorow 准则可知, $\{J^\alpha(t):\alpha\in\Omega\}$ 在 $L^2(0,T)$ 中是相对紧的.

同理可证, $\{R^\alpha(t):\alpha\in\Omega\}$ 在 $L^2(0,T)$ 中是相对紧的. 证毕.

定理 3.15 若假设 $(\mathrm{H}_1)\sim(\mathrm{H}_8)$ 成立, 则子系统 (3.4.3)、子系统 (3.4.4) 和控制问题 (3.4.11) 至少存在一个最优解 $\alpha^*\in\Omega$.

证明 令 $d=\min\limits_{\alpha\in\Omega}J(\alpha)$, 由定理 3.12 可知, $0\leqslant d<+\infty$.

设 $\{\alpha_n:n\geqslant 1\}$ 为 $J(\alpha)$ 中的极小化序列, 使得

$$d\leqslant J(\alpha_n)<d+\frac{1}{n}$$

由于 $\{u^{\alpha_n}\}$ 关于 $\alpha^n\in\Omega$ 一致有界, 故存在子序列 (仍记为 $\{\alpha_n\}$), 使得当 $n\to+\infty$ 时, u^{α_n}在 $L^2(Q)$ 中弱收敛于u^*; 同时, 存在子序列 $\{{c_0}^n\}$, $\{{c_e}^n\}$, 满足 $\{{c_0}^n\}$在 $[0,T]$ 中弱收敛于 ${c_0}^*(n\to\infty)$, $\{{c_e}^n\}$在 $[0,T]$ 中弱收敛于 ${c_e}^*(n\to\infty)$.

由引理 3.11 可知, 存在子序列 (仍记为 $\{\alpha_n\}$), 有 $J^{\alpha_n}\to J^*, R^{\alpha_n}\to R^*, (n\to\infty)$, 对 $[0,T]$ 中几乎所有的 t, 有 $J^{\alpha_n}(t)\to J^*(t), R^{\alpha_n}(t)\to R^*(t)$. 于是有

$$J^*(t)=\int_0^l b(x)u^*(x,t)\mathrm{d}x, R^*(t)=\int_0^l \gamma(x)u^*(x,t)\mathrm{d}x$$

对序列 $\{u^{\alpha_n}\},\{{c_0}^i\},\{{c_e}^i\}$ 应用 Mazur 定理, 存在 $\{\widetilde{u}_n\},\{\widetilde{c_0}^n\},\{\widetilde{c_e}^n\}$ 的有限凸组合

$$\widetilde{u}_n=\sum_{i=n+1}^{k_n}\lambda_i^n u^{\alpha_i},\quad \widetilde{c_0}^n(t)=\sum_{i=n+1}^{k_n}\lambda_i^n {c_0}^i(t),\quad \widetilde{c_e}^n(t)=\sum_{i=n+1}^{k_n}\lambda_i^n {c_e}^i(t)$$

$$\lambda_i^n\geqslant 0,\qquad \sum_{i=n+1}^{k_n}\lambda_i^n=1,\quad k_n\geqslant n+1 \tag{3.4.12}$$

使得当 $n\to\infty$ 时, $\{\widetilde{u}_n\}$在 $L^2(Q)$ 中收敛于u^*, $\{\widetilde{c_0}^n\}$ 在 $[0,T]$ 中收敛于 ${c_0}^*$, $\{\widetilde{c_e}^n\}$ 在 $[0,T]$ 中收敛于 ${c_e}^*$.

定义控制函数序列

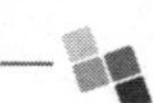

$$\widetilde{\alpha}_n(x,t,c_0(t))=\begin{cases}\dfrac{\sum\limits_{i=n+1}^{k_n}\lambda_i^n\alpha_i(x,t,c_0(t))u^{\alpha_i}(x,t)}{\sum\limits_{i=n+1}^{k_n}\lambda_i^n u^{\alpha_i}(x,t)}, & 若 \sum\limits_{i=n+1}^{k_n}\lambda_i^n u^{\alpha_i}(x,t)\neq 0;\\ \underline{\alpha}, & 若 \sum\limits_{i=n+1}^{k_n}\lambda_i^n u^{\alpha_i}(x,t)=0.\end{cases} \tag{3.4.13}$$

显然, $\widetilde{\alpha}_n\in\Omega$, 且 $\widetilde{u}_n(x,t)=u^{\widetilde{\alpha}_n}(x,t)$, a.e.$(x,t)\in Q$.

利用 $L^2(Q)$ 中有界序列的弱紧性可知, 存在 $\{\widetilde{\alpha}_n\}$ 的子序列 (仍记为 $\{\widetilde{\alpha}_n\}$), 使得 $\{\widetilde{\alpha}_n\}$在 $L^2(Q)$ 中弱收敛于α^*.

下面证明 $u^*(x,t)=u^{\alpha^*}(x,t)$, a.e.$(x,t)\in Q$.

根据式 (3.4.13) 及系统 (3.4.1) 可得

$$\begin{cases}D_\varphi\widetilde{u}_n(x,t)=f(x,t)-[\mu(x,t,c_0(t))+V_x(x,t)+\delta_1\widetilde{\alpha}_n(x,t,c_0(t))]\widetilde{u}_n(x,t)-\\ \sum\limits_{i=n+1}^{k_n}\lambda_i^n\varPhi(c_0(t),J^{\alpha_i}(t))u^{\alpha_i}(x,t),\\ \dfrac{\mathrm{d}\widetilde{c_0}^n(t)}{\mathrm{d}t}=k\widetilde{c_e}^n(t)-g\widetilde{c_0}^n(t)-m\widetilde{c_0}^n(t),\\ \dfrac{\mathrm{d}\widetilde{c_e}^n(t)}{\mathrm{d}t}=-\sum\limits_{i=n+1}^{k_n}\lambda_i^n k_1{c_e}^i(t)\widetilde{U}_n(t)+\sum\limits_{i=n+1}^{k_n}\lambda_i^n g_1{c_0}^i(t)\widetilde{U}_n(t)-h\widetilde{c_e}^n(t)+v(t),\\ V(0,t)\widetilde{u}_n(0,t)=\displaystyle\int_0^l\sum\limits_{i=n+1}^{k_n}\lambda_i^n\beta(x,t,c_0(t),R^{\alpha_i}(t))\omega(x,t)[1-\delta_2\widetilde{\alpha}_n(x,t,c_0(t))]u^{\alpha_i}(x,t)\mathrm{d}x,\\ J^{\alpha_i}(t)=\displaystyle\int_0^l b(x)u^{\alpha_i}(x,t)\mathrm{d}x,\ R^{\alpha_i}(t)=\int_0^l\gamma(x)u^{\alpha_i}(x,t)\mathrm{d}x,\\ 0\leqslant\widetilde{c_0}^n(t)\leqslant 1,0\leqslant\widetilde{c_e}^n(t)\leqslant 1,\\ \widetilde{U}_n(t)=\displaystyle\int_0^l\widetilde{u}_n(x,t)\mathrm{d}x,\\ \widetilde{u}_n(x,0)=\widetilde{u}_0(x).\end{cases} \tag{3.4.14}$$

当 $n \to +\infty$ 时, $J^{\alpha_n}(t) \to J^*(t), R^{\alpha_n}(t) \to R^*(t)$. 由 $\varPhi$ 的连续性可知

$$\begin{cases} \sum\limits_{i=n+1}^{k_n} \lambda_i^n \varPhi(c_0(t), J^{\alpha_i}(t)) u^{\alpha_i}(x,t) \to \varPhi(c_0(t), J^*(t)) u^*(x,t), \\ \sum\limits_{i=n+1}^{k_n} \lambda_i^n \beta(x,t,c_0(t), R^{\alpha_i}(t)) u^{\alpha_i}(x,t) \to \beta(x,t,c_0(t), R^*(t)) u^*(x,t), \\ \sum\limits_{i=n+1}^{k_n} \lambda_i^n {c_0}^i(t) P^{u_i}(t) \to c_0^*(t) P^*(t), \\ \sum\limits_{i=n+1}^{k_n} \lambda_i^n {c_e}^i(t) P^{u_i}(t) \to c_e^*(t) P^*(t). \end{cases}$$

当 $n \to +\infty$ 时, 对式 (3.4.14) 取极限可得

$$u^*(x,t) = u^{\alpha^*}(x,t), J^*(t) = J^{\alpha^*}(t), R^*(t) = R^{\alpha^*}(t), \ \text{a.e.}(x,t) \in Q$$

接下来, 证明 $\alpha^* \in \varOmega$ 为最优不育控制.

一方面, 对任意 $\alpha_i \in \varOmega$, $d \leqslant \sum\limits_{i=n+1}^{k_n} \lambda_i^n J(\alpha_i) < d + \dfrac{1}{n}$, 故 $\sum\limits_{i=n+1}^{k_n} \lambda_i^n J(\alpha_i) \to d$ $(n \to \infty)$. 另一方面, 由式 (3.4.12)、式 (3.4.13) 及假设 (H_8) 可知

$$\begin{aligned} \sum_{i=n+1}^{k_n} \lambda_i^n J(\alpha_i) = & \sum_{i=n+1}^{k_n} \lambda_i^n \Big[\int_0^l g(u^{\alpha_i}(x,t) - \bar{u}(x)) \mathrm{d}x + \\ & \int_0^T \int_0^l h(t) \alpha_i(x,t,c_0(t)) u^{\alpha_i}(x,t) \mathrm{d}x \mathrm{d}t \Big] \\ \geqslant & \int_0^l g\left(\sum_{i=n+1}^{k_n} \lambda_i^n u^{\alpha_i}(x,t) - \bar{u}(x) \right) \mathrm{d}x + \\ & \int_0^T \int_0^l h(t) \frac{\sum\limits_{i=n+1}^{k_n} \lambda_i^n \alpha_i(x,t,c_0(t)) u^{\alpha_i}(x,t)}{\sum\limits_{i=n+1}^{k_n} \lambda_i^n u^{\alpha_i}(x,t)} \sum_{i=n+1}^{k_n} \lambda_i^n u^{\alpha_i}(x,t) \mathrm{d}x \mathrm{d}t \\ = & \int_0^l g(\widetilde{u}_n(x,t) - \bar{u}(x)) \mathrm{d}x + \int_0^T \int_0^l h(t) \widetilde{\alpha}_n(x,t,c_0(t)) \widetilde{u}_n(x,t) \mathrm{d}x \mathrm{d}t \end{aligned}$$

$$
\begin{aligned}
&\to \int_0^l g(u^*(x,t)-\bar{u}(x))\mathrm{d}x + \int_0^T\int_0^l h(t)\alpha^*(x,t,c_0(t))u^*(x,t)\mathrm{d}x\mathrm{d}t \\
&= J(\alpha^*)
\end{aligned}
$$

所以, $J(\alpha^*) = d = \min\limits_{\alpha\epsilon\Omega} J(\alpha)$, 这说明 $\alpha^*(x,t)$ 是系统 (3.4.1) 和控制问题 (3.4.11) 的最优不育控制策略.

3.4.4 数值模拟

例 考虑具有如下参数的系统 (3.4.1) 和控制问题 (3.4.11):

$$
\begin{cases}
\beta(x,t,c_0(t),R(t)) = 5x^2(1-x)(1+\sin\pi t), \\
\mu(x,t,c_0(t)) = \mathrm{e}^{-5x}(1-x)^{-1.4}(2+\cos\pi t), \\
V(x,t) = 2-x^2,\ u_0(x) = 2(1-x)^2,\ f(x,t) = (1+x)\sin\pi t, \\
h(t) = 0.1\mathrm{e}^{-5t}(1-t),\ \varPhi(c_0(t),J(t)) = 0,\ g(u(x,t)-\bar{u}(x)) = |u(x,t)-\bar{u}(x)|, \\
\omega(x,t) = 0.5,\ c_0(t) = 0.001,\ c_e(t) = 0.003,\ \delta_1 = \delta_2 = 0.02, \\
T = 1,\ l = 1,\ L = 4.
\end{cases}
\tag{3.4.15}
$$

利用 MATLAB 进行模拟, 图 3.1 刻画了生命参数, 即出生率、死亡率和增长率的变化规律; 从图 3.2 可以看出, 在某时刻之后, 种群个体总量 $P(t)$ 呈周期性变化, 对害鼠种群投放雌性不育剂可降低害鼠的总量, 从而达到控制害鼠的目的, 与理论分析得到的结果是一致的.

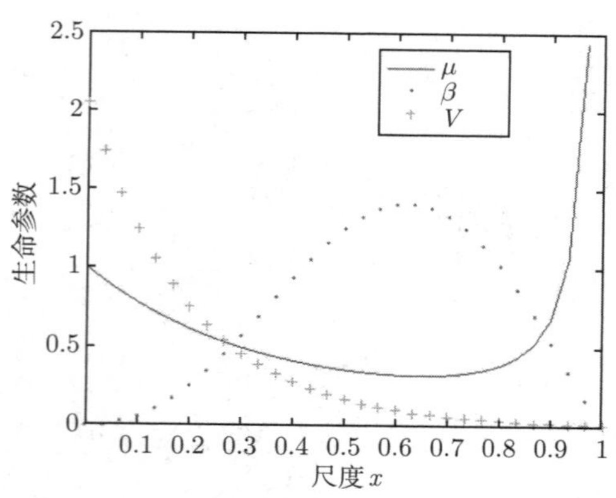

图 3.1 生命参数随尺度 x 的变化曲线

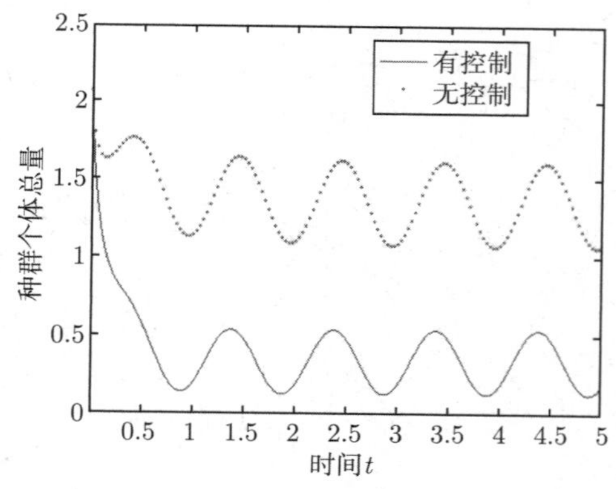

图 3.2 种群个体总量随时间 t 的变化曲线

3.4.5 小结

本节研究了污染环境中依赖个体尺度和迁移项的非线性害鼠模型的最优不育控制. 首先, 考虑模型的可分离形式解, 确立了状态系统模型非负解的存在唯一性; 其次, 利用极值化方法和紧性原理证明最优不育策略的存在性; 再次, 利用共轭系统技巧导出最优不育控制策略的必要条件; 最后, 利用 MATLAB 进行数值模拟, 验证了理论成果的有效性.

第 4 章 污染环境中具有年龄结构的带扩散的种群系统的最优控制

4.1 具有年龄结构的非线性种群扩散系统的最优收获控制

全球生态环境的恶化, 引起了人们对种群生长情况的重视, 有不少生态学者和数学工作者从事这方面的研究, 尤其是与年龄相关的种群扩散系统的研究已获得了很多重要成果 [84–88]. 参考文献 [89] 研究了具有空间扩散的种群系统解的存在唯一性与边界控制. 本节在此基础上考虑下面与年龄相关的非线性种群扩散系统

$$\begin{cases} \dfrac{\partial p}{\partial r}+\dfrac{\partial p}{\partial t}-k\Delta p+\mu_0 p+\mu(r,t,x;P(t,x))=f-vp, \\ \qquad\qquad\qquad\qquad\qquad\qquad\qquad\qquad \text{在 } Q=\theta\times\Omega \text{ 内}, \\ p(0,t,x)=\displaystyle\int_0^A \beta(r,t,x;P(t,x))p(r,t,x)\mathrm{d}r, \quad \text{在 } \Omega_T=(0,T)\times\Omega \text{ 内}, \\ p(r,0,x)=p_0(r,x), \quad \text{在 } \Omega_A=(0,A)\times\Omega \text{ 内}, \\ p(r,t,x)=0, \quad \text{在 } \Sigma=(0,A)\times(0,T)\times\partial\Omega \text{ 上}, \\ P(t,x)=\displaystyle\int_0^A p(r,t,x)\mathrm{d}r, \quad \text{在 } \Omega_T \text{ 内}. \end{cases} \tag{4.1.1}$$

其中, $\theta=(0,A)\times(0,T)$, $p(r,t,x)$ 为 t 时刻年龄为 r 的种群系统于空间的点 $x\in\Omega$ 处的单种群年龄-空间密度, $\Omega\subset R^k(1\leqslant k\leqslant 3)$ 为具有光滑边界的 $\partial\Omega$ 的有界区域, $T>0$ 是某个固定时刻, A 是种群个体所能活到的最大年龄, 因而有

$$p(r,t,x)=0, \quad \text{当 } r\geqslant A \text{ 时}$$

$P(t,x)=\displaystyle\int_0^A p(r,t,x)\mathrm{d}r$ 是年龄段 $[0,A]$ 上所有种群的空间密度; 常数 $k>0$, 是种群的空间扩散系数; 系统 (4.1.1) 的第 4 式表示区域 Ω 的边界 $\partial\Omega$ 处非常不适宜种群生存; $p_0(r,x)$ 是 $t=0$ 时种群的年龄-空间密度的初始分布; $\beta(r,t,x;P)$,

是种群的生育率; $\mu_0(r,t,x) \geqslant 0$, 是种群的自然消亡率, $\mu(r,t,x;P) \geqslant 0$, 是种群额外死亡率, 例如突发性灾害所造成的死亡等; $f(r,t,x)$ 是种群的外部扰动函数, 如迁移等; $v(r,t,x)$ 是 t 时刻年龄为 r 的种群系统于位置 x 处的收获率, 它是系统的控制量, 称为收获控制. 系统的状态函数 $p(r,t,x)$ 依赖于控制函数 v, 记为 $p(r,t,x)=p(r,t,x;v)=p(v)$. 取性能指标泛函

$$J(v)=\int_Q\left[v(r,t,x)p(r,t,x)-\frac{1}{2}v^2(r,t,x)\right]\mathrm{d}Q,\ \mathrm{d}Q=\mathrm{d}r\mathrm{d}t\mathrm{d}x \tag{4.1.2}$$

种群收获最优控制问题是:

$$\text{寻求满足等式}J(u)=\sup_{v\in U_{ad}}J(v)\text{ 的 }u\in U_{ad} \tag{4.1.3}$$

其中,

$$U_{ad}=\{v|v\in L^2(Q),0\leqslant v(r,t,x)\leqslant C_1\ \ \text{a.e. 于}Q\text{内}\} \tag{4.1.4}$$

式 (4.1.3) 中的 $u\in U_{ad}$ 称为系统收获控制. 系统 (4.1.1)、式 (4.1.2) 与控制问题 (4.1.3) 就构成了非线性种群扩散系统最优收获控制问题的数学模型.

本节做以下假设:

(H_1) $0\leqslant\mu_0(r,t,x)\leqslant\overline{\mu}<+\infty$ a.e. 于 Q 内, $\mu_0(r,t,x)$ 关于 (t,x) 在 $(0,\overline{A})\cup\overline{\Omega}_T$ 上连续, $\overline{\mu}$ 为常数, $\forall\ \overline{A}<A,\displaystyle\int_0^A\mu(r,t,x)\mathrm{d}r=+\infty,\mu_0(\cdot,t,x)\in L^\infty_{\mathrm{loc}}([0,A))$.

(H_2) $\mu(r,t,x;P)$和$\beta(r,t,x;P)$是$Q\rightarrow R^+$上的实可测函数, 关于$P(t,x)$连续可微, 且满足$|\beta(r,t,x;P)|+|\beta_P(r,t,x;P)|+|\mu_P(r,t,x;P)|\leqslant C_2$ a.e. 于 $Q\times R^+$ 内, C_2 为常数.

(H_3) $0\leqslant p_0(r,x)\leqslant\overline{p}_0$ a.e. 于 Ω_A 内, $p_0\in L^2(\Omega_A),\overline{p}_0$ 为常数.

(H_4) $f\in L^2(Q),f(r,t,x)\geqslant 0$ a.e. 于 Q 内.

4.1.1　系统广义解的存在唯一性

为确定广义解的概念, 首先引进一些函数空间和记号: $H^1(\Omega)$ 是 Ω 上的一阶 Sobolev 空间, $H_0^1(\Omega)$ 是 $C_0^\infty(\Omega)$ 空间在 $H^1(\Omega)$ 范数下的闭包; $\theta=(0,A)\times(0,T),V=L^2(\theta;H_0^1(\Omega))$, 其对偶空间 $V'=L^2(\theta;H^{-1}(\Omega)),D=\dfrac{\partial}{\partial r}+\dfrac{\partial}{\partial t}$, 其中 $\dfrac{\partial}{\partial r}$ 与 $\dfrac{\partial}{\partial t}$ 均表示广义函数意义下的导数; Δ 表示 Laplace 算子, ∇ 为梯度.

引入检验函数空间 $\varPhi$:

$$\varPhi=\{\varphi(r,t,x)|\varphi\in C^1(\overline{Q}),\varphi|_\Sigma=0,\varphi(A,t,x)=\varphi(r,T,x)=0\}$$

引理 4.1[90] 若 $p_n \in V$, $Dp_n \in V'$ 且 $\{p_n\}$ 和 $\left\{\dfrac{\partial p_n}{\partial t}\right\}$ 分别在 V 和 V' 中一致有界, 则 $\{p_n\}$ 为 $L^2(Q)$ 中的列紧集, 即当 $n \to \infty$ 时,

$$p_n \to p \quad \text{在} L^2(Q) \text{中强}, \quad p \in L^2(Q).$$

引理 4.2[89] 设 $p \in V, Dp \in V'$, 则有

$$p(r,t,x) \in C^0([0,A];L^2(\Omega_T)), \quad p(r,t,x) \in C^0([0,T];L^2(\Omega_A))$$

特别地

$$p(0,t,x),\ p(A,t,x) \in L^2(\Omega_T), \quad p(r,0,x),\ p(r,T,x) \in L^2(\Omega_A)$$

而且

$$\{p, Dp\} \to p \text{ 是 } V \times V' \to L^2(\Omega_T) \text{ 或 } L^2(\Omega_A) \text{ 连续的.}$$

定义 4.1[91] $p(r,t,x) \in V$ 称为系统 (4.1.1) 的广义解, 若 p 满足下面的积分恒等式

$$\begin{aligned}&\int_Q [(-D\varphi) + \mu_0(r,t,x)\varphi + \mu(r,t,x;P)\varphi] p(r,t,x)\mathrm{d}Q + k\int_Q \nabla p \cdot \nabla\varphi \mathrm{d}Q\\ =&\int_{\Omega_A} p_0(r,x)\varphi(r,0,x)\mathrm{d}r\mathrm{d}x + \int_{\Omega_T} \varphi(0,t,x)\left[\int_0^A \beta(r,t,x;P)p(r,t,x)\mathrm{d}r\right]\mathrm{d}t\mathrm{d}x+\\ &\int_Q v(r,t,x)\varphi(r,t,x)\mathrm{d}Q + \int_Q f(r,t,x;P)p(r,t,x)\mathrm{d}Q, \forall\varphi \in \varPhi\end{aligned}$$

注 4.1 不失一般性, 在后面的讨论中我们假设种群的外界扰动函数 $f(r,t,x) \equiv 0$.

定义 4.2[91] $p(r,t,x) \in V$ 称为系统 (4.1.1) 在定义 4.1 意义下的广义解, 当且仅当 $p \in V, Dp \in V'$ 满足积分恒等式

$$\int_\theta \langle Dp, \varphi\rangle \mathrm{d}r\mathrm{d}t + \int_Q [k\nabla p \cdot \nabla\varphi + (\mu_0 + \mu(r,t,x;P))p\varphi]\mathrm{d}Q = \int_Q -vp\varphi \mathrm{d}Q, \qquad \forall\varphi \in V$$

$$\int_{\Omega_T} (p\varphi)(0,t,x)\mathrm{d}t\mathrm{d}x = \int_{\Omega_T}\left[\int_0^A \beta(r,t,x;P)p(r,t,x)\mathrm{d}r\right]\varphi(0,t,x)\mathrm{d}t\mathrm{d}x, \qquad \forall\varphi \in \varPhi$$

$$\int_{\Omega_A} (p\varphi)(r,0,x)\mathrm{d}r\mathrm{d}x = \int_{\Omega_A} p_0(r,x)\varphi(r,0,x)\mathrm{d}r\mathrm{d}x, \qquad \forall\varphi \in \varPhi$$

$$P(t,x)=\int_0^A p(r,t,x)\mathrm{d}r, \qquad 在\Omega_T内$$

由引理 4.2 可知, 定义 4.2 是合理的, 其中, $\langle\cdot,\cdot\rangle$ 表示 $H^{-1}(\Omega)$ 与 $H_0^1(\Omega)$ 之间的对偶积.

定理 4.1 [91,92]　若假设 $(\mathrm{H}_1)\sim(\mathrm{H}_4)$ 成立, 则系统 (4.1.1) 在 V 中存在唯一广义解 p. 下面给出最优收获控制存在性的证明.

4.1.2　最优收获控制的存在性

定理 4.2　设 $p(v)\in V$ 为系统 (4.1.1) 的解, 容许控制集合 U_{ad} 由式 (4.1.4) 确定, 性能指标泛函 $J(v)$ 由式 (4.1.2) 给定. 若假设 $(\mathrm{H}_1)\sim(\mathrm{H}_4)$ 成立, 则在 U_{ad} 中的控制问题 (4.1.3) 至少存在一个最优控制 $u\in U_{ad}$, 使得

$$J(u)=\sup_{v\in U_{ad}} J(v) \tag{4.1.5}$$

证明　为清晰起见, 我们分以下几步来证明

(1) 证明存在 $u\in U_{ad}$, 使得当 $n\to+\infty$ 时,

$$v_n\to u \text{ 在 } L^2(Q) \text{ 中弱}, \quad u\in U_{ad} \tag{4.1.6}$$

其中, $\{v_n\}$ 是一个极大化序列, 使得当 $n\to+\infty$ 时,

$$J(v_n)\to\sup_{v\in U_{ad}} J(v), \quad v_n\in U_{ad} \tag{4.1.7}$$

由 U_{ad} 的定义式 (4.1.4) 可得

$$\|v_n\|_{L^2(Q)}\leqslant C_1<+\infty \tag{4.1.8}$$

由 $L^2(Q)$ 是序列式弱完备的且 $L^2(Q)$ 中的有界集是弱序列紧的[93], 以及 v_n 在 $L^2(Q)$ 中的一致有界性和式 (4.1.8) 知, 存在 $\{v_n\}$ 的一个子列, 这里仍记作 $\{v_n\}$, 使得式 (4.1.6) 成立. 由 U_{ad} 的定义可知, U_{ad} 为 $L^2(Q)$ 的闭凸集, 所以它是弱闭的[94], 有 $u\in U_{ad}$.

(2) 证明存在 $p\in V$, 且 $Dp\in V'$, 使得当 $n\to+\infty$ 时,

$$p_n\to p \qquad \text{在 } L^2(Q) \text{ 中强}, \qquad p\in L^2(Q) \tag{4.1.9a}$$

$$p_n\to p \qquad \text{在 } V \text{ 中弱}, \qquad p\in V \tag{4.1.9b}$$

$$Dp_n\to Dp \qquad \text{在 } V' \text{ 中弱}, \qquad Dp\in V' \tag{4.1.9c}$$

其中, $p_n = p(v_n) = p(r,t,x;v_n)$ 为系统 (4.1.1) 对应于 $v = v_n$ 在 V 中的广义解, 根据定义 4.2, p_n 满足恒等式

$$\int_\theta \langle Dp_n, \varphi\rangle \mathrm{d}r\mathrm{d}t + \int_Q [k\nabla p_n \cdot \nabla\varphi + (\mu_0 + \mu(r,t,x;P_n))p_n\varphi]\mathrm{d}Q$$

$$= \int_Q -v_n p_n \varphi \mathrm{d}Q, \qquad \forall\varphi \in V \quad (4.1.10\text{a})$$

$$\int_{\Omega_T} (p_n\varphi)(0,t,x)\mathrm{d}t\mathrm{d}x$$

$$= \int_{\Omega_T} \left[\int_0^A \beta(r,t,x;P_n)p_n(r,t,x)\mathrm{d}r\right]\varphi(0,t,x)\mathrm{d}t\mathrm{d}x, \qquad \forall\varphi \in \Phi \quad (4.1.10\text{b})$$

$$\int_{\Omega_A} (p_n\varphi)(r,0,x)\mathrm{d}r\mathrm{d}x = \int_{\Omega_A} p_0(r,x)\varphi(r,0,x)\mathrm{d}r\mathrm{d}x, \qquad \forall\varphi \in \Phi \quad (4.1.10\text{c})$$

$$P_n(t,x) = \int_0^A p_n(r,t,x)\mathrm{d}r, \qquad \text{在}\Omega_T\text{内} \quad (4.1.10\text{d})$$

由系统 (4.1.1) 的第 1 式和引理 4.2 可知, 对 $0 < t < T$, 有

$$\int_{\Omega_A} (Dp_n)p_n(r,t,x)\mathrm{d}r\mathrm{d}x + k\int_{\Omega_A} |\nabla p_n|^2 \mathrm{d}r\mathrm{d}x + \int_{\Omega_A} [\mu_0 + \mu(r,t,x;P_n)]p_n^2(r,t,x)\mathrm{d}r\mathrm{d}x$$

$$= \int_{\Omega_A} -v_n p_n^2 \mathrm{d}r\mathrm{d}x$$

对上式第 1 项积分, 得

$$\frac{1}{2}\frac{\mathrm{d}}{\mathrm{d}t}|p_n(\cdot,t,\cdot)|^2 + \frac{1}{2}\int_\Omega [p_n^2(A,t,x) - p_n^2(0,t,x)]\mathrm{d}x + \frac{\alpha}{2}\|p_n\|^2 +$$

$$\int_{\Omega_A} [\mu_0 + \mu(r,t,x;P_n)]p_n^2(r,t,x)\mathrm{d}r\mathrm{d}x$$

$$= \int_{\Omega_A} -v_n p_n^2(r,t,x)\mathrm{d}r\mathrm{d}x \qquad (4.1.11)$$

其中, $|\cdot|$ 为 $L^2(\Omega_A)$ 的范数, $\|\cdot\|$ 为 $L^2(0,A;H_0^1(\Omega))$ 的范数, α 为大于 0 的常数.

注意到 $\mu_0, \mu(r,t,x;P_n)$ 的非负性和 p_n 的定义, 由式 (4.1.11) 可得

$$\frac{\mathrm{d}}{\mathrm{d}t}|p_n(\cdot,t,\cdot)|^2 + \alpha\|p_n\|^2 + 2|[\mu_0 + \mu(r,t,x;P_n)]^{\frac{1}{2}}p_n|^2$$

$$
\begin{aligned}
&\leqslant \int_{\Omega} p_n^2(0,t,x)\mathrm{d}x - 2\int_{\Omega_A} v_n p_n^2(r,t,x)\mathrm{d}r\mathrm{d}x \\
&\leqslant \int_{\Omega} \left[\int_0^A \beta(r,t,x;P_n)p_n(r,t,x)\mathrm{d}r\right]^2 \mathrm{d}x - 2\int_{\Omega_A} v_n p_n^2(r,t,x)\mathrm{d}r\mathrm{d}x, \quad \alpha > 0
\end{aligned}
$$

上述不等式两端同时在 $(0,t)$ 上关于变量 t 积分, 记 $\Omega_t = (0,t)\times\Omega$, $Q_t = (0,t)\times\Omega_A$, 可得

$$
\begin{aligned}
&|p_n(\cdot,t,\cdot)|^2 + \alpha\int_0^t \|p_n\|^2\mathrm{d}\tau \\
\leqslant\ & \|p_0\|_{L^2(\Omega_A)}^2 + \int_{\Omega_t}\left[\int_0^A \beta(r,\tau,x;P_n)p_n(r,\tau,x)\mathrm{d}r\right]^2\mathrm{d}\tau\mathrm{d}x + \\
& 2C_1\int_0^t |p_n(\cdot,t,\cdot)|_{L^2(\Omega_A)}^2\mathrm{d}\tau
\end{aligned}
$$

注意到 β 的有界性和 $v_n\in U_{ad}$ 的假设, 可得

$$
|p_n(\cdot,t,\cdot)|^2 + \alpha\int_0^t \|p_n\|^2\mathrm{d}\tau \leqslant C_3 + C_4\int_0^t |p_n(\cdot,t,\cdot)|^2\mathrm{d}\tau \tag{4.1.12}
$$

其中, $C_3 = \|p_0\|_{L^2(\Omega_A)}^2, C_4 = C_2^2 A + 2C_1$. 由式 (4.1.12) 显然有

$$
|p_n(\cdot,t,\cdot)|^2 \leqslant C_3 + C_4\int_0^t |p_n(\cdot,t,\cdot)|^2\mathrm{d}\tau
$$

由此及 Bellman 引理可得

$$
|p_n(\cdot,t,\cdot)|^2 \leqslant C_3\mathrm{e}^{\int_0^t C_4\mathrm{d}\tau} \leqslant C_3\mathrm{e}^{C_4 T} \equiv C_5, \quad \forall\ \ t\in[0,T] \tag{4.1.13}
$$

在区间 $[0,T]$ 上积分上述不等式, 即得

$$
\{p_n\}\ 在\ L^2(Q)\ 中一致有界 \tag{4.1.14}
$$

由式 (4.1.12) 和式 (4.1.13) 可得

$$
\int_0^t \|p_n\|^2\mathrm{d}\tau \leqslant \alpha^{-1}[C_3 + C_4\int_0^t |p_n|^2\mathrm{d}\tau] \leqslant \alpha^{-1}[C_3 + C_4\cdot C_5\cdot T] \equiv C_6, \quad \forall\ \ t\in[0,T]
$$

即

$$\{p_n\} \text{ 在 } V \text{ 中一致有界} \tag{4.1.15}$$

由于 V 和 $L^2(Q)$ 是自反的 Hilbert 空间[95], 由参考文献 [93] 可知, V 和 $L^2(Q)$ 中的有界集分别是弱序列紧的, V 和 $L^2(Q)$ 分别是序列式弱完备的, 因此从式 (4.1.14) 和式 (4.1.15) 推得存在函数 $p \in V \subset L^2(Q)$ 和序列 $\{p_n\}$ 的子序列 (仍然记作 $\{p_n\}$), 使得式 (4.1.9b) 成立, 且当 $n \to +\infty$ 时,

$$p_n \to p \quad \text{在} \quad L^2(Q) \ \text{中弱}.$$

现在证明式 (4.1.9c). 任意取定 $\varphi \in D(Q) \subset V = V''$, 显然有 $\dfrac{\partial \varphi}{\partial r} \in D(Q) \subset V \subset V'$. 由此和广义导数的定义及式 (4.1.9b) 有: 当 $n \to +\infty$ 时,

$$\int_Q \frac{\partial p_n}{\partial r}\varphi \mathrm{d}Q = -\int_Q p_n \frac{\partial \varphi}{\partial r}\mathrm{d}Q \to -\int_Q p\frac{\partial \varphi}{\partial r}\mathrm{d}Q = \int_Q \frac{\partial p}{\partial r}\varphi \mathrm{d}Q, \quad \forall\, \varphi \in D(\overline{Q}) \tag{4.1.16}$$

同理有: 当 $n \to +\infty$ 时,

$$\int_Q \frac{\partial p_n}{\partial t}\varphi \mathrm{d}Q \to \int_Q \frac{\partial p}{\partial t}\varphi \mathrm{d}Q, \quad \forall\, \varphi \in D(\overline{Q}) \tag{4.1.17}$$

由于 $D(Q)$ 在 V 中稠且 $V = V''$, 故式 (4.1.16) 和式 (4.1.17) 对任意取定的 $\varphi \in V = V''$ 也成立. 这样, 我们就有: 当 $n \to +\infty$ 时,

$$\frac{\partial p_n}{\partial r} \to \frac{\partial p}{\partial r} \quad \text{在} \quad V' \ \text{中弱且} \ \frac{\partial p}{\partial r} \in V' \tag{4.1.18}$$

$$\frac{\partial p_n}{\partial t} \to \frac{\partial p}{\partial t} \quad \text{在} \quad V' \ \text{中弱且} \ \frac{\partial p}{\partial t} \in V' \tag{4.1.19}$$

由式 (4.1.18) 和式 (4.1.19) 推得式 (4.1.9c) 成立.

由存在极限的序列一定一致有界这一极限性质, 从式 (4.1.19) 推得

$$\left\{\frac{\partial p_n}{\partial t}\right\} \quad \text{在} \quad V' \ \text{中一致有界} \tag{4.1.20}$$

依据引理 4.1, 从式 (4.1.15) 和式 (4.1.20) 推得式 (4.1.9a) 成立. 至此, 我们全部证明了式 (4.1.9a) ~ 式 (4.1.9c) 成立.

(3) 证明式 (4.1.9b) 中的极限函数 $p \in V, Dp \in V'$ 是系统 (4.1.1) 对应于 v 取式 (4.1.6) 中的极限函数 $u \in U$ 的广义解, 即

$$p(r,t,x) = p(r,t,x;u) = p(u)$$

由广义解定义 4.2 可知, 这相当于要证明式 (4.1.9b) 中的极限函数 $p \in V$, $Dp \in V'$ 满足恒等式

$$\int_\theta \langle Dp, \varphi \rangle \mathrm{d}r\mathrm{d}t + \int_Q (\mu_0 + \mu(r,t,x;P))p\varphi \mathrm{d}Q + k\int_Q \nabla p \cdot \nabla \varphi \mathrm{d}Q = -\int_Q up\varphi \mathrm{d}Q, \quad \forall \varphi \in V \tag{4.1.21a}$$

$$\int_{\Omega_T} (p\varphi)(0,t,x)\mathrm{d}t\mathrm{d}x = \int_{\Omega_T} \left[\int_0^A \beta(r,t,x;P)p\mathrm{d}r\right] \varphi(0,t,x)\mathrm{d}t\mathrm{d}x, \qquad \forall \varphi \in \varPhi \tag{4.1.21b}$$

$$\int_{\Omega_A} (p\varphi)(r,0,x)\mathrm{d}r\mathrm{d}x = \int_{\Omega_A} p_0(r,x)\varphi(r,0,x)\mathrm{d}r\mathrm{d}x, \qquad \forall \varphi \in \varPhi \tag{4.1.21c}$$

$$P(t,x) = \int_0^A p(r,t,x)\mathrm{d}r \tag{4.1.21d}$$

a) 证明: 当 $n \to +\infty$ 时,

$$\int_Q (Dp_n)\varphi \mathrm{d}Q \to \int_Q (Dp)\varphi \mathrm{d}Q, \quad \forall \varphi \in V \tag{4.1.22}$$

事实上, 注意到 $V = V''$, 由式 (4.1.18) 和式 (4.1.19) 推得式 (4.1.22) 成立.

b) 证明: 当 $n \to +\infty$ 时,

$$\int_Q \nabla p_n \cdot \nabla \varphi \mathrm{d}Q \to \int_Q \nabla p \cdot \nabla \varphi \mathrm{d}Q, \quad \forall \varphi \in V \tag{4.1.23}$$

事实上, 对任意给定的 $\varphi \in D(Q)$, 显然有 $\Delta\varphi \in D(Q) \subset V \subset V'$. 由式 (4.1.9b) 和广义导数定义有: 当 $n \to +\infty$ 时,

$$\int_Q \nabla p_n \cdot \nabla \varphi \mathrm{d}Q = -\int_Q p_n(\Delta\varphi)\mathrm{d}Q \to -\int_Q p(\Delta\varphi)\mathrm{d}Q = \int_Q \nabla p \cdot \nabla \varphi \mathrm{d}Q$$

由此及 $D(Q)$ 在 V 中的稠密性和连续性延拓即可推得式 (4.1.23) 成立.

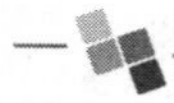

c) 证明: 当 $n \to +\infty$ 时,

$$\int_Q (\mu_0 p_n \varphi)(r,t,x)\mathrm{d}Q \to \int_Q (\mu_0 p\varphi)(r,t,x)\mathrm{d}Q, \quad \forall\varphi \in V \tag{4.1.24}$$

事实上, 注意到 $\varphi \in V \subset L^2(Q) = (L^2(Q))'$, 由假设 ($\mathrm{H}_1$) 和式 (4.1.9a) 推得: 当 $n \to +\infty$ 时,

$$\int_Q \mu_0(p_n - p)\varphi\mathrm{d}Q \to 0$$

即式 (4.1.24) 成立.

d) 证明: 当 $n \to +\infty$ 时,

$$\int_Q \mu(r,t,x;P_n)p_n\varphi\mathrm{d}Q \to \int_Q \mu(r,t,x;P)p\varphi\mathrm{d}Q, \quad \forall\varphi \in V \tag{4.1.25}$$

事实上, 对于 $\varphi \in D(Q)$, 由假设 (H_1) 知, 存在 $\overline{M} > 0$, 使得 $|\mu\varphi(r,t,x)| \leqslant \overline{M}$. 依据假设 ($\mathrm{H}_2$) 和微分中值定理, 对任意的 $\varphi \in D(Q) \subset L^2(Q)$, 在 P_n 与 P 之间存在 $\overline{P}_n$, 使得

$$\begin{aligned}
&\left|\int_Q [\mu(r,t,x;P_n)p_n - \mu(r,t,x;P)p]\varphi\mathrm{d}Q\right| \\
\leqslant &\left|\int_Q \mu(r,t,x;P_n)(p_n - p)\varphi\mathrm{d}Q\right| + \left|\int_Q [\mu(r,t,x;P_n) - \mu(r,t,x;P)]p\varphi\mathrm{d}Q\right| \\
\leqslant &\overline{M}\int_Q |(p_n - p)\varphi|\mathrm{d}Q + \int_Q |\mu_P(r,t,x;\overline{P}_n)(P_n - P)p\varphi|\mathrm{d}Q \\
\leqslant &\overline{M}\int_Q |(p_n - p)\varphi|\mathrm{d}Q + C_2\int_Q \left|\left[\int_0^A (p_n - p)\mathrm{d}\xi\right]p\varphi\right|\mathrm{d}Q \\
= &\overline{M}I_1(n) + C_2 I_2(n)
\end{aligned} \tag{4.1.26}$$

对于 $\varphi \in D(Q)$, 由式 (4.1.9a) 可知, $p_n \to p$ 在 $L^2(Q)$ 中强, 因而有: 当 $n \to +\infty$ 时,

$$I_1(n) \leqslant \|\varphi\|_{L^2(Q)}\|p_n - p\|_{L^2(Q)} \to 0$$

由 $D(Q)$ 在 V 中稠密, 得

$$I_1(n) = \int_Q |(p_n - p)\varphi|\mathrm{d}Q \to 0, \quad \forall\varphi \in V \tag{4.1.27}$$

现在证明: 当 $n \to +\infty$ 时, 对任意给定的 $\varphi \in V \subset L^2(Q)$, 有

$$I_2(n) = \int_Q \left| \left[\int_0^A (p_n - p)(\xi, t, x) \mathrm{d}\xi \right] p(r, t, x) \varphi(r, t, x) \right| \mathrm{d}r\mathrm{d}t\mathrm{d}x \to 0 \qquad (4.1.28)$$

假设 $\varphi \in D(\overline{Q})$, 则有

$$\begin{aligned} I_2(n) &\leqslant \|\varphi\|_{C^0(\overline{Q})} \int_Q \left[\int_0^A |(p_n - p)(\xi, t, x)| \mathrm{d}\xi \right] |p(r, t, x)| \mathrm{d}r\mathrm{d}t\mathrm{d}x \\ &\leqslant \|\varphi\|_{C^0(\overline{Q})} \int_Q \left[|(p_n - p)|(\xi, t, x) \int_0^A |p(r, t, x)| \mathrm{d}r \right] \mathrm{d}\xi\mathrm{d}t\mathrm{d}x \\ &\leqslant \|\varphi\|_{C^0(\overline{Q})} \|p_n - p\|_{L^2(Q)} \left[\int_Q \left(\int_0^A p(r, t, x) \mathrm{d}r \right)^2 \mathrm{d}\xi\mathrm{d}t\mathrm{d}x \right]^{\frac{1}{2}} \end{aligned}$$

由此推得: 当 $n \to +\infty$ 时,

$$I_2(n) \leqslant \|\varphi\|_{C^0(\overline{Q})} \|p_n - p\|_{L^2(Q)} \left[\int_Q \left(\int_0^A p(r, t, x) \mathrm{d}r \right)^2 \mathrm{d}\xi\mathrm{d}t\mathrm{d}x \right]^{\frac{1}{2}} \to 0 \qquad (4.1.29)$$

由于 $D(\overline{Q})$ 在 V 中稠密, 因而在 $L^2(Q)$ 中稠密, 由连续延拓性可知, 式 (4.1.29) 对任意的 $\varphi \in V \subset L^2(Q)$ 也成立, 即式 (4.1.28) 成立. 由式 (4.1.26)、式 (4.1.27) 和式 (4.1.28) 推得式 (4.1.25) 成立.

e) 证明式 (4.1.21c) 成立, 即

$$\int_{\Omega_A} (p\varphi)(r, 0, x) \mathrm{d}r\mathrm{d}x = \int_{\Omega_A} p_0(r, x) \varphi(r, 0, x) \mathrm{d}r\mathrm{d}x, \quad \forall \varphi \in \Phi$$

首先证明, 当 $n \to +\infty$ 时,

$$\int_{\Omega_A} (p_n\varphi)(r, 0, x) \mathrm{d}r\mathrm{d}x \to \int_{\Omega_A} (p\varphi)(r, 0, x) \mathrm{d}r\mathrm{d}x, \quad \forall \varphi \in \Phi \qquad (4.1.30)$$

事实上, 由式 (4.1.9c) 可得, 对于任意给定的 $\varphi \in \Phi \subset V \equiv V''$,

$$\int_Q \frac{\partial p_n}{\partial t} \varphi(r, t, x) \mathrm{d}Q \to \int_Q \frac{\partial p}{\partial t} \varphi(r, t, x) \mathrm{d}Q, \quad \forall \varphi \in \Phi$$

由此及对上式进行分部积分和引理 4.1 推得: 当 $n \to +\infty$ 时,

$$-\int_Q \frac{\partial \varphi}{\partial t} p_n(r,t,x)\mathrm{d}Q + \int_{\Omega_A} [(p_n\varphi)(r,T,x) - (p_n\varphi)(r,0,x)]\mathrm{d}r\mathrm{d}x$$

$$\to -\int_Q \frac{\partial \varphi}{\partial t} p(r,t,x)\mathrm{d}Q + \int_{\Omega_A} [(p\varphi)(r,T,x) - (p\varphi)(r,0,x)]\mathrm{d}r\mathrm{d}x$$

由 Φ 的定义有 $\varphi(r,T,x) = 0, \dfrac{\partial \varphi}{\partial t} \in C^0([0,T], C^1([0,A]; C_0^1(\Omega))) \subset V \subset V'$. 由此及式 (4.1.9b) 从上式得: 当 $n \to +\infty$ 时,

$$\int_{\Omega_A} [p_n(r,0,x) - p(r,0,x)]\varphi(r,0,x)\mathrm{d}r\mathrm{d}x \to 0, \quad \forall \varphi \in \Phi$$

即式 (4.1.30) 成立.

由 p_n 的定义和它所满足的积分恒等式——式 (4.1.10c) 可以推得: 当 $n \to +\infty$ 时,

$$\int_{\Omega_A} p_n(r,0,x)\varphi(r,0,x)\mathrm{d}r\mathrm{d}x \to \int_{\Omega_A} p_0(r,x)\varphi(r,0,x)\mathrm{d}r\mathrm{d}x, \quad \forall \varphi \in \Phi$$

由此及式 (4.1.30) 即可推得式 (4.1.21c) 成立.

f) 证明式 (4.1.21b) 成立, 即

$$\int_{\Omega_T} (p\varphi)(0,t,x)\mathrm{d}t\mathrm{d}x = \int_{\Omega_T} \left[\int_0^A \beta(r,t,x;P)p\mathrm{d}r\right] \varphi(0,t,x)\mathrm{d}t\mathrm{d}x, \quad \forall \varphi \in \Phi$$

利用与证明式 (4.1.30) 类似的方法可以证明: 当 $n \to +\infty$ 时,

$$\int_{\Omega_T} (p_n\varphi)(0,t,x)\mathrm{d}t\mathrm{d}x \to \int_{\Omega_T} (p\varphi)(0,t,x)\mathrm{d}t\mathrm{d}x, \quad \forall \varphi \in \Phi \tag{4.1.31}$$

利用与证明式 (4.1.25) 类似的方法可以证明: 当 $n \to +\infty$ 时,

$$\int_{\Omega_T} \left[\int_0^A \beta(r,t,x;P_n)p_n\mathrm{d}r\right] \varphi(0,t,x)\mathrm{d}t\mathrm{d}x$$
$$\to \int_{\Omega_T} \left[\int_0^A \beta(r,t,x;P)p\mathrm{d}r\right] \varphi(0,t,x)\mathrm{d}t\mathrm{d}x, \quad \forall \varphi \in \Phi \tag{4.1.32}$$

由 p_n 的定义及相应的积分恒等式——式 (4.1.10b) 有

$$\int_{\Omega_T} p_n(0,t,x)\varphi(0,t,x)\mathrm{d}t\mathrm{d}x = \int_{\Omega_T} \left[\int_0^A \beta(r,t,x;P_n)p_n\mathrm{d}r\right] \varphi(0,t,x)\mathrm{d}t\mathrm{d}x, \quad \forall \varphi \in \Phi$$

在上式中令 $n\to+\infty$ 取极限, 由式 (4.1.31) 和式 (4.1.32) 得到式 (4.1.21b).

g) 证明: 当 $n\to+\infty$ 时,

$$\int_Q v_n p_n \varphi \mathrm{d}Q \to \int_Q up\varphi \mathrm{d}Q, \quad \forall\varphi\in V \tag{4.1.33}$$

首先证明, 当 $n\to+\infty$ 时,

$$\int_Q v_n(p_n-p)\varphi \mathrm{d}Q \to 0, \quad \forall\varphi\in V \tag{4.1.34}$$

事实上, 对任意给定的 $\varphi\in V\subset L^2(Q)$, 由式 (4.1.8) 和式 (4.1.9a) 有: 当 $n\to+\infty$ 时,

$$\left|\int_Q v_n(p_n-p)\varphi \mathrm{d}Q\right| \leqslant C_1\int_Q |(p_n-p)\varphi| \mathrm{d}Q \to 0 \tag{4.1.35}$$

即式 (4.1.34) 成立. 其次证明, 当 $n\to+\infty$ 时,

$$\int_Q v_n p\varphi \mathrm{d}Q \to \int_Q up\varphi \mathrm{d}Q, \quad \forall\varphi\in V \tag{4.1.36}$$

事实上, 对任意的 $\varphi\in D(\overline{Q})$, $(p\varphi)\in L^2(Q)$, 由式 (4.1.6) 及 U_{ad} 的性质——式 (4.1.4) 推得

$$\int_Q (v_n-u)p\varphi \mathrm{d}Q \to 0, \quad \forall\varphi\in D(\overline{Q})$$

由于 $D(\overline{Q})$ 在 V 中稠密, 故上式对 $\varphi\in V$ 也成立, 即式 (4.1.36) 成立.

由式 (4.1.34) 和式 (4.1.36) 得: 当 $n\to+\infty$ 时,

$$\int_Q v_n p_n\varphi \mathrm{d}Q = \int_Q v_n p\varphi \mathrm{d}Q + \int_Q v_n(p_n-p)\varphi \mathrm{d}Q \to \int_Q up\varphi \mathrm{d}Q, \quad \forall\varphi\in V$$

即式 (4.1.33) 成立.

由系统 (4.1.1) 广义解的定义 4.2 及关于 p_n 的定义可知, $p_n\in V$ 满足积分恒等式——式 (4.1.10). 在式 (4.1.10) 中令 $n\to+\infty$ 取极限, 由式 (4.1.22)、式 (4.1.23)、式 (4.1.24)、式 (4.1.25) 和式 (4.1.33) 就推得式 (4.1.9b) 和式 (4.1.6) 中的极限函数 $p\in V$ 和 $u\in U_{ad}$ 满足积分恒等式——式 (4.1.21a). 在步骤 e) 和 f) 中分别证明了 $p\in V$ 和 $u\in U_{ad}$ 满足式 (4.1.21c) 和式 (4.1.21b), 式 (4.1.21d) 是显然的, 由此我们推得式 (4.1.21b) 中的极限函数 $p\in V$ 为系统 (4.1.1) 相应于 v 取式 (4.1.6) 中的极限函数 $u\in U_{ad}$ 的广义解, 且

$$p(r,t,x)=p(r,t,x;u)=p(u) \tag{4.1.37}$$

由式 (4.1.6) 和式 (4.1.9a) 以及范数的弱下半连续性可得

$$J(u) \geqslant \overline{\lim_{n\to\infty}} J(v_n) \tag{4.1.38}$$

由上式及式 (4.1.7) 可得

$$J(u) = \sup_{v\in U_{ad}} J(v)$$

即式 (4.1.5) 成立. 因此, $u \in U_{ad}$ 就是系统关于控制问题 (4.1.3) 的最优收获控制. 证毕.

4.1.3 必要条件与最优性组

设 $v \in U_{ad}$, 而 $p(v) \in V$ 为系统 (4.1.1) 的广义解, 非线性算子 $p \in M(U_{ad}, v)$ 在 u 处沿方向 $(v-u)$ 的 G− 微分记为 $p^\circ = p^\circ(u)(v-u)$[95], 即

$$\begin{aligned} p^\circ = p^\circ(u)(v-u) &= \frac{\mathrm{d}}{\mathrm{d}\lambda} p(u+\lambda(v-u))|_{\lambda=0} \\ &= \lim_{\lambda\to 0^+} \frac{1}{\lambda}[p(u+\lambda(v-u)) - p(u)], \quad \forall v \in U_{ad} \end{aligned} \tag{4.1.39}$$

引进记号

$$\begin{cases} u_\lambda = u + \lambda(v-u), & 0<\lambda<1, \\ p_\lambda = p(u_\lambda), & p = p(u). \end{cases} \tag{4.1.40}$$

因为 U_{ad} 是凸集, 所以当 $u, v \in U_{ad}$ 时, 有 $u_\lambda \in U_{ad}$.

由记号 (4.1.40), 有

$$\begin{cases} \dfrac{\partial p_\lambda}{\partial r} + \dfrac{\partial p_\lambda}{\partial t} - k\Delta p_\lambda + \mu_0 p_\lambda + \mu(r,t,x;P_\lambda)p_\lambda = -u_\lambda p_\lambda, & \text{在 } Q \text{ 内}, \\ p_\lambda(0,t,x) = \displaystyle\int_0^A \beta(r,t,x;P_\lambda)p_\lambda(r,t,x)\mathrm{d}r, & \text{在 } \Omega_T \text{ 内}, \\ p_\lambda(r,0,x) = p_0(r,x), & \text{在 } \Omega_A \text{ 内}, \\ p_\lambda(r,t,x) = 0, & \text{在 } \Sigma \text{ 上}, \\ P_\lambda(t,x) = \displaystyle\int_0^A p_\lambda(r,t,x)\mathrm{d}r, & \text{在 } \Omega_T \text{ 内}. \end{cases} \tag{4.1.41}$$

$$
\begin{cases}
\dfrac{\partial p}{\partial r}+\dfrac{\partial p}{\partial t}-k\Delta p+\mu_0 p+\mu(r,t,x;P^*)p=-up, & \text{在 } Q \text{ 内},\\
p(0,t,x)=\displaystyle\int_0^A \beta(r,t,x;P^*)p(r,t,x)\mathrm{d}r, & \text{在 } \Omega_T \text{ 内},\\
p(r,0,x)=p_0(r,x), & \text{在 } \Omega_A \text{ 内},\\
p(r,t,x)=0, & \text{在 } \Sigma \text{ 上},\\
P^*(t,x)=\displaystyle\int_0^A p(r,t,x)\mathrm{d}r, & \text{在 } \Omega_T \text{ 内}.
\end{cases}
\tag{4.1.42}
$$

将式 (4.1.41) 减去式 (4.1.42), 并将所得方程两端除以 $\lambda>0$, 令 $\lambda\to 0^+$ 取极限, 注意到式 (4.1.39) 和式 (4.1.40), 得

$$
\begin{cases}
\dfrac{\partial p^\circ}{\partial r}+\dfrac{\partial p^\circ}{\partial t}-k\Delta p^\circ+\mu_0 p^\circ+\mu(r,t,x;P^*)p^\circ+ & \\
\mu_P(r,t,x;P^*)p\displaystyle\int_0^A p^\circ\mathrm{d}r=-up^\circ-(v-u)p, & \text{在 } Q \text{ 内},\\
p^\circ(0,t,x)=\displaystyle\int_0^A [\beta(r,t,x;P^*)p^\circ+p\beta_P(r,t,x;P^*)\int_0^A p^\circ\mathrm{d}r]\mathrm{d}r, & \text{在 } \Omega_T \text{ 内},\\
p^\circ(r,0,x)=0, & \text{在 } \Omega_A \text{ 内},\\
p^\circ(r,t,x)=0, & \text{在 } \Sigma \text{ 上},\\
P^\circ(t,x)=\displaystyle\int_0^A p^\circ(r,t,x)\mathrm{d}r, & \text{在 } \Omega_T \text{ 内},\\
P^*(t,x)=\displaystyle\int_0^A p(r,t,x)\mathrm{d}r, & \text{在 } \Omega_T \text{ 内}.
\end{cases}
\tag{4.1.43}
$$

注 4.2　在式 (4.1.43) 的推导过程中, 应用了如下结果: 当 $\lambda\to 0^+$ 时,

$$\int_Q [p(u+\lambda(v-u))-p(u)]\varphi\mathrm{d}Q\to 0,\quad \forall\varphi\in V\subset L^2(Q)$$

式 (4.1.43) 容许唯一解 $p^\circ\in V$. 事实上, 由于 $f(r,t,x)=(v-u)p\in V'$, 而且由假设 (H_2) 可知式 (4.1.43) 与系统 (4.1.1) 是同一类型的问题, 用证明定理 4.1 的方法可以证明式 (4.1.43) 在 V 中存在唯一的广义解 p°.

定理 4.3　假设定理 4.1 的条件成立, 则式 (4.1.43) 在 V 中存在唯一的广义解 p°.

定理 4.4　设 $u\in U_{ad}$ 是系统 (4.1.1) 关于控制问题 (4.1.3) 的最优收获控

制, 则 $u \in U_{ad}$ 满足下面的不等式:

$$\int_Q [up^\circ + (v-u)(p-u)]\mathrm{d}Q \geqslant 0, \quad \forall v \in U_{ad} \tag{4.1.44}$$

证明 由性能指标泛函 $J(v)$ 的结构和假设 $u \in U_{ad}$ 为最优收获控制, 有

$$\begin{aligned}
&\frac{1}{\lambda}[J(u_\lambda) - J(u)] \\
&= \frac{1}{\lambda}\int_Q \left(u_\lambda p_\lambda - \frac{1}{2}{u_\lambda}^2 - up + \frac{1}{2}u^2\right)\mathrm{d}Q \\
&= \frac{1}{\lambda}\int_Q \left[(u+\lambda(v-u))p(u+\lambda(v-u)) - up + \frac{1}{2}(u^2 - (u+\lambda(v-u))^2)\right]\mathrm{d}Q \\
&= \int_Q u\left[\frac{p(u+\lambda(v-u)) - p(u)}{\lambda}\right]\mathrm{d}Q + \int_Q \frac{\lambda(v-u)p(u+\lambda(v-u))}{\lambda}\mathrm{d}Q - \\
&\quad \frac{1}{2}\int_Q [2u(v-u) + \lambda(v-u)^2]\mathrm{d}Q \\
&= J_1(\lambda) + J_2(\lambda) - J_3(\lambda) \geqslant 0
\end{aligned} \tag{4.1.45}$$

在式 (4.1.45) 中令 $\lambda \to 0^+$ 取极限, 并注意到 p° 的定义式 (4.1.39), 有

$$\lim_{\lambda\to 0^+} J_1(\lambda) = \lim_{\lambda\to 0^+}\int_Q u\left[\frac{p(u+\lambda(v-u)) - p(u)}{\lambda}\right]\mathrm{d}Q = \int_Q up^\circ \mathrm{d}Q \tag{4.1.46a}$$

$$\lim_{\lambda\to 0^+} J_2(\lambda) = \lim_{\lambda\to 0^+}\lambda\int_Q (v-u)\frac{p(u+\lambda(v-u))}{\lambda}\mathrm{d}Q = \int_Q (v-u)p(u)\mathrm{d}Q \tag{4.1.46b}$$

$$\lim_{\lambda\to 0^+} J_3(\lambda) = \lim_{\lambda\to 0^+}\frac{1}{2}\int_Q [2u(v-u) + \lambda(v-u)^2]\mathrm{d}Q = \int_Q u(v-u)\mathrm{d}Q \tag{4.1.46c}$$

式 (4.1.46a) 和式 (4.1.46c) 显然成立. 式 (4.1.46b) 也是成立的. 事实上, 由式 (4.1.39) 有

$$\begin{aligned}
&\lim_{\lambda\to 0^+} J_2(\lambda) - \int_Q (v-u)p(u)\mathrm{d}Q \\
&= \lim_{\lambda\to 0^+}\left[\lambda\int_Q (v-u)\frac{p(u+\lambda(v-u)) - p(u)}{\lambda}\mathrm{d}Q\right] \\
&= [\lim_{\lambda\to 0^+}\lambda]\left[\lim_{\lambda\to 0^+}\int_Q (v-u)\frac{p(u+\lambda(v-u)) - p(u)}{\lambda}\mathrm{d}Q\right]
\end{aligned}$$

$$= 0 \cdot \int_Q (v-u)p^\circ \mathrm{d}Q = 0$$

即式 (4.1.46b) 成立. 由式 (4.1.45)、式 (4.1.46a)、式 (4.1.46b) 和式 (4.1.46c) 推得式 (4.1.44) 成立. 证毕.

为变换式 (4.1.44), 引入伴随状态 $q(r,t,x;u)$:

$$\begin{cases} -\dfrac{\partial q}{\partial r} - \dfrac{\partial q}{\partial t} - k\Delta q - [\beta(r,t,x;P^*) + \displaystyle\int_0^A p\beta_P(r,t,x;P^*)\mathrm{d}r]q(0,t,x) + \\ (\mu_0 + \mu(r,t,x;P^*) + u)q + \displaystyle\int_0^A \mu_P(r,t,x;P^*)pq(\xi,t,x)\mathrm{d}\xi = -u, \\ \qquad\qquad\qquad\qquad\qquad\qquad\qquad \text{在 } Q \text{ 内}, \\ q(A,t,x) = 0, \qquad\qquad\qquad\qquad \text{在 } \varOmega_T \text{ 内}, \\ q(r,T,x) = 0, \qquad\qquad\qquad\qquad \text{在 } \varOmega_A \text{ 内}, \\ q(r,t,x) = 0, \qquad\qquad\qquad\qquad \text{在 } \varSigma \text{ 上}, \\ P^*(t,x) = \displaystyle\int_0^A p(r,t,x)\mathrm{d}r, \qquad \text{在 } \varOmega_T \text{ 上}. \end{cases} \tag{4.1.47}$$

定理 4.5 假设定理 4.4 的条件成立. 若 $u \in U_{ad}$ 是系统的最优控制, $p(u) \in V$ 是系统 (4.1.1) 的广义解, 则式 (4.1.47) 容许唯一的广义解 $q(u) \in V$, $Dq(u) \in V'$.

证明 令

$$\begin{cases} r = A - r', t = T - t', \\ q(r,t,x) = q(A-r', T-t', x) = \varPsi(r', t', x), \\ \mu_0(r,t,x) = \mu_0(A-r', T-t', x) = \mu_{01}(r', t', x), \\ \mu(r,t,x;P^*) = \mu(A-r', T-t', x; P^*) = \mu_1(r', t', x; P^*), \\ \beta(r,t,x;P^*) = \beta(A-r', T-t', x; P^*) = \beta_1(r', t', x; P^*), \\ u(r,t,x) = u(A-r', T-t', x) = u_1(r', t', x), \\ P^*(t,x) = \displaystyle\int_0^A p(r,t,x)\mathrm{d}r = \int_0^A p(r, T-t', x)\mathrm{d}r = P_1^*(t', x). \end{cases} \tag{4.1.48}$$

即

$$\int_Q up^\circ \mathrm{d}Q = \int_Q (v-u)p(u)q(u)\mathrm{d}Q \tag{4.1.51}$$

由式 (4.1.51) 可知, 式 (4.1.44) 等价于变分不等式

$$\int_Q (v-u)[p(u)q(u)+p(u)-u]\mathrm{d}Q \geqslant 0, \qquad \forall v \in U_{ad} \tag{4.1.52}$$

综上所述, 得到本节的主要结论——定理 4.6.

定理 4.6　设 $p(v) \in V$ 为由系统 (4.1.1) 所描述的系统状态, 性能指标泛函 $J(v)$ 由式 (4.1.2) 给出, 容许控制集合 U_{ad} 由式 (4.1.4) 确定. 若 $u \in U_{ad}$ 为系统关于控制问题 (4.1.3) 的最优控制, 则存在三元组 $\{p,q,u\}$, 满足

$$\begin{cases}
\dfrac{\partial p}{\partial r}+\dfrac{\partial p}{\partial t}-k\Delta p+\mu_0(r,t,x)p+\mu(r,t,x,P(t,x))p=-v(r,t,x)p, \\
\qquad\qquad\qquad\qquad\qquad\qquad\qquad\qquad\qquad \text{在 } Q \text{ 内}, \\
-\dfrac{\partial q}{\partial r}-\dfrac{\partial q}{\partial t}-k\Delta q-[\beta(r,t,x;P^*)+\displaystyle\int_0^A p\beta_P(r,t,x;P^*)\mathrm{d}r]q(0,t,x)+ \\
(\mu_0+\mu(r,t,x;P^*)+u)q+\displaystyle\int_0^A \mu_P(r,t,x;P^*)pq(\xi,t,x)\mathrm{d}\xi=-u, \\
\qquad\qquad\qquad\qquad\qquad\qquad\qquad\qquad\qquad \text{在 } Q \text{ 内}, \\
p(0,t,x)=\displaystyle\int_0^A \beta(r,t,x;P)p(r,t,x)\mathrm{d}r, & \text{在 } \Omega_T \text{ 内}, \\
q(A,t,x)=0, & \text{在 } \Omega_T \text{ 内}, \\
p(r,0,x)=p_0(r,x), q(r,T,x)=0, & \text{在 } \Omega_A \text{ 内}, \\
p(r,t,x)=0, q(r,t,x)=0, & \text{在 } \Sigma \text{ 上}, \\
p(t,x)=\displaystyle\int_0^A p(r,t,x)\mathrm{d}r, p^*(t,x)=\displaystyle\int_0^A p(r,t,x)\mathrm{d}r, & \text{在 } \Omega_T \text{ 上}.
\end{cases} \tag{4.1.53}$$

及变分不等式

$$\int_Q (v-u)[p(u)q(u)+p(u)-u]\mathrm{d}Q \geqslant 0, \qquad \forall v \in U_{ad}$$

求出最优性组式 (4.1.52) 和式 (4.1.53) 的解 $\{p,q,u\}$, 其中的 u 即为最优控制.

4.1.4 小结

本节讨论了一类与年龄相关的非线性种群扩散系统的最优收获控制问题, 证明了最优收获控制的存在性, 并且给出了控制为最优的必要条件及其由偏微分方程组和变分不等式组成的最优性组. 这些结果可为种群扩散系统最优控制问题的实际研究提供理论基础.

4.2 具有加权总规模的非线性种群扩散系统的最优控制

自 1973 年 M. E. Gurtin 提出与年龄相关的种群扩散的数学模型以来[97], 许多学者对其定常情形解的存在唯一性、稳定性和周期解等进行了研究, 获得了很多重要成果 [69, 98–101]. 参考文献 [102] 讨论了具有年龄结构的种群扩散的适定性及最优收获问题. 本节在此基础上, 考虑与年龄相关的非线性种群扩散系统

$$\begin{cases} \dfrac{\partial p}{\partial r}+\dfrac{\partial p}{\partial t}-k\Delta p+\mu_0 p+\mu(r,t,x;S(t,x))=f-up, & \\ & \text{在 } Q \text{ 内}, \\ p(0,t,x)=\displaystyle\int_0^A \beta(r,t,x;S(t,x))p(r,t,x)\mathrm{d}r, & \text{在 } (0,T)\times\Omega \text{ 内}, \\ p(r,0,x)=p_0(r,x), & \text{在 } \Omega_A=(0,A)\times\Omega \text{ 内}, \\ \dfrac{\partial p}{\partial \eta}(r,t,x)=0, & \text{在 } \Sigma=(0,A)\times(0,T)\times\partial\Omega \text{ 上}, \\ S(t,x)=\displaystyle\int_0^A w(r,t,x)p(r,t,x)\mathrm{d}r, & \text{在 } (0,T)\times\Omega \text{ 内}. \end{cases} \tag{4.2.1}$$

其中, $Q=(0,A)\times(0,T)\times\Omega$; $p(r,t,x)$ 为时刻 t 年龄为 r 的种群系统于空间的点 $x\in\Omega$ 处的单种群年龄-空间密度; A,T 分别表示个体最高年龄和控制周期; $S(t,x)$ 表示 t 时刻种群的加权总量; w 为权函数; 常数 $k>0$, 是种群的空间扩散系数; $p_0(r,x)$ 是 $t=0$ 时种群的年龄-空间密度的初始分布; $\mu_0(r,t,x)\geqslant 0$ 是种群的自然消亡率, $\mu(r,t,x;S)\geqslant 0$ 是种群额外死亡率, 例如突发性灾害所造成的死亡等; $\beta(r,t,x;S)$ 是种群的生育率; $f(r,t,x)$ 是种群的外部扰动函数, 如迁移等; $u(r,t,x)$ 是时刻 t 年龄为 r 的种群系统于位置 x 处的收获率.

本节做以下假设:

(H_1) $u\in U=\{v\in L^2(Q);\theta_1(r,t,x)\leqslant v(r,t,x)\leqslant\theta_2(r,t,x)\ \text{ a.e. 于 } Q \text{ 内}\}$, 其中, $\theta_1,\theta_2\in L^\infty(Q), 0\leqslant\theta_1(r,t,x)\leqslant\theta_2(r,t,x)$ a.e. 在 Q 内.

(H_2) $0 \leqslant \mu_0(r,t,x) \leqslant \mu(r,t,x;s)$ a.e. 在 $Q \times R^+$ 内, μ关于s二阶连续可微, 且对$\forall M>0, \exists L_1(M)>0$, 使得$|\mu(r,t,x,s)|+|\mu_s(r,t,x,s)| \leqslant L_1(M)$, $\int_0^A \mu_0(r,t,x)\mathrm{d}r=+\infty, \mu_0(r,t,x) \in L_{\mathrm{loc}}((0,A)\times(0,r))$.

(H_3) $0 \leqslant \beta(r,t,x,s) \leqslant M_1$, β关于s二阶连续可微, 且对$\forall M>0, \exists L_2(M)>0$, 使得$|\beta(r,t,x,s)|+|\beta_s(r,t,x,s)| \leqslant L_2(M)$.

(H_4) $0 \leqslant w(r,t,x) \leqslant M_2$ a.e. 在 Q 内, 对 $\forall(r,x) \in (0,A)\times\Omega, 0 \leqslant p_0(r,x) \leqslant M_3, p_0 \in L^\infty(\Omega_A), w \in L^\infty(\Omega_A)$. $f(r,t,x)$是$Q \to R^+$上的实可测函数, $f \in L^\infty(Q), f(r,t,x) \geqslant 0$ a.e. 于 Q 内.

(H_5) g, h: $R \to R^+$ 凸函数, g, $h \in C(R^+)$, 且 g', h' 有界.

4.2.1　系统的适定性

定义 4.3　所谓系统 (4.2.1) 的解是指函数 $p \in L^2(Q)$, 它在每一条特征线 $S: r-t=r_0-t_0$, $(r,t)\in(0,A)\times(0,T), (r_0,t_0) \in \{0\}\times(0,T)\cup(0,A)\times\{0\}$ 上满足

$$\begin{cases}\dfrac{\partial p}{\partial r}+\dfrac{\partial p}{\partial t}-k\Delta p+\mu_0 p+\mu(r,t,x,S(t,x))=f-up, & (r,t,x)\in Q,\\ \lim\limits_{\varepsilon\to0^+} p(\varepsilon,t+\varepsilon,\cdot)=\displaystyle\int_0^A \beta(r,t,\cdot,S(t,\cdot))p(r,t,\cdot)\mathrm{d}r, & t\in(0,T),\\ \lim\limits_{\varepsilon\to0^+} p(r+\varepsilon,\varepsilon,\cdot)=p_0(r,\cdot), & r\in(0,A),\\ \dfrac{\partial p}{\partial \eta}(r,t,x)=0, & (r,t,x)\in\Sigma,\\ S(t,x)=\displaystyle\int_0^A w(r,t,x)p(r,t,x)\mathrm{d}r, & (t,x)\in(0,T)\times\Omega.\end{cases} \tag{4.2.2}$$

特征线 S 可写为

$$S=\{(r,t)\in(0,A)\times(0,T); r-t=r_0-t_0\}=\{(r_0+s,t_0+s); s\in(0,\alpha)\}$$

这里, $(r_0+\alpha,t_0+\alpha)\in\{A\}\times(0,T)\cup(0,A)\times\{T\}$.

定义算子 $G: L^2(Q)\to L^2(Q)$,

$$Gh(r,t,x)=p^h(r,t,x), H(t,x)=\int_0^A w(r,t,x)h(r,t,x)\mathrm{d}r$$

其中, p^h 是以下方程组的解:

$$\begin{cases} \dfrac{\partial p}{\partial r}+\dfrac{\partial p}{\partial t}-k\Delta p+\mu_0 p+\mu(r,t,x,H(t,x))=f-up, & (r,t,x)\in Q,\\ p(0,t,x)=\displaystyle\int_0^A \beta(r,t,x,H(t,x))p(r,t,x)\mathrm{d}r, & (t,x)\in(0,T)\times\Omega,\\ p(r,0,x)=p_0(r,x), & (r,x)\in(0,A)\times\Omega,\\ \dfrac{\partial p}{\partial \eta}(r,t,x)=0, & (r,t,x)\in\Sigma,\\ H(t,x)=\displaystyle\int_0^A w(r,t,x)h(r,t,x)\mathrm{d}r, & (t,x)\in(0,T)\times\Omega. \end{cases} \tag{4.2.3}$$

由参考文献 [7] 中的比较定理, 对任意的 $h\in L^2(Q)$, 有

$$0\leqslant p^h(r,t,x)\leqslant \overline{p}(r,t,x) \quad \text{a.e.} \quad (r,t,x)\in Q$$

其中, $\overline{p}$ 是对应于系统 (4.2.1) 零死亡率和最大生育率 ($\beta:=\|\beta\|_{L^\infty(Q\times R^+)}$) 以及 $f:=\|f\|_{L^\infty(Q)}, p_0:=\|p_0\|_{L^\infty((0,A)\times\Omega)}$ 的解, $\overline{p}$ 与 $x\in\overline{\Omega}$ 无关, $\overline{p}\in L^\infty(Q)$.

令 $V=\{h\in L^2(Q): 0\leqslant h(r,t,x)\leqslant\overline{p}(r,t,x)\ \text{a.e.}\ (r,t,x)\in Q\}$, 对任意的 $h_1,h_2\in L^2(Q), 0\leqslant h_i(r,t,x)\leqslant\overline{p}(r,t,x)$ a.e. $(r,t,x)\in Q, i=1,2$.

引理 4.3 [7] 存在常数 $C>0$, 使得对任意的 $h_1,h_2\in L^2(Q)$, 有

$$\|(Gh_1-Gh_2)(t)\|^2_{L^2((0,A)\times\Omega)}\leqslant C\int_0^t\|(h_1-h_2)(s)\|^2_{L^2((0,A)\times\Omega)}\mathrm{d}s$$

定理 4.7 [7] 若假设 $(\mathrm{H}_1)\sim(\mathrm{H}_4)$ 成立, 则对任意给定的 $u\in U$, 系统 (4.2.1) 存在唯一的非负解 $p^u\in L^2(Q)$.

4.2.2 最优性条件

设 $\widetilde{p}(r,t,x)$ 是人们追求的理想状态, 考虑控制问题

$$\min J(u)=\int_Q[g(p^u(r,t,x)-\widetilde{p}(r,t,x))+h(u(r,t,x))]\mathrm{d}r\mathrm{d}t\mathrm{d}x \tag{OH}$$

引理 4.4 假设问题 (OH) 的最优控制为 $u^*\in U$, p^{u^*} 表示系统 (4.2.1) 对应于 u^* 的解, 则对任意的 $v\in L^\infty(Q)$, 使得 $u^*+\varepsilon v\in U$ 并且对足够小的 $\varepsilon>0$, 当 $\varepsilon\to0^+$ 时, 有

$$\frac{1}{\varepsilon}(p^{u^*+\varepsilon v}-p^{u^*})\to z \text{ 在 } L^2(Q) \text{ 中}.$$

其中, $z(r,t,x)$ 满足

$$
\begin{cases}
\dfrac{\partial z}{\partial r}+\dfrac{\partial z}{\partial t}-k\Delta z+\mu_0 z+\mu(r,t,x,S^{u^*}(t,x))z(r,t,x)+\\
\mu_S(r,t,x,S^{u^*}(t,x))p^{u^*}(r,t,x)\displaystyle\int_0^A wz(r,t,x)\mathrm{d}r=-u^*z-vp^{u^*}, & (r,t,x)\in Q,\\
z(0,t,x)=\displaystyle\int_0^A\beta(r,t,x,S^{u^*}(t,x))z(r,t,x)\mathrm{d}r+\\
\displaystyle\int_0^A(p^{u^*}\beta_S(r,t,x,S^{u^*}(t,x))\int_0^A wz(s,t,x)\mathrm{d}s)\mathrm{d}r, & (t,x)\in\Omega_T,\\
\dfrac{\partial z}{\partial\eta}(r,t,x)=0, & (r,t,x)\in\Sigma,\\
z(r,0,x)=0, & (r,x)\in\Omega_A.
\end{cases}
\tag{4.2.4}
$$

这里, $\Omega_T=(0,T)\times\Omega,\quad \Omega_A=(0,A)\times\Omega.$

证明　定义

$$
z_\varepsilon=\frac{1}{\varepsilon}(p^{u^*+\varepsilon v}-p^{u^*}),\qquad y_\varepsilon=\varepsilon z_\varepsilon
$$

则 y_ε 是以下方程组的解:

$$
\begin{cases}
\dfrac{\partial y_\varepsilon}{\partial r}+\dfrac{\partial y_\varepsilon}{\partial t}-k\Delta y_\varepsilon+\mu_0 y_\varepsilon+\mu(r,t,x,S^{u^*+\varepsilon v}(t,x))p^{u^*+\varepsilon v}-\mu(r,t,x,S^{u^*}(t,x))p^{u^*}\\
=-u^*y_\varepsilon-\varepsilon vp^{u^*+\varepsilon v}, & (r,t,x)\in Q,\\
y_\varepsilon(0,t,x)=\displaystyle\int_0^A(\beta(r,t,x,S^{u^*+\varepsilon v}(t,x))p^{u^*+\varepsilon v}-\beta(r,t,x,S^{u^*}(t,x))p^{u^*})\mathrm{d}r,\\
 & (t,x)\in\Omega_T,\\
\dfrac{\partial y_\varepsilon}{\partial\eta}(r,t,x)=0, & (r,t,x)\in\Sigma,\\
y_\varepsilon(r,0,x)=0, & (r,x)\in\Omega_A.
\end{cases}
\tag{4.2.5}
$$

式 (4.2.5) 的第 1 个方程两边同乘以 y_ε 并在 Ω_A 上积分, 得

$$
\begin{aligned}
&\int_{\Omega_A}(Dy_\varepsilon)y_\varepsilon(r,t,x)\mathrm{d}r\mathrm{d}x+k\int_{\Omega_A}|\nabla y_\varepsilon|^2\mathrm{d}r\mathrm{d}x+\int_{\Omega_A}\mu_0 y_\varepsilon^2\mathrm{d}r\mathrm{d}x+\\
&\int_{\Omega_A}[\mu(r,t,x,S^{u^*+\varepsilon v}(t,x))p^{u^*+\varepsilon v}-\mu(r,t,x,S^{u^*}(t,x))p^{u^*}]y_\varepsilon\mathrm{d}r\mathrm{d}x\\
=&-\int_{\Omega_A}(u^*y_\varepsilon^2+\varepsilon vp^{u^*+\varepsilon v}y_\varepsilon)\mathrm{d}x\mathrm{d}r
\end{aligned}
$$

对上式第 1 项积分, 得

$$\frac{1}{2}\frac{\mathrm{d}}{\mathrm{d}t}\|y_\varepsilon(t)\|^2+\frac{1}{2}\int_\Omega[y_\varepsilon^2(A,t,x)-y_\varepsilon^2(0,t,x)]\mathrm{d}x+\frac{\alpha}{2}\|y_\varepsilon(t)\|^2+\int_{\Omega_A}\mu_0 y_\varepsilon^2\mathrm{d}r\mathrm{d}x+$$
$$\int_{\Omega_A}[\mu(r,t,x,S^{u^*+\varepsilon v}(t,x))p^{u^*+\varepsilon v}-\mu(r,t,x,S^{u^*}(t,x))p^{u^*}]y_\varepsilon\mathrm{d}r\mathrm{d}x$$
$$=-\int_{\Omega_A}(u^*y_\varepsilon^2+\varepsilon v p^{u^*+\varepsilon v}y_\varepsilon)\mathrm{d}r\mathrm{d}x$$

其中, α 为大于 0 的常数.

由上式可得

$$\frac{\mathrm{d}}{\mathrm{d}t}\|y_\varepsilon(t)\|^2+\alpha\|y_\varepsilon(t)\|^2$$
$$\leqslant\int_\Omega\left[\int_0^A(\beta(r,t,x,S^{u^*+\varepsilon v}(t,x))p^{u^*+\varepsilon v}-\beta(r,t,x,S^{u^*}(t,x))p^{u^*})\mathrm{d}r\right]^2\mathrm{d}x-$$
$$\int_{\Omega_A}[\mu(r,t,x,S^{u^*+\varepsilon v}(t,x))p^{u^*+\varepsilon v}-\mu(r,t,x,S^{u^*}(t,x))p^{u^*}]y_\varepsilon\mathrm{d}r\mathrm{d}x-$$
$$2\int_{\Omega_A}(u^*y_\varepsilon^2+\varepsilon v p^{u^*+\varepsilon v}y_\varepsilon)\mathrm{d}r\mathrm{d}x$$

上述不等式两端同时在 $(0,t)$ 上关于变量 t 积分, 并由假设 (H_2) 和假设 (H_3) 可得

$$\|y_\varepsilon(t)\|^2_{L^2((0,A)\times\Omega)}\leqslant C\int_0^t\|y_\varepsilon(s)\|^2_{L^2((0,A)\times\Omega)}\mathrm{d}s+$$
$$2\varepsilon\int_\Omega\int_0^t\int_0^A\theta_2(r,s,x)\overline{p}(r,s,x)|y_\varepsilon(r,s,x)|\mathrm{d}r\mathrm{d}s\mathrm{d}x$$

其中, C 是与 $L_i(M)$ $(i=1,2)$ 有关的常数. 对充分小的 ε, 有

$$\|y_\varepsilon(t)\|^2_{L^2((0,A)\times\Omega)}\leqslant(1+C)\int_0^t\|y_\varepsilon(s)\|^2_{L^2((0,A)\times\Omega)}\mathrm{d}s+$$
$$\varepsilon^2\int_\Omega\int_0^t\int_0^A\theta_2^2(r,s,x)\overline{p}^2(r,s,x)\mathrm{d}r\mathrm{d}s\mathrm{d}x$$

由 Bellman 引理可得

$$\|y_\varepsilon(t)\|^2_{L^2((0,A)\times\Omega)}\leqslant\varepsilon^2\mathrm{e}^{(1+C)}\int_Q\theta_2^2(r,s,x)\overline{p}^2(r,s,x)\mathrm{d}r\mathrm{d}s\mathrm{d}x \tag{4.2.6}$$

对任意的 $t \in [0,T]$, 对式 (4.2.6) 取 $\varepsilon \to 0^+$ 的极限, 可得

$$y_\varepsilon \to 0 \text{ 在 } L^\infty(0,T;L^2((0,A)\times\Omega))\text{中} \tag{4.2.7}$$

利用与上面类似的方法并且由式 (4.2.7) 可得, 当 $\varepsilon \to 0^+$ 时,

$$z_\varepsilon \to z \text{ 在 } L^2(Q) \text{ 中}.$$

这里, z 是式 (4.2.4) 的解. 证毕.

下面的定理将给出最优控制的必要条件.

定理 4.8　设 (u^*, p^{u^*}) 为最优对, q 为下列共轭系统的解:

$$\begin{cases} \dfrac{\partial q}{\partial r}+\dfrac{\partial q}{\partial t}+k\Delta q-(\mu_0+\mu(r,t,x,S^{u^*}(t,x))+u^*)q(r,t,x)+ \\ \left[\beta(r,t,x,S^{u^*}(t,x))+w\displaystyle\int_0^A \beta_S(r,t,x,S^{u^*}(t,x))p^{u^*}(r,t,x)\mathrm{d}r\right]q(0,t,x)- \\ w\displaystyle\int_0^A \mu_S(r,t,x,S^{u^*}(t,x))p^{u^*}q(r,t,x)\mathrm{d}r=g'(p^{u^*}(r,t,x)-\widetilde{p}(r,t,x)), \\ \qquad\qquad\qquad\qquad\qquad\qquad (r,t,x)\in Q, \\ \dfrac{\partial q}{\partial \eta}(r,t,x)=0, \qquad (r,t,x)\in\Sigma, \\ q(A,t,x)=0, \qquad (t,x)\in\Omega_T, \\ q(r,T,x)=0, \qquad (r,x)\in\Omega_A. \end{cases} \tag{4.2.8}$$

则

$$u^*(r,t,x)=\begin{cases} \theta_1(r,t,x), & (p^{u^*}q+h'(u^*))>0, \\ \theta_2(r,t,x), & (p^{u^*}q+h'(u^*))<0. \end{cases}$$

证明　对 $\forall v \in T_U(u^*)$(U 在 u^* 处的切锥), 当 $\varepsilon>0$ 且充分小时, $u^\varepsilon = u^*+\varepsilon v\in U$(见参考文献 [65], 第 21 页). 因此, $J(u^\varepsilon)\geqslant J(u^*)$, 即

$$\begin{aligned} &\int_Q [g(p^{u^*}(r,t,x)-\widetilde{p}(r,t,x))+h(u^*(r,t,x))]\mathrm{d}r\mathrm{d}t\mathrm{d}x \\ \leqslant &\int_Q [g(p^{u^\varepsilon}(r,t,x)-\widetilde{p}(r,t,x))+h(u^{u^\varepsilon}(r,t,x))]\mathrm{d}r\mathrm{d}t\mathrm{d}x \end{aligned}$$

其中, p^{u^ε} 为系统 (4.2.1) 相应于 $u=u^\varepsilon$ 的解. 于是有

$$\int_Q [g'(p^{u^*}(r,t,x)-\widetilde{p}(r,t,x))\frac{p^{u^\varepsilon}(r,t,x)-p^{u^*}(r,t,x)}{\varepsilon}+h'(u^*(r,t,x))v]\mathrm{d}r\mathrm{d}t\mathrm{d}x\geqslant 0 \tag{4.2.9}$$

由引理 4.4, 对式 (4.2.9) 取 $\varepsilon\to 0^+$ 的极限, 可得

$$\int_Q [g'(p^{u^*}(r,t,x)-\widetilde{p}(r,t,x))z(r,t,x)+h'(u^*(r,t,x))v]\mathrm{d}r\mathrm{d}t\mathrm{d}x\geqslant 0 \tag{4.2.10}$$

将系统 (4.2.8) 的第 1 式乘以 $z(r,t,x)$ 并在 Q 上积分, 得

$$\begin{aligned}
&\int_Q z(r,t,x)\left(\frac{\partial q}{\partial r}+\frac{\partial q}{\partial t}\right)\mathrm{d}r\mathrm{d}t\mathrm{d}x-\\
&\int_Q(\mu_0+\mu(r,t,x,S^{u^*}(t,x))+u^*)qz(r,t,x)\mathrm{d}r\mathrm{d}t\mathrm{d}x+\int_Q[\beta(r,t,x,S^{u^*}(t,x))+\\
&w\int_0^A\beta_S(r,t,x,S^{u^*}(t,x))p^{u^*}(r,t,x)\mathrm{d}r]z(r,t,x)q(0,t,x)\mathrm{d}r\mathrm{d}t\mathrm{d}x+\\
&\int_Q k\Delta q\cdot z(r,t,x)\mathrm{d}r\mathrm{d}t\mathrm{d}x-\\
&\int_Q w\int_0^A\mu_S(r,t,x,S^{u^*}(t,x))p^{u^*}q(r,t,x)\mathrm{d}rz(r,t,x)\mathrm{d}r\mathrm{d}t\mathrm{d}x\\
=&\int_Q g'(p^{u^*}(r,t,x)-\widetilde{p}(r,t,x))z(r,t,x)\mathrm{d}r\mathrm{d}t\mathrm{d}x
\end{aligned} \tag{4.2.11}$$

但

$$\begin{aligned}
&\int_Q z(r,t,x)\left(\frac{\partial q}{\partial r}+\frac{\partial q}{\partial t}\right)\mathrm{d}r\mathrm{d}t\mathrm{d}x\\
=&\int_Q z(r,t,x)\frac{\partial q}{\partial r}(r,t,x)\mathrm{d}r\mathrm{d}t\mathrm{d}x+\int_Q z(r,t,x)\frac{\partial q}{\partial t}(r,t,x)\mathrm{d}r\mathrm{d}t\mathrm{d}x\\
=&\int_\Omega\int_0^T[z(r,t,x)q(r,t,x)|_{r=0}^{r=A}-\int_0^A q(r,t,x)\frac{\partial z}{\partial r}(r,t,x)\mathrm{d}r]\mathrm{d}t\mathrm{d}x+\\
&\int_\Omega\int_0^A[z(r,t,x)q(r,t,x)|_{t=0}^{t=T}-\int_0^T q(r,t,x)\frac{\partial z}{\partial t}(r,t,x)\mathrm{d}t]\mathrm{d}r\mathrm{d}x\\
=&-\int_Q q(r,t,x)\left(\frac{\partial z}{\partial r}+\frac{\partial z}{\partial t}\right)(r,t,x)\mathrm{d}r\mathrm{d}t\mathrm{d}x-\int_Q\Bigg[\beta(r,t,x,S^{u^*}(t,x))z(r,t,x)+\\
&p^{u^*}\beta_S(r,t,x,S^{u^*}(t,x))\int_0^A wz(s,t,x)\mathrm{d}s\Bigg]q(0,t,x)\mathrm{d}r\mathrm{d}t\mathrm{d}x
\end{aligned}$$

将上式代入式 (4.2.11) 可得

$$\int_Q q(r,t,x)\left(-\frac{\partial z}{\partial r}-\frac{\partial z}{\partial t}\right)(r,t,x)\mathrm{d}r\mathrm{d}t\mathrm{d}x-$$

$$\int_Q(\mu_0+\mu(r,t,x,S^{u^*}(t,x))+u^*)qz(r,t,x)\mathrm{d}r\mathrm{d}t\mathrm{d}x+\int_Q k\Delta q\cdot z(r,t,x)\mathrm{d}r\mathrm{d}t\mathrm{d}x-$$

$$\int_Q w\int_0^A \mu_S(r,t,x,S^{u^*}(t,x))p^{u^*}q(r,t,x)\mathrm{d}rz(r,t,x)\mathrm{d}r\mathrm{d}t\mathrm{d}x$$

$$=\int_Q g^{'}(p^{u^*}(r,t,x)-\widetilde{p}(r,t,x))z(r,t,x)\mathrm{d}r\mathrm{d}t\mathrm{d}x$$

由式 (4.2.4) 及上式可得

$$\int_Q g^{'}(p^{u^*}(r,t,x)-\widetilde{p}(r,t,x))z(r,t,x)\mathrm{d}r\mathrm{d}t\mathrm{d}x=\int_Q vp^{u^*}q(r,t,x)\mathrm{d}r\mathrm{d}t\mathrm{d}x \quad (4.2.12)$$

将式 (4.2.12) 代入式 (4.2.10) 可得

$$-\int_Q v(r,t,x)(p^{u^*}q+h^{'}(u^*))(r,t,x)\mathrm{d}r\mathrm{d}t\mathrm{d}x\leqslant 0$$

由此, 据法锥定义可知 $-(p^{u^*}q+h^{'}(u^*))\in N_U(u^*)$. 利用法向量的特征性质[103], 可得

$$u^*(r,t,x)=\begin{cases}\theta_1(r,t,x), & (p^{u^*}q+h^{'}(u^*))>0,\\ \theta_2(r,t,x), & (p^{u^*}q+h^{'}(u^*))<0.\end{cases}$$

4.2.3　小结

本节讨论了一类与年龄相关的非线性种群扩散系统的最优控制问题, 其生死率依赖于个体年龄和加权总规模. 利用不动点原理确立了系统的适定性, 借助法锥概念得到了控制问题最优解存在的必要条件. 这些结果可为种群扩散系统最优控制问题的实际研究提供理论基础.

4.3　污染环境中具有年龄结构的非线性种群扩散系统的最优控制

自从 Hallam 和他的同事提出用动力学的思想解决环境污染中的问题[31–33], 很多学者对此进行了研究, 取得了不少理论成果[67, 68, 101, 104]. 参考文献 [105] 考虑了具有扩散与年龄结构的三种捕食与被捕食系统的最优收获, 利用不动点定理讨论了系统解的存在唯一性, 给出了最大值原理, 证明了最优控制的存在性.

参考文献 [106] 研究了一类具有空间扩散和年龄结构的非线性竞争种群系统的最优控制, 利用 Mazur 定理整理了最优收获的存在性, 借助法锥性质得出最优收获的必要性条件. 种群扩散系统的其他成果 (见参考文献 [90, 107–111]) 可为多种群扩散系统最优控制问题的实际研究提供理论基础. 由于污染环境中与年龄相关的带扩散的系统问题更加符合实际, 且其最优控制问题并未见相关文献研究, 因此本节将研究该系统的最优收获控制问题.

4.3.1 系统及其适定性

本节考虑如下污染环境中具有年龄结构的非线性时变种群扩散系统

$$
\begin{cases}
Dp(a,c_0(t),x)-k\Delta p+\mu_n(a,c_0(t),x)+\mu_e(a,c_0(t),x,S(t,x))p(a,c_0(t),x) & \\
=f(a,c_0(t),x), & Q=\theta\times\Omega,\\
\dfrac{\mathrm{d}c_0(t)}{\mathrm{d}t}=kc_e(t)-gc_0(t)-mc_0(t), & t\in(0,T),\\
\dfrac{\mathrm{d}c_e(t)}{\mathrm{d}t}=-k_1c_e(t)P(t)+g_1c_0(t)P(t)-hc_e(t)+v(t), & t\in(0,T),\\
p(a,c_0(0),x)=p_0(a,x), & \Omega_A=(0,A)\times\Omega,\\
p(0,c_0(t),x)=\displaystyle\int_0^A\beta(a,c_0(t),x,S(t,x))p(a,c_0(t),x)\mathrm{d}a, & \Omega_T=(0,T)\times\Omega,\\
p(a,c_0(t),x)=0, & \Sigma=\theta\times\partial\Omega,\\
S(t,x)=\displaystyle\int_0^A u(a,t,x)p(a,t,x)\mathrm{d}a, & \Omega_T=(0,T)\times\Omega,\\
0\leqslant c_0(t)\leqslant 1, 0\leqslant c_e(t)\leqslant 1, & \\
P(t)=\displaystyle\int_\Omega\int_0^A p(a,t,x)\mathrm{d}a\mathrm{d}x, & (a,t)\in Q.
\end{cases}
\tag{4.3.1}
$$

其中, $\theta=(0,A)\times(0,T)$; $p(a,t,x)$ 是时刻 t 年龄为 a 于空间点 $x\in\Omega$ 处的单种群年龄—空间密度; $c_0(t)$ 和 $c_e(t)$ 分别是 t 时刻有机物中污染物的浓度和环境中污染物的浓度; $\mu_n(a,c_0(t),x)$ 是种群的自然死亡率, $\mu_e(a,c_0(t),x,S(t,x))$ 象征由外部生态环境恶化或人为捕获而造成种群数量的减少; $\beta(a,c_0(t),x,S(t,x))$ 是种群

证明 定义算子: $G_1 L_+^2(Q_T) \to L_+^2(Q_T)$,

$$G_1 h = p^h(a,t,x), \quad S(t,x) = \int_0^A u(a,t,x)h(a,t,x)\mathrm{d}a$$

其中, p^h 是下列方程组的解:

$$\begin{cases} Dp(a,c_0(t),x) - k\Delta p + \mu_n(a,c_0(t),x) + \mu_e(a,c_0(t),x,H(t,x))p(a,c_0(t),x) = 0, \\ \qquad\qquad\qquad\qquad\qquad\qquad Q = \theta \times \Omega, \\ \dfrac{\partial p}{\partial v}(a,t,x) = 0, \\ \dfrac{\mathrm{d}c_0(t)}{\mathrm{d}t} = kc_e(t) - gc_0(t) - mC_0(t), & t \in (0,T), \\ \dfrac{\mathrm{d}c_e(t)}{\mathrm{d}t} = -k_1 c_e(t)P(t) + g_1 c_0(t)P(t) - hc_e(t) + v(t), & t \in (0,T), \\ p(a,0,x) = p_0(a,x), & (a,x) \in (0,A) \times \Omega, \\ p(0,c_0(t),x) = \displaystyle\int_0^A \beta(a,t,x)H(a,t,x)\mathrm{d}a, & \Omega_T = (0,T) \times \Omega, \\ 0 \leqslant c_0(t) \leqslant 1, 0 \leqslant c_e(t) \leqslant 1, \\ P(t) = \displaystyle\int_\Omega \int_0^A p(a,t,x)\mathrm{d}a\mathrm{d}x, & (a,t) \in Q. \end{cases} \tag{4.3.2}$$

在 $(0,T) \times \Omega$ 内几乎处处有 $H(t,x) = \int_0^A h(a,t,x)\mathrm{d}a.$

对任意 $h \in L_+^2(Q_T)$, 由参考文献 [7] 中的定理 4.1.4 有

$$0 \leqslant p^h(a,t,x) \leqslant \overline{p}(a,t,x) \text{ 几乎处处有 } (a,t,x) \in Q_T$$

其中, $\overline{p}$ 是系统 (4.3.1) 对应的死亡率和最大生育率 $(= \|\beta\|_{L^\infty}(Q_T \times R^+))$, $\|p_0\|_{L^\infty}((0,A) \times \Omega)$,$\overline{p}$ 与 $x \in \overline{\Omega}$ 无关, $\overline{p} \in L^\infty(Q)$.

对任意的 h_1, $h_2 \in L_+^2(Q_T)$, 在 Q_T 内几乎处处有 $0 \leqslant h_i(a,t,x) \leqslant \overline{p}(a,t,x)$ $(i \in 1,2)$, 定义

$$H_i = \int_0^A h_i(a,t,x)\mathrm{d}a \qquad \text{几乎处处有} \ (t,x) \in (0,T) \times \Omega$$

$i=1,2,\ \omega=G_1h_1-G_1h_2$; ω 是下列方程组的解

$$\begin{cases} D\omega-k\Delta\omega+\mu_n(a,c_0(t),x,H_1(t,x))+\mu_e(a,c_0(t),x,H_1(t,x))\omega(a,c_0(t),x) \\ =(\mu_e(a,c_0(t),x,H_2(t,x))-\mu_e(a,c_0(t),x,H_1(t,x)))p^{h_2}, & (a,t,x)\in\Omega, \\ \dfrac{\mathrm{d}C_0(t)}{\mathrm{d}t}=kc_e(t)-gC_0(t)-mC_0(t), & t\in(0,T), \\ \dfrac{\mathrm{d}C_e(t)}{\mathrm{d}t}=-k_1C_e(t)P(t)+g_1C_0(t)P(t)-hc_e(t)+v(t), & t\in(0,T), \\ \omega(0,t,x)=\displaystyle\int_0^A\beta(a,t,x)\mathrm{d}a, & (t,x)\in(0,T)\times\Omega, \\ \omega(a,0,x)=0, & (a,x)\in(0,A)\times\Omega, \\ 0\leqslant c_0(t)\leqslant 1,\ 0\leqslant c_e(t)\leqslant 1, \\ P(t)=\displaystyle\int_\Omega\int_0^A p(a,t,x)\mathrm{d}a\mathrm{d}x, & (a,t)\in Q. \end{cases} \tag{4.3.3}$$

给该系统的第一式乘以 ω, 并在 $(0,A)\times(0,t)\times\Omega$ 上积分得

$$\|G_1h_1-G_1h_2\|_{L^2((0,A)\times\Omega)}\leqslant M_{11}\int_0^t\|(h_1-h_2)(s)\|^2_{L^2((0,A)\times\Omega)}\mathrm{d}s,\ 其中M_{11}>0 \tag{4.3.4}$$

考虑下列集合, 因为 $0\leqslant(Gh)(a,t,x)\leqslant\overline{p}(a,t,x)$, 所以对任意的 $h\in M_{11}$ 有

$$M_{11}=\{h\in L^2(Q_T);\ 0\leqslant h(a,t,x)\leqslant\overline{p}(a,t,x)\}$$

在 $L^2(Q_T)$ 上定义范数

$$d(h_1,h_2)=\left(\int_0^T\|h_1(t)-h_2(t)\|^2_{L^2((0,A)\times\Omega)}\mathrm{e}^{-\lambda t}\mathrm{d}t\right)^{\frac{1}{2}}$$

由参考文献 [39] 定义状态空间

$$\begin{aligned} X&=((p(a,c_0(t),S),c_0(t),c_e(t)),c_0(t),c_e(t)) \\ &\in L^\infty(0,T;L^1(0,a_+))\times L^\infty(0,T)\times L^\infty(0,T) \end{aligned}$$

定义映射

$$G: X \to X, \quad G(p, c_0, c_e) = (G_2(p, c_0, c_e), G_3(p, c_0, c_e))$$

其中

$$G_2(p, c_0, c_e) = c_0(0)\exp\{-(g+m)t\} + k\int_0^t c_e(s)\exp\{(s-t)(g+m)\}\mathrm{d}s$$

$$\begin{aligned} G_3(p, c_0, c_e) =& c_e(0)\exp\left\{-\int_0^t (k_1 p(\tau)+h)\mathrm{d}\tau\right\} + \\ & \int_0^t (g_1 c_0(s)p(s)+v(s))\exp\left\{\int_t^s (k_1 p(\tau)+h)(d)\tau\right\}\mathrm{d}s \end{aligned}$$

则

$$|G_2(h_1)-G_2(h_2)|(t) \leqslant M_2\int_0^t |c_e^1(s)-c_e^2(s)|\mathrm{d}s, \quad \text{当} M_2 = k \text{ 时} \tag{4.3.5}$$

$$|G_3(h_1)-G_3(h_2)|(t) \leqslant M_3\left(\int_0^t\int_0^A |h_1(a,s)-h_2(a,s)|\mathrm{d}a\mathrm{d}s + \int_0^t |c_0^1(s)-c_0^2(s)|\mathrm{d}s\right) \tag{4.3.6}$$

其中, $M_3 = \max\{k_1+g_1+Tk_1h_1+TMg_1k_1, g_1M\}$ 是常数.

另一方面, 在 $L^2(Q_T)$ 上定义等价范数

$$\|(p, c_0, c_e)\|_* = \text{Ess}\sup_{t\in[0,T]} \mathrm{e}^{-\lambda t}\left\{\int_0^{a_+} |h(a,s)|\mathrm{d}a + |c_0(t)| + |c_e(t)|\right\} \ (\lambda > 0)$$

联立式 (4.3.4)、式(4.3.5)、式(4.3.6) 得

$$\begin{aligned} & \|Gh_1 - Gh_2\|_* \\ =& ||G_1h_1 - G_1h_2, G_2h_1 - G_2h_2, G_3h_1 - G_3h_2||_* \\ \leqslant& M_{12}\text{Ess}\sup_{t\in[0,T]} \mathrm{e}^{-\lambda t}\int_0^t\left\{\int_0^A |\{h_1(a,s)-h_2(a,s)|\mathrm{d}a + |c_0^1(s)-c_0^2(s)| + \right. \\ & \left. |c_e^1(s)-c_e^2(s)|\right\}\mathrm{d}s \\ =& M_{12}\text{Ess}\sup_{t\in[0,T]} \mathrm{e}^{-\lambda t}\int_0^t \mathrm{e}^{\lambda s}\left\{\mathrm{e}^{-\lambda s}\left(\int_0^A |h_1(a,s)-h_2(a,s)|\mathrm{d}a + |c_0^1(s)-c_0^2(s)| + \right.\right. \\ & \left.\left. |c_e^1(s)-c_e^2(s)|\right\}\mathrm{d}s \end{aligned}$$

$$\leqslant M_{12}||h_1 - h_2||_* \text{Ess} \sup_{t\in[0,T]} \left\{ \mathrm{e}^{-\lambda t} \int_0^t \mathrm{e}^{\lambda s} \mathrm{d}s \right\}$$

$$\leqslant \frac{M_{12}}{\lambda} ||h_1 - h_2||_* \tag{4.3.7}$$

故选择 $\lambda > M_{12}$ 使得 G 绝对收敛于 $(X, ||.||_*)$, G 的唯一固定点 (p, c_0, c_e) 一定是系统 (4.3.1) 的解.

4.3.2　最优控制的存在性

本节主要考虑控制问题

$$\min J(u) = \int_0^T \int_0^A \int_\Omega \left[g(a,t)(p^u(a, c_0(t), x)) + \frac{1}{2}\rho |u(a, c_0(t), x)|^2 \right] \mathrm{d}a\mathrm{d}t\mathrm{d}x \tag{4.3.8}$$

其中, ρ 是大于零的常数. $U = \{u \in L^\infty(Q):\ 0 \leqslant \underline{u} \leqslant u(a, c_0(t), x) \leqslant \overline{u} \leqslant H$ 在 Q 上几乎处处成立$\}$ 为可容许控制集, $\underline{u}$, $\overline{u}$ 均为常数.

引理 4.5　给定 $T > 0$, 存在 $C(T) < +\infty$, 使得系统 (4.3.1) 的任意解 $p(a, c_0(t), x) \in V$ 满足

$$\int_0^A p(a, c_0(t), x)^2 \mathrm{d}a \leqslant C(T),\ x \in \Omega,\ t \in (0, T).$$

定理 4.10　设 $p(u) \in V$ 为系统 (4.3.1) 的解, 则存在一个最优分布控制 $u^*(a, c_0(t), x)$ 使得

$$J(u^*) = \inf_{u\in U} J(u) \tag{4.3.9}$$

证明　设 $u_n \subset U$ 是式 (4.3.9) 的极小化序列, 当 $n \to +\infty$ 时, 则 $J(u_n) \to \inf_{u\in U} J(u)$.

由 U 的定义知, u_n 在 $L^2(Q)$ 中一致有界, 则存在 u^* 和 u_n 的子序列 (记作 u_n), 使得

$$u_n \to u^* \text{在 } L^2(Q) \text{ 中弱},\ u^* \in L^2(Q) \tag{4.3.10}$$

由紧性定理可得

$$p_n \to p^* \text{在 } V \text{ 中弱},\ p^* \in V \tag{4.3.11}$$

$$Dp_n \to Dp^* \text{在 } V' \text{ 中弱} \tag{4.3.12}$$

$$p_n \to p^* \text{在 } L^2(Q) \text{ 中强} \tag{4.3.13}$$

其中, $p_n(a, c_0(t), x) = p(a, c_0(t), x; u_n) = p(u_n)$ 为对应于 $u = u_n$ 的系统 (4.3.1) 在 V 中的解. 故 p_n 满足恒等式

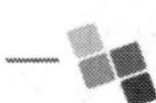

$$
\begin{cases}
\displaystyle\int_{\theta} < DP_n + (\mu_n(a,c_0(t),x) + \mu_e(a,c_0(t),x,S_n(c_0(t),x)))p_n(a,c_0(t),x)\varphi(a,c_0(t),x) > \\
\mathrm{d}a\mathrm{d}t + \displaystyle\int_Q k\nabla P_n \cdot \nabla\varphi \mathrm{d}Q = 0, & \forall\varphi \in V, \\
\dfrac{\mathrm{d}c_0(t)}{\mathrm{d}t} = kc_e(t) - gc_0(t) - mc_0(t), & t \in (0,T), \\
\dfrac{\mathrm{d}c_e(t)}{\mathrm{d}t} = -k_1c_e(t)P(t) + g_1c_0(t)P(t) - hc_e(t) + v(t), & t \in (0,T), \\
\displaystyle\int_{\Omega_T} (p_n(\varphi))(0,c_0(t),x)\mathrm{d}t\mathrm{d}x \\
= \displaystyle\int_{\Omega_T} \left[\int_0^A \beta(a,c_0(t),x)p_n(a,c_0(t),x)\mathrm{d}a\right]\varphi(0,c_0(t),x)\mathrm{d}t\mathrm{d}x, & \forall\varphi \in \Phi, \\
\displaystyle\int_{\Omega_A} (p_n(\varphi))(a,0,x)\mathrm{d}a\mathrm{d}x = \int_{\Omega_A} p_0(a,x)\varphi(a,0,x)\mathrm{d}a\mathrm{d}x, & \forall\varphi \in \Phi, \\
S^{u^n}(c_0(t),x) = \displaystyle\int_0^A u^{u^n}(a,c_0(t),x)p^{u^n}(a,c_0(t),x)\mathrm{d}a, & t \in (0,T), \\
0 \leqslant c_0(t) \leqslant 1, 0 \leqslant c_e(t) \leqslant 1, \\
P^{u^n}(t) = \displaystyle\int_\Omega \int_0^A p^{u^n}(a,t,x)\mathrm{d}a\mathrm{d}x.
\end{cases}
\tag{4.3.14}
$$

下面证明式 (4.3.11) 中的极限函数 $p^* \in V$, $Dp^* \in V'$ 是系统 (4.3.1) 相应于 $u = u^*$ 的解, 即证明式 (4.3.11) 中的极限函数 $p^* \in V$, $Dp^* \in V'$ 满足积分恒等式

$$
\begin{cases}
\displaystyle\int_{\theta} < Dp^* + (\mu_n(a,c_0(t),x) + \mu_e(a,c_0(t),x,S^*(c_0(t),x)))p^*(a,c_0(t),x)\varphi(a,c_0(t),x) > \\
\mathrm{d}a\mathrm{d}t + \displaystyle\int_Q k\nabla p^* \cdot \nabla\varphi \mathrm{d}Q = 0, & \forall\varphi \in V, \\
\dfrac{\mathrm{d}c_0(t)}{\mathrm{d}t} = kc_e(t) - gc_0(t) - mc_0(t), & t \in (0,T), \\
\dfrac{\mathrm{d}c_e(t)}{\mathrm{d}t} = -k_1c_e(t)P(t) + g_1c_0(t)P(t) - hc_e(t) + v(t), & t \in (0,T), \\
\displaystyle\int_{\Omega_T} (p^*(\varphi))(0,c_0(t),x)\mathrm{d}t\mathrm{d}x = \\
\displaystyle\int_{\Omega_T} \left[\int_0^A \beta(a,c_0(t),x)p^*(a,c_0(t),x)\mathrm{d}a\right]\varphi(0,c_0(t),x)\mathrm{d}t\mathrm{d}x, & \forall\varphi \in \Phi, \\
\displaystyle\int_{\Omega_A} (p^*(\varphi))(a,0,x)\mathrm{d}a\mathrm{d}x = \int_{\Omega_A} p_0(a,x)\varphi(a,0,x)\mathrm{d}a\mathrm{d}x, & \forall\varphi \in \Phi, \\
S^*(c_0(t),x) = \displaystyle\int_0^A u^*(a,c_0(t),x)p^*(a,c_0(t),x)\mathrm{d}a, & t \in (0,T), \\
0 \leqslant c_0(t) \leqslant 1, 0 \leqslant c_e(t) \leqslant 1, \\
P^*(t) = \displaystyle\int_\Omega \int_0^A p^*(a,t,x)\mathrm{d}a\mathrm{d}x, & (a,t) \in Q.
\end{cases}
\tag{4.3.15}
$$

下面证明 $u^*(a,c_0(t),x)$ 和 $p^*(a,c_0(t),x)$ 满足式 (4.3.15) 的第一式.

证明　1) 对任意的 $\forall\varphi \in \varPhi \subset V = V''$, 由式 (4.3.12) 可得, 当 $n \to +\infty$ 时,

$$\int_Q p_n(a, c_0(t), x)\varphi \mathrm{d}Q \to \int_Q p_*(a, c_0(t), x)\varphi \mathrm{d}Q, \ \forall\varphi \in \varPhi \subset V$$

证明　2) 当 $n \to +\infty$ 时,

$$\int_Q [\mu_n(a, c_0(t), x) + \mu_e(a, c_0(t), x, S_n(c_0(t), x))]p_n(a, c_0(t), x)\varphi(a, c_0(t), x)\mathrm{d}Q$$

$$\to \int_Q [\mu_n(a, c_0(t), x) + \mu_e(a, c_0(t), x, S^*(c_0(t), x))]p^*(a, c_0(t), x)\varphi(a, c_0(t), x)\mathrm{d}Q,$$

$$\forall\varphi \in \varPhi \tag{4.3.16}$$

根据微分中值定理及假设 (H_1), 对任意的 $\varphi \in \varPhi$, 有

$$\begin{aligned}
&\int_Q [\mu_e(a, c_0(t), x, S_n(c_0(t), x))p_n - \\
&\mu_e(a, c_0(t), x, S^*(c_0(t), x))p^*(a, c_0(t), x)]\varphi(a, c_0(t), x)\mathrm{d}Q \\
=&\int_Q [\mu_e(a, c_0(t), x, S_n(c_0(t), x))p_n(a, c_0(t), x) - \\
&\mu_e(a, c_0(t), x, S_n(c_0(t), x))p^*(a, c_0(t), x) + \\
&\mu_e(a, c_0(t), x, S_n(c_0(t), x))p^*(a, c_0(t), x) - \\
&\mu_e(a, c_0(t), x, S^*(c_0(t), x))p^*(a, c_0(t), x)]\varphi \mathrm{d}Q \\
=&\left|\int_Q \mu_e(a, c_0(t), x, S_n)(p_n(a, c_0(t), x) - p^*(a, c_0(t), x))\varphi \mathrm{d}Q + \right.\\
&\left.\int_Q [\mu_e(a, c_0(t), x, S_n) - \mu_e(a, c_0(t), x, S^*)]p^*(a, c_0(t), x)\varphi(a, c_0(t), x)\mathrm{d}Q\right| \\
\leqslant&\left|\int_Q \mu_e(a, c_0(t), x, S_n)(p_n(a, c_0(t), x) - p^*(a, c_0(t), x))\varphi(a, c_0(t), x)\mathrm{d}Q\right| + \\
&\left|\int_Q (\mu_e(a, c_0(t), x, S_n) - \mu_e(a, c_0(t), x, S^*))p^*(a, c_0(t), x)\varphi(a, c_0(t), x)\mathrm{d}Q\right| \\
\leqslant&\left|\int_Q (\mu_e(a, c_0(t), x, S_n)(S_n(c_0(t), x) - S^*(c_0(t), x))\varphi(a, c_0(t), x)\mathrm{d}Q\right| + \\
&\left|\int_Q \mu_e p(a, c_0(t), x, \overline{S_n})(S_n(c_0(t), x) - S^*(c_0(t), x))p^*\varphi \mathrm{d}Q\right|
\end{aligned}$$

$$\equiv I_1(n)+I_2(n),\quad \overline{S_n}\in[S_n,S^*] \tag{4.3.17}$$

由式 (4.3.13) 及假设 (H_1), 利用 Hölder 不等式得

$$\begin{aligned}I_1(n)&=\left|\iint_Q \mu_e(a,c_0(t),x,S_n)(p_n-p^*)\varphi\mathrm{d}Q\right|\\&\leqslant M_1'||\varphi||_{c^0(\overline{Q})}||p_n(a,c_0(t),x)-p^*(a,c_0(t),x)||_{L^2(Q)}\to 0\end{aligned} \tag{4.3.18}$$

$$\begin{aligned}I_2(n)=&\left|\iint_Q \mu_e p(a,c_0(t),x,\overline{S_n})(S_n(a,c_0(t),x)-\right.\\&\left.S^*(a,c_0(t),x))p^*(a,c_0(t),x)\varphi(a,c_0(t),x)\mathrm{d}Q\right|\\&\leqslant M_1'||\varphi||_{c^0(\overline{Q})}\int_Q(S_n(a,c_0(t),x)-S^*(a,c_0(t),x))p^*(a,c_0(t),x)\mathrm{d}Q\\&\leqslant M_1'||\varphi||_{c^0(\overline{Q})}\left(\int_Q(S_n(a,c_0(t),x)-S^*(a,c_0(t),x))^2\mathrm{d}Q\right)^{\frac{1}{2}}\\&\left(\int_Q p^{*^2}(a,c_0(t),x)\mathrm{d}Q\right)^{\frac{1}{2}}\\&\leqslant M_1'||\varphi||_{c^0(\overline{Q})}||p^*(a,c_0(t),x)||_{L^2(Q)}||S_n(c_0(t),x)-S^*(c_0(t),x)||_{L^2(Q)}\end{aligned} \tag{4.3.19}$$

由式 (4.3.10) 和式 (4.3.13) 知

$$\begin{aligned}&|S_n(c_0(t),x)-S^*(c_0(t),x)|\\&=\left|\int_0^A(u_n(a,c_0(t),x)p_n(a,c_0(t),x)-u^*(a,c_0(t),x)p^*(a,c_0(t),x))\mathrm{d}a\right|\\&=\left|\int_0^A(u_n(a,c_0(t),x)p_n(a,c_0(t),x)-u_n(a,c_0(t),x)p^*(a,c_0(t),x))+\right.\\&\left.\int_0^A(u_n(a,c_0(t),x)p^*(a,c_0(t),x)-u^*(a,c_0(t),x)p^*(a,c_0(t),x))\mathrm{d}a\right|-\\&\left|\int_0^A(u_n(a,c_0(t),x)-u^*(a,c_0(t),x))p^*(a,c_0(t),x)+\right.\\&\left.u_n(a,c_0(t),x)(p_n(a,c_0(t),x)-p^*(a,c_0(t),x))\mathrm{d}a\right|\end{aligned}$$

$$\leqslant \int_0^A |u_n(a,c_0(t),x)-u^*(a,c_0(t),x)|p^*(a,c_0(t),x)\mathrm{d}a+$$
$$\int_0^A u_n(a,c_0(t),x)|p_n(a,c_0(t),x)-p^*(a,c_0(t),x)|\mathrm{d}a\to 0 \tag{4.3.20}$$

由式 (4.3.20), $I_2(n)\to 0$ 和式 (4.3.18) 得

$$\int_Q \mu_e(a,c_0(t),x,S_n(c_0(t),x))p_n\varphi(a,c_0(t),x)\mathrm{d}Q$$
$$\to \int_Q \mu_e(a,c_0(t),x,S^*(c_0(t),x))p^*\varphi(a,c_0(t),x)\mathrm{d}Q, \forall\varphi\in\varPhi \tag{4.3.21}$$

由式 (4.3.13) 显然有

$$\int_Q \mu_n(a,c_0(t),x)p_n(a,c_0(t),x)\varphi(a,c_0(t),x)\mathrm{d}Q$$
$$\to \int_Q \mu_n(a,c_0(t),x)p^*(a,c_0(t),x)\varphi(a,c_0(t),x)\mathrm{d}Q$$

由此及式 (4.3.21) 得式 (4.3.16) 成立.

3) 证明 $\int_Q \nabla p_n\cdot\nabla\varphi\mathrm{d}Q\to\int_Q \nabla p^*\cdot\nabla\varphi\mathrm{d}Q, \forall\varphi\in V.$

对任意的 $\varphi\in\mathcal{Q}$, 显然有 $\Delta\varphi\in\mathcal{Q}\subset V\subset V'$. 由 (4.3.11) 和导数定义有

$$\int_Q \nabla p_n\cdot\nabla\varphi\mathrm{d}Q=-\int_Q p_n\Delta\varphi\mathrm{d}Q\to-\int_Q p^*\Delta\varphi\mathrm{d}Q=\int_Q \nabla p^*\cdot\nabla\varphi\mathrm{d}Q \tag{4.3.22}$$

由此及 $\mathcal{Q}$ 在 V 中的稠密性和连续延拓知式 (4.3.22) 成立.

联立 1), 2), 3) 得 u^* 和 p^* 满足式 (4.3.15) 的第一式, 用类似的方法证明方程组的其他式.

从证明结果知 $p^*(a,c_0(t),x)\in V$ 是系统 (4.3.1) 对应控制变量 $u=u^*$ 的广义解.

由假设 (H_5) 和式 (4.3.13) 知

$$\int_Q (g(p_n(a,c_0(t),x))-g(p^*(a,c_0(t),x)))\mathrm{d}Q$$
$$=\int_Q g'(\widetilde{p}(a,c_0(t),x))(p_n(a,c_0(t),x)-p^*(a,c_0(t),x))\mathrm{d}Q$$

$$\leqslant M_3'\left(\int_Q |p_n(a,c_0(t),x)-p^*(a,c_0(t),x)|^2\mathrm{d}Q\right)^{\frac{1}{2}}\left(\int_Q 1^2\mathrm{d}Q\right)^{\frac{1}{2}}$$

$$\leqslant M_3'\mathrm{mes}^{\frac{1}{2}}Q\left(\int_Q |p_n(a,c_0(t),x)-p^*(a,c_0(t),x)|^2\mathrm{d}Q)^{\frac{1}{2}}\right)\to 0,\widetilde{p}\in[p_n,p^*] \tag{4.3.23}$$

由式 (4.3.23) 和 L^2 范数的弱下半连续性知

$$J(u^*)\leqslant \inf_{u\in U} J(u)$$

另一方面, 由下确界定义有

$$J(u^*)\geqslant \inf_{u\in U} J(u) \tag{4.3.24}$$

由上式得 $J(u^*)=\inf\limits_{u\in U} J(u)$, 由此 $u^*\in U$ 为该系统的最优控制.

4.3.3 最优控制的必要条件

本节主要考虑最优控制的必要条件. 设 (p,c_0,c_e) 是下列系统相应于 u 的解:

$$\begin{cases}Dp(a,c_0(t),x)-k\Delta p+\mu_n(a,c_0(t),x)+ & \\ \mu_e(a,c_0(t),x,S(t,x))p(a,c_0(t),x)=0, & Q=\theta\times\Omega,\\ \dfrac{\mathrm{d}c_0(t)}{\mathrm{d}t}=kc_e(t)-gc_0(t)-mc_0(t), & t\in(0,T),\\ \dfrac{\mathrm{d}c_e(t)}{\mathrm{d}t}=-k_1c_e(t)P(t)+g_1c_0(t)P(t)-hc_e(t)+v(t), & t\in(0,T),\\ p(0,t)=\displaystyle\int_0^A \beta(a,c_0(t),S(t))p(a,t)\mathrm{d}a, & a\in(0,A),\\ p(a,0)=p_0(a), & t\in(0,T),\\ S(t,x)=\displaystyle\int_0^A u(a,t,x)p(a,t,x)\mathrm{d}a, & t\in(0,T),\\ 0\leqslant c_0(t)\leqslant 1, 0\leqslant c_e(t)\leqslant 1, & \\ P(t)=\displaystyle\int_\Omega\int_0^A p(a,t,x)\mathrm{d}a\mathrm{d}x, & (a,t)\in Q.\end{cases} \tag{4.3.25}$$

定理 4.11 如果 u^* 是最优控制, (p^*,c_0^*,c_e^*) 是相应于 $u=u^*$ 的最优状态, (q_9,q_{10},q_{11}) 是下列共轭系统相应于 (u^*,v^*) 的解:

$$\begin{cases}Dq(a,c_0(t),x)-k\Delta q-\\ u(a,c_0(t),x)\int_0^A p^u(r,c_0(t),x)\mu_{es}(r,c_0(t),x,S^u(t,x))q_9(r,c_0(t),x)\mathrm{d}r-\\ \mu_n(a,c_0(t),x)q_9(0,c_0^*(t),x)+(k_1-g_1)c_0^*(t)q_{11}(t)+q_9(0,c_0^*(t),x)\beta(a,c_0(t),x)-\\ \mu_n q_9(a,c_0(t),x)-\mu_e(a,c_0(t),x,S^u(t,x))q^u(a,c_0(t),x)=g^{'}(p^u(a,c_0(t),x)),\\ \dfrac{\mathrm{d}q_{10}}{\mathrm{d}t}=-\int_0^A\dfrac{\partial\mu(a,c_0^*(t),S^*(t))}{\partial c_0}p^*(a,t)q_9(a,t)\mathrm{d}a+(g+m)q_{10}(t)-g_1p^*(t)q_{11}(t),\\ \dfrac{\mathrm{d}q_{11}}{\mathrm{d}t}=kq_{10}+k_1p^*(t)q_{11}(t)+hq_{11}(t),\\ q_9(0,T,x)=q_9(A,c_0(t),x)=q(a,c_0(t),x)=0,\\ q_{10}(T)=q_{11}(T)=0,\\ S^u(c_0(t),x)=\int_0^A u(a,c_0(t),x)p^u(a,c_0(t),x)\mathrm{d}a.\end{cases}\tag{4.3.26}$$

则

$$\begin{aligned}&u^*(a,c_0(t),x)\\ =&\hbar\left\{-\frac{1}{\rho}\left[p^{u^*(a,c_0(t),x)}\int_0^A q^{u^*(a,c_0(t),x)}p^{u^*(a,c_0(t),x)}\mu_{es}(a,c_0(t),x,S^{u^*(t,x)})\mathrm{d}a\right]\right\}\end{aligned}\tag{4.3.27}$$

其中映射 Łh

$$Łh(a,c_0(t),x)=\begin{cases}\underline{u}, & h(a,c_0(t),x)<\underline{u},\\ h(a,c_0(t),x), & \underline{u}\leqslant h(a,c_0(t),x)\leqslant\overline{u},\\ \overline{u}, & h(a,c_0(t),x)>\overline{u}.\end{cases}\tag{4.3.28}$$

证明　系统 (4.3.26) 的唯一有界解的存在性可用与系统 (4.3.1) 相同的方法处理. $(u^*+\varepsilon v)\in U$ 使得 ε 足够小, 由 $J(u^*+\varepsilon v)\leqslant J(u^*)$ 可得

$$\begin{aligned}&\int_0^T\int_0^A\int_\Omega\left[g(p^{u^*+\lambda v}(a,c_0(t),x))+\frac{1}{2}\rho|u^*(a,c_0(t),x)+\lambda v|^2\right]\mathrm{d}a\mathrm{d}t\mathrm{d}x\\ \geqslant&\int_0^T\int_0^A\int_\Omega\left[g(p^{u^*}(a,c_0(t),x))+\frac{1}{2}\rho|u^*(a,c_0(t),x)|^2\right]\mathrm{d}a\mathrm{d}t\mathrm{d}x.\end{aligned}$$

即

则 $\Psi(r',t',x)$ 满足下面的方程及条件

$$\begin{cases} -\dfrac{\partial \Psi}{\partial r'}-\dfrac{\partial \Psi}{\partial t'}-k\Delta\Psi-[\beta_1(P_1^*)+\displaystyle\int_0^A p\beta_{1P}(r',t',x;P_1^*)\mathrm{d}r]\Psi(A,t',x)+ \\ (\mu_{01}+\mu_1(r',t',x;P_1^*)+u_1)\Psi+\displaystyle\int_0^A \mu_{1P}(r',t',x;P_1^*)p\Psi(\xi,t',x)\mathrm{d}\xi \\ =-u_1(r',t',x), & \text{在 } Q \text{ 内}, \\ \Psi(0,t',x)=0, & \text{在 } \Omega_T \text{ 内}, \\ \Psi(r',0,x)=0, & \text{在 } \Omega_A \text{ 内}, \\ \Psi(r',t',x)=0, & \text{在 } \Sigma \text{ 上}, \\ P_1^*(t,x)=\displaystyle\int_0^A p(\xi,T-t',x)\mathrm{d}\xi, & \text{在 } \Omega_T \text{ 上}. \end{cases} \tag{4.1.49}$$

由引理 4.2 可知迹映射 $\Psi(r',t',x)\to\Psi(A,t,x)$ 是 $(V\times V')\to L^2(\Omega_T)$ 连续线性的, 由假设 (H_2) 可知式 (4.1.49) 与系统 (4.1.1) 是同一类型的问题, 因此, 用证明定理 4.1 的方法可以证明式 (4.1.49) 存在唯一的广义解 $\Psi\in V, D\Psi\in v'$. 由式 (4.1.48) 可知, 式 (4.1.47) 存在唯一的广义解 $q(u)\in V, Dq(u)\in V'$. 证毕.

式 (4.1.47) 中的第 1 个方程的两端 p° 乘以并在 Q 上积分, 得

$$\begin{aligned} &-\int_Q up^\circ\mathrm{d}Q \\ =&\int_Q\Big\{-\frac{\partial q}{\partial r}-\frac{\partial q}{\partial t}-k\Delta q-[\beta(r,t,x;P^*)+\int_0^A p\beta_P(r,t,x;P^*)\mathrm{d}r]q(0,t,x)+ \\ &(\mu_0+\mu(r,t,x;P^*)+u)q+\int_0^A \mu_P(r,t,x;P^*)pq(\xi,t,x)\mathrm{d}\xi\Big\}p^\circ\mathrm{d}Q \end{aligned}$$

对上式右端方括号中的第 1、2 项应用分部积分公式, 第 3 项应用 Green 公式[96], 注意到式 (4.1.43) 和式 (4.1.47), 得

$$\begin{aligned} -\int_Q up^\circ\mathrm{d}Q=&\int_Q\Big[\frac{\partial p^\circ}{\partial r}+\frac{\partial p^\circ}{\partial t}-k\Delta p^\circ+(\mu_0+\mu(r,t,x;P^*)+u)p^\circ+ \\ &\mu_P(r,t,x;P^*)p\int_0^A p^\circ\mathrm{d}r\Big]q\mathrm{d}Q=-\int_Q(v-u)p(u)q(u)\mathrm{d}Q \end{aligned} \tag{4.1.50}$$

生育率; $u(a,t,x)$ 是系统的控制变量; $v(t)$ 表示 t 时刻外界输入率; $p_0(a,x)$ 是 $t=0$ 时种群分布的初始年龄; $P(t)$ 是 t 时刻种群总规模; 常数 $k>0$ 是种群的空间扩散系数; A 是种群个体所能达到的最大年龄, $0<A<+\infty$; k, g, m, k_1, g_1, h 都是非负常数.

本节做以下假设:

(H_1) $\mu_n(a,c_0(t),x)\geqslant 0$, $\mu_n(a,c_0(t),x)\in L^1_{\mathrm{loc}}(0,A)$, $\int_0^A \mu_n(a,c_0(t),x)\mathrm{d}a=+\infty$, 在 Q 内 $0\leqslant \mu_0(a,c_0(t),x)\leqslant \mu_0$.

(H_2) $0\leqslant \beta(a,c_0(t),x,S(t,x))\leqslant \beta^0$, 且 $\int_0^A \beta^2(a,c_0(t),x,S(t,x))\leqslant C_0$. $\mu_e(a,c_0(t),x,S(t,x))\geqslant 0$ 关于 $(a,c_0(t),x,S(t,x))$ 可测且连续, 关于 s 二次连续可微, 在 $Q\times R^+$上几乎处处有 $|\mu_e(a,c_0(t),x,S)|+|\mu_{e1}(a,c_0(t),x,S)|+|\mu_{e2}(a,c_0(t),x,S)|\leqslant \beta^0$.

(H_3) $0\leqslant p_0(a,x)\in L^\infty(\Omega_A)$, $\int_0^A p_0(a,x)\mathrm{d}a\equiv S_0\leqslant\beta^0$, 且 $P_0=\int_0^A \beta(a,c_0(t),x,S(t,x))p_0(a,c_0(t),x)\mathrm{d}a\in C(\widetilde{\Omega})\cap L^2(\Omega)$, $0\leqslant P_0(x)\leqslant \widetilde{u}\mu_0\equiv\beta^0.u_t, u_a$, $\Delta u, \nabla u\in L^2(Q)$, 在 Q 内 $|u_t|$, $|u_a|$, $|\Delta u|\leqslant\widetilde{u}<\infty$.

(H_4)常数 $k>0$, Ω 的边界 $\partial\Omega$ 充分光滑; $|\beta(a,c_0(t),S_1)-\beta(a,c_0(t),S_2)|\leqslant L_\beta|S_1-S_2|$, $|\mu(a,c_0(t),S_1)-\mu(a,c_0(t),S_2)|\leqslant L_\mu|S_1-S_2|$.

(H_5) $\forall s\in R^+$, 函数 $\beta(.,.,.,s),\mu(.,.,.,s)\in L^\infty(Q_T)$, $L^\infty_{\mathrm{loc}}([0,a]\times[0,T]\times\Omega)$.

(H_6) β 和 μ 是局部 Lipschitz 函数, 对于任意 $M>0$, 存在 $L(M)>0$ 使得 $|\beta(a,c_0(t),x,S_1)-\beta(a,c_0(t),x,S_2)|\leqslant L_\beta|S_1-S_2|$, $|\mu(a,c_0(t),x,S_1)-\mu(a,c_0(t),x,S_2)|\leqslant L_\mu|S_1-S_2|,\forall S_1$, $S_2\in[0,T]$, $(a,c_0(t),x)\in Q_T$.

(H_7) 在 $Q_T\times(0,+\infty)$ 上几乎处处有 $\beta(a,c_0(t),x,S)$, $\mu(a,c_0(t),x,S)\geqslant 0$, $\beta(a,c_0(t),x,.)$ 几乎处处不增, $\mu(a,c_0(t),x,.)$ 几乎处处不减, 其中 $(a,c_0(t),x)\in Q_T$.

(H_8) 在 $Q_T\times R^+$ 上几乎处处有 $\mu(a,c_0(t),x,S)\geqslant\mu_0(a,c_0(t))\geqslant 0$, 在 $t\in(0,T)$ 上几乎处处有 $\int_0^A \mu_0(a,c_0(t-A+a))\mathrm{d}a=+\infty$.

定理 4.9　若假设 $(\mathrm{H}_1)\sim(\mathrm{H}_4)$ 成立, 那么利用不动点定理, 系统 (4.3.1) 存在唯一解 $(p(a,c_0(t),x),c_0(t),c_e(t))$.

$$\int_0^T\int_0^A\int_\Omega[g'(a,t)(p^{u^*}(a,c_0(t),x)z(a,c_0(t),x))+$$
$$\rho u^*(a,c_0(t),x)]v(a,c_0(t),x)\mathrm{d}a\mathrm{d}t\mathrm{d}x\geqslant 0 \tag{4.3.29}$$

$z_9(a,t)=\lim\limits_{\varepsilon\to 0}\dfrac{1}{\varepsilon}(p^\varepsilon(a,t)-p^*(a,t))$，$z_{10}(t)=\lim\limits_{\varepsilon\to 0}\dfrac{1}{\varepsilon}(c_0^\varepsilon(t)-c_0^*(t))$, $z_{11}=\lim\limits_{\varepsilon\to 0}\dfrac{1}{\varepsilon}(c_e^\varepsilon(t)-c_e^*(t))$，$p^\varepsilon$ 是相应于 $u^*+\varepsilon v$ 的解, 并满足

$$\begin{cases}Dz_9(a,c_0(t),x)-k\Delta z_9+\\ \mu_{es}(a,c_0(t),x,S^u)p^u(a,c_0(t),x)\displaystyle\int_0^A[v(a,c_0(t),x)p^u(a,c_0(t),x)+\\ u(a,c_0(t),x)z_9(a,c_0(t),x)]\mathrm{d}a+\mu_n(a,c_0(t),x)z_9(a,c_0(t),x)+\\ \mu_e(a,c_0(t),x,S^u(t,x))z_9(a,c_0(t),x)=0,\\ \dfrac{\mathrm{d}z_{10}}{\mathrm{d}t}=kz_{11}(t)-gz_{10}(t)-mz_{10}(t),\\ \dfrac{\mathrm{d}z_{11}}{\mathrm{d}t}=-k_1c_e^*(t)z_9(t)+g_1c_0^*(t)z_9(a,t)+g_1P^*(t)z_{10}(t)-\\ (k_1P^*(t)+h)z_{11}(t)+v(t),\\ z_9(0,c_0(t),x)=\displaystyle\int_0^A\beta(a,c_0^*(t),S^*(t))z_9(a,c_0(t),x)\mathrm{d}a-\\ \displaystyle\int_0^A\frac{\partial\beta(a,c_0^*(t),S^*(t))}{\partial c_0}p^*(a,c_0(t),x)z_{10}\mathrm{d}a,\\ z_9(a,0,x)=z_{10}(0)=z_{11}(0)=0,\\ Z_9=\displaystyle\int_\Omega\int_0^A z_9(a,t,x)\mathrm{d}a\mathrm{d}x, P^*=\int_\Omega\int_0^A p^*(a,c_0(t),x)\mathrm{d}a\mathrm{d}x,\\ Z_9(a,T)=0.\end{cases} \tag{4.3.30}$$

式 (4.3.30) 的前 3 个方程分别乘以 q_9，q_{10}，q_{11} 在 Q 上积分, 并结合系统 (4.3.26) 得

$$\int_Q v(a,c_0(t),x)p^{u^*}(a,c_0(t),x)\int_0^A\mu_{es}(r,c_0(t),x,S^*(c_0(t),x))q^{u^*}p^{u^*}(r,c_0(t),x)\mathrm{d}r\mathrm{d}a\mathrm{d}t\mathrm{d}x+$$
$$\int_0^T v(t)q_{11}\mathrm{d}t=\int_Q g'(p^{u^*}(a,c_0(t),x))z(a,c_0(t),x)\mathrm{d}a\mathrm{d}t\mathrm{d}x \tag{4.3.31}$$

将式 (4.3.31) 代入式 (4.3.29) 可得

本节在上述参考文献的基础上，综合考虑个体尺度、空间扩散及霉素浓度对种群出生率和死亡率的影响，同时考虑环境对种群的随机扰动，建立了污染环境中具有个体尺度的非线性随机种群扩散系统，利用 Itô 公式证明了随机种群系统强解的存在唯一性，得到了当外界扰动为线性时最优控制存在的充分必要条件，然后应用积分—偏微分方程和变分不等式导出了最优控制的必要条件，得到最优性组.

4.4.1 系统及其适定性

本节提出并研究如下污染环境中具有个体尺度的非线性随机种群扩散系统

$$
\begin{cases}
\dfrac{\partial p(a,t,x)}{\partial t}+\dfrac{\partial[g(a)p(a,t,x)]}{\partial a}+u(a,t,x)p(a,t,x)- \\
k\Delta p(a,t,x)+\mu(a,t,x,c_0(t);P(t,x))p(a,t,x) \\
=f(a,t,x;P(t,x))+g(a,t,x;P(t,x))\mathrm{d}\omega_t, & (a,t,x)\in\Sigma, \\
\dfrac{\mathrm{d}c_0(t)}{\mathrm{d}t}=k_1c_e(t)-g_1c_0(t)-mc_0(t), & t\in(0,T), \\
\dfrac{\mathrm{d}c_e(t)}{\mathrm{d}t}=-hc_e(t)+v(t), & t\in(0,T), \\
g(0)p(0,t,x)=\displaystyle\int_0^{a_+}\beta(a,t,x,c_0(t);P(t,x))p(a,t,x)\mathrm{d}a, & (a,t,x)\in\Sigma, \\
p(a,0,x)=p_0(a,x), & (a,x)\in Q_A, \\
\dfrac{\partial p}{\partial\boldsymbol{\nu}}(a,t,x)=0, & (a,t,x)\in\Sigma, \\
0\leqslant c_0(0)\leqslant 1,0\leqslant c_e(0)\leqslant 1, \\
P(t,x)=\displaystyle\int_0^{a_+}\delta(a,t)p(a,t,x)\mathrm{d}a, & (t,x)\in Q_T.
\end{cases}
\tag{4.4.1}
$$

其中，$Q=[0,a_+]\times(0,T)\times\Omega(a_+,T\in(0,+\infty),\Omega\in R^n(n\in 1,2,3))$，且 Ω 是一个具有充分光滑边界 $\partial\Omega$ 的非空有界区域，$\Sigma=(0,a_+\times(0,T)\times\partial\Omega)$，$Q_T=(0,T)\times\Omega$，$Q_A=(0,a_+)\times\Omega$；常数 a_+ 表示个体不能超过的最大尺度，$p(a,t,x)$ 表示 t 时刻位于 x 处尺度为 a 的种群个体的密度；$g(a)$ 代表个体尺度 a 随时间的增长率；$u(a,t,x)$ 表示 t 时刻位于 x 处尺度为 a 的种群收获率；$c_0(t)$ 和 $c_e(t)$ 分别表示 t 时刻有机物中污染物的浓度和环境中污染物的浓度；$\mu(a,t,x,c_0(t);P(t,x))$ 和 $\beta(a,t,x,c_0(t);P(t,x))$ 分别表示位于 x 处种群依赖于

尺度 a 和浓度 $c_0(t)$ 的平均死亡率和出生率; $v(t)$ 表示环境外部向环境内部单位时间内输入的污染物量; $\dfrac{\partial p}{\partial \boldsymbol{\nu}}(a,t,x)$ 表示在点 (a,t,x) 沿单位外法向量 $\boldsymbol{\nu}$ 的方向导数; $P(t,x)$ 表示 t 时刻位于 x 处种群的加权总量; 常数 k 为种群的空间扩散系数, $f(a,t,x;P(t,x))$ 表示 t 时刻尺度为 a 的种群外界扰动函数, 如迁移、地震等突发性灾害造成的种群变化等; $g(a,t,x;P(t,x))\mathrm{d}\omega_t$ 为外部环境对所研究种群系统的随机扰动, 其中 ω_t 是白噪声; $\delta(a,t)$ 为权函数; k,g,m,k_1,g_1,h 都是非负常数.

系统 (4.4.1) 的状态函数 $p(a,t,x)$ 依赖于控制变量 $u(t)$, 因而我们把它记作 $p(a,t,x;u)$, 简记为 $p(u)$.

引入性能指标泛函 J

$$J(u)=E\int_Q|p(u)-z_d|^2\mathrm{d}Q+\rho\|u\|^2,\mathrm{d}Q=\mathrm{d}a\mathrm{d}t\mathrm{d}x$$

则种群投放率控制的实际问题为如下问题, 即本节研究的最优控制问题为

$$J(u^*)=\min J(u)=E\int_Q|p(u)-z_d(a,t)|^2\mathrm{d}Q+\rho\|u\|^2 \tag{4.4.2}$$

其中, $\|u\|^2=\displaystyle\int_Q u^2(a,t,x)\mathrm{d}Q$, ρ 为非负常数, 控制变量 $u(a,t,x)\in U_{ad}$, 允许控制集

$$U_{ad}=\{u|u\in L^\infty(Q):0\leqslant u(a,t,x)\leqslant C_1,\text{a.e.}(a,t,x)\in Q,C_1\text{为常数}\}$$

人们希望通过控制 $u(t)$ 使系统 (4.4.1) 的状态 $p(a,t,x;u)$ 最佳逼近理想状态 $z_d(a,t)$, 即选取适当的 $u(t)$, 使得对于给定的 $u\in U_{ad},0<t<T$, 种群的密度 $p(a,t,x;u)$ 尽可能逼近 $z_d(a,t)$, 使差距 $\|p(u)-z_d\|$ 尽可能小, 同时 $\|u\|$ 也尽可能小.

由于系统 (4.4.1) 的第 2 个和第 3 个方程为两个常微分方程, $c_0(t),c_e(t)$ 可以直接通过常数变易法解得, 即

$$c_0(t)=c_0(0)\exp\{-(g_1+m)t\}+k_1\int_0^t c_e(\tau)\exp\{(\tau-t)(g_1+m)\}\mathrm{d}\tau$$

$$c_e(t)=c_e(0)\exp\{-ht\}+\int_0^t v(\tau)\exp\{h(\tau-t)\}$$

因此, 对系统 (4.4.1) 的研究可以简化为对下列系统的研究:

$$\begin{cases}\dfrac{\partial p(a,t,x)}{\partial t}+\dfrac{\partial[g(a)p(a,t,x)]}{\partial a}=-u(a,t,x)p(a,t,x)- \\ \mu(a,t,x,c_0(t);P(t,x))p(a,t,x)+k\Delta p(a,t,x)+ \\ f(a,t,x;P(t,x))+g(a,t,x;P(t,x))\mathrm{d}\omega_t, & (a,t,x)\in\Sigma, \\ g(0)p(0,t,x)=\displaystyle\int_0^{a_+}\beta(a,t,x,c_0(t);P(t,x))p(a,t,x)\mathrm{d}a, & (a,t,x)\in\Sigma, \\ p(a,0,x)=p_0(a,x), & (a,x)\in Q_A, \\ \dfrac{\partial p}{\partial\boldsymbol{\nu}}(a,t,x)=0, & (a,t,x)\in\Sigma, \\ P(t,x)=\displaystyle\int_0^{a_+}\delta(a,t)p(a,t,x)\mathrm{d}a, & (t,x)\in Q_T.\end{cases}\tag{4.4.3}$$

令 $V=H^1(\Omega)\equiv\left\{\varphi|\varphi\in L^2(\Omega),\dfrac{\partial\varphi}{\partial x_i}\in L^2(\Omega)\right\}$, 其中 $\dfrac{\partial\varphi}{\partial x_i}$ 是广义函数意义下的偏导数,V 是 Ω 的一阶 Sobolev 空间, 显然有

$$V\to H\equiv H^{'}\to V^{'}$$

$V^{'}$ 是 V 的对偶空间, 分别用 $\|\cdot\|,|\cdot|$ 和 $\|\cdot\|_*$ 表示 $V,H,V^{'}$ 中的范数, $\lessdot,\gtrdot$ 表示 V 和 $V^{'}$ 的对偶积, $(\cdot,\cdot)$ 是 H 中的内积, 并且存在一个常数 c, 使得

$$|x|\leqslant c\|x\|,\forall x\in V$$

设 $C=C([0,T];H)$ 表示所有从 $[0,T]$ 到 H 的连续函数组成的空间. $\omega(t)$ 是定义在完备概率空间 (Ω,F,P) 上且取值为可分 Hilbert 空间 K 的 Wiener 过程, 并且具有增量协方差算子 W. 用 $\|B\|_2$ 表示 Hilbert-Schmidt 范数, 即 $\|B\|_2^2=\mathrm{tr}(BWB^{\mathrm{T}})$.

定义一个带流 $\{\mathcal{F}_t\}_{t\geqslant0}$ 的单调递增且右连续的全概率空间 $(Z,\mathcal{F},p)$, $\mathcal{F}_0$ 包含所有的 p 零子集, $C=C([0,T];V)$ 为区间 $[0,T]$ 到 V 上的所有连续函数的集合, $\|\psi\|_c=\sup|\psi(s)|, L_V^p=L^p([0,T];V), L_H^p=L^p([0,T];H)$, $a\vee b$ 表示 a 和 b 的最大值.

本节做如下基本假设:

(H_1) $\forall(a,t,x)\in Q,0\leqslant u(a,t,x)\leqslant C_1$.

(H$_2$) $\beta(a,t,x,c_0(t);P(t,x)) \in L^{\infty}_{\text{loc}}(Q), 0 \leqslant \beta(a,t,x,c_0(t);P(t,x)) \leqslant \beta_0, \beta_0$ 为常数.

(H$_3$) $\mu(a,t,x,c_0(t);P(t,x)) \in L^{\infty}_{\text{loc}}([0,a_+]\times[0,T]\times\Omega), \mu(a,t,x,c_0(t);P(t,x)) \geqslant \mu_0 \geqslant 0$.

(H$_4$) $f(a,t,x,0)=0, g(a,t,x,0)=0$.

(H$_5$) 存在正常数 k_1,k_2 使得对于 $\forall P_1,P_2 \in C$, 满足

$$|f(a,t,x;P_1)-f(a,t,x;P_2)| \leqslant k_1|P_1-P_2|_c,$$

$$\|g(a,t,x;P_1)-g(a,t,x;P_2)\|_2 \leqslant k_2\|P_1-P_2\|_c$$

(H$_6$) 设 $f(a,t,x;P), g(a,t,x;P)$ 是对几乎所有 t 有意义的线性算子, 关于 (a,t)连续, $f(t;\upsilon)$ 和 $g(t;\upsilon)$ 是关于 $\forall \upsilon,u \in L^2_H$ 的凸函数,则 $\forall\ \lambda \in (0,1)$ 有

$$f(\lambda\upsilon+(1-\lambda)u) \leqslant \lambda f(\upsilon)+(1-\lambda)f(u)$$

$$g(\lambda\upsilon+(1-\lambda)u) \leqslant \lambda g(\upsilon)+(1-\lambda)g(u)$$

(H$_7$) $g \in L^{\infty}_{\text{loc}}([0,a_+])$,且 $0 \leqslant g'(a) \leqslant g^*$,其中 g^* 为固定正常数.

(H$_8$) $\forall (a,t) \in Q,\ 0 \leqslant \delta(a,t) \leqslant C_2$.

引理 4.6　对于系统 (4.4.1), 若 $0 < k_1 < g_1+m$, $\sup v(t) \leqslant h$, 则对于 $t \in [0,T]$, 都有 $0 \leqslant c_0(0) \leqslant 1, 0 \leqslant c_e(0) \leqslant 1$ 成立.

证明　由参考文献 [57] 中的引理 2.1, 易证明结论成立.

定义 4.4 [53]　令 $(Z,\mathcal{F},\{\mathcal{F}\},p)$ 为带流 $\{\mathcal{F}_t\}$ 的全概率空间, $\omega(t)$ 是一个 Wiener 过程, 定义带流 $\mathcal{F}$ 的随机进程 p_t 为随机种群系统的一个解, 如果 p_t 满足下列条件:

(1) $p_t \in I^p(0,T;V)\bigcap L^2(\Omega;C(0,T;V))$, 其中 $I^p(0,T;V)$ 为所有均方可测的 $(p_t)_{t\in[0,T]}$ 组成的空间, 满足 $E\displaystyle\int_0^T \|p_t\|^p \mathrm{d}t < +\infty$.

(2) 对于任意的 $t \in [0,T], z \in V$, 在概率空间上下列方程几乎处处成立:

$$\begin{aligned}
&< \frac{\partial p}{\partial t}, z > + \int_0^t < \frac{\partial[g(a)p]}{\partial a}, z > \mathrm{d}s - k\int_0^t < \Delta p, z > \mathrm{d}s + \\
&\int_0^t < u(a,s,x)p, z > \mathrm{d}s + \int_0^t < \mu(a,s,x,c_0(s);P)p, z > \mathrm{d}s \\
&= (p_0,z) + \int_0^t < f(a,s,x;P), z > \mathrm{d}s + \int_0^t < g(a,s,x;P), z > \mathrm{d}\omega_s
\end{aligned}$$

性质 4.1 假设 $p(u)$ 是系统 (4.4.1) 在 V 中的解, 则 $u \to J(u)$ 是 $L^2(\Omega_T) \to R$ 的严格凸函数.

证明 证明过程见参考文献 [115].

4.4.2 系统解的唯一性

这一节我们主要利用 Itô 公式证明下列系统至多存在一个解:

$$\begin{cases} p(a,t,x)-p(a,0,x)=-\int_0^t\left[\dfrac{\partial g(a)p(a,s,x)}{\partial a}-k\Delta p(a,s,x)\right]\mathrm{d}s- \\ \int_0^t\mu(a,s,x,c_0(s);P(s,x))p(a,s,x)\mathrm{d}s-\int_0^t u(a,s,x)p(a,s,x)\mathrm{d}s+ \\ \int_0^t f(a,s,x;P(s,x))\mathrm{d}s+\int_0^t g(a,s,x;P(s,x))\mathrm{d}\omega_s\mathrm{d}s, \\ g(0)p(0,t,x)=\int_0^{a_+}\beta(a,t,x,c_0(t);P(t,x))p(a,t,x)\mathrm{d}a, & (t,x)\in Q_T, \\ p(a,0,x)=p_0(a,x), & (a,x)\in Q_A, \\ \dfrac{\partial p}{\partial \boldsymbol{\nu}}(a,t,x)=0, & (a,t,x)\in\Sigma, \\ P(t,x)=\int_0^{a_+}\delta(a,t)p(a,t,x)\mathrm{d}a, & (t,x)\in Q_T. \end{cases} \tag{4.4.4}$$

定理 4.12 若假设 $(\mathrm{H}_1)\sim(\mathrm{H}_5)$ 成立, 则系统 (4.4.4) 在空间 $I^p(0,T;V)\cap L^2(\Omega;C(0,T;V))$ 上至多存在一个解.

证明 假设 p_t, q_t 为系统 (4.4.4) 的两个解, 这里 $p_t=p(a,t,x), q_t=q(a,t,x)$, 令 $f_1(p):=f(a,t,x;N,P(t,x))$, $g_1(p):=g(a,t,x;N,P(t,x))$. 根据 Itô 公式得

$$\begin{aligned} |p_t-q_t|^2=2\int_0^t &< -\frac{\partial g(a)(p_s-q_s)}{\partial a}+k\Delta(p_s-q_s),p_s-q_s>\mathrm{d}s- \\ &2\int_0^t < u(a,t,x)(p_s-q_s),p_s-q_s>\mathrm{d}s+ \\ &2\int_0^t((f(p_s)-f(q_s)),p_s-q_s)\mathrm{d}s+ \\ &2\int_0^t(p_s-q_s,(g(p_s)-g(q_s))\mathrm{d}\omega_s)+\int_0^t\|g(p_s)-g(q_s)\|_2^2\mathrm{d}s- \\ &2\int_0^t < \mu(a,s,x,c_0(t);N)(p_s-q_s),p_s-q_s>\mathrm{d}s \end{aligned}$$

$$
\begin{aligned}
&\leqslant -2\int_0^t < g(a)\frac{\partial(p_s-q_s)}{\partial a}, p_s-q_s > \mathrm{d}s+\\
&2\int_0^t < \frac{\partial g(a)}{\partial a}(p_s-q_s), p_s-q_s > \mathrm{d}s+\\
&2k\int_0^t < \Delta(p_s-q_s), p_s-q_s > \mathrm{d}s - 2C_1\int_0^t < p_s-q_s, p_s-q_s > \mathrm{d}s-\\
&2\mu_0\int_0^t < p_s-q_s, p_s-q_s > \mathrm{d}s + 2\int_0^t((f(p_s)-f(q_s)), p_s-q_s)\mathrm{d}s+\\
&\int_0^t \|g(p_s)-g(q_s)\|_2^2\mathrm{d}s + 2\int_0^t(p_s-q_s, (g(p_s)-g(q_s))\mathrm{d}\omega_s)
\end{aligned}
$$

其中

$$
\begin{aligned}
&-\int_0^t\int_{Q_A}\frac{\partial(p_s-q_s)}{\partial a}(p_s-q_s)\mathrm{d}a\mathrm{d}x\mathrm{d}s\\
=&\frac{1}{2}\int_0^t\int_{\Omega}\left(\int_0^{a_+}\frac{1}{g(0)}\beta(a,s,x,c_0(s))(p_s-q_s)\mathrm{d}a\right)^2\mathrm{d}x\mathrm{d}s
\end{aligned}
$$

根据 Hölder 不等式, 得

$$
-\int_0^t\int_{Q_A}\frac{\partial(p_s-q_s)}{\partial a}(p_s-q_s)\mathrm{d}a\mathrm{d}x\mathrm{d}s \leqslant \frac{1}{2}g(0)^{-2}a_+^2\cdot\beta_0^2\int_0^t|p_s-q_s|^2\mathrm{d}s
$$

此外

$$
\begin{aligned}
&\int_0^t\int_{Q_A}k(\Delta p_s-\Delta q_s)(p_s-q_s)\mathrm{d}a\mathrm{d}x\mathrm{d}s\\
=&-\int_0^t\int_{Q_A}k\Delta\nabla(p_s-q_s)\cdot\nabla(p_s-q_s)\mathrm{d}a\mathrm{d}x\mathrm{d}s\\
\leqslant&-k_0\int_0^t\|p_s-q_s\|^2\mathrm{d}s
\end{aligned}
$$

因此, 有

$$
\begin{aligned}
&|p_t-q_t|^2\\
\leqslant&\, g(a)g(0)^{-2}a_+^2\cdot\beta_0^2\int_0^t|p_s-q_s|^2\mathrm{d}s + 2g^*\int_0^t\|p_s-q_s\|^2\mathrm{d}s - 2k_0\int_0^t\|p_s-q_s\|^2\mathrm{d}s+
\end{aligned}
$$

$$2\int_0^t |p_s-q_s|\cdot|f(p_s)-f(q_s)|\mathrm{d}s+\int_0^t \|g(p_s)-g(q_s)\|_2^2\mathrm{d}s-2\mu_0\int_0^t |p_s-q_s|^2\mathrm{d}s+$$
$$2\int_0^t (p_s-q_s,(g(p_s)-g(q_s))\mathrm{d}\omega_s)-2C_1\int_0^t |p_s-q_s|^2\mathrm{d}s$$

根据假设 $(\mathrm{H}_3)\sim(\mathrm{H}_4)$ 得

$$\begin{aligned}E\sup_{0\leqslant s\leqslant t}|p_t-q_t|^2\leqslant&[g(a)g(0)^{-2}a_+^2\cdot\beta_0^2-2C_1-2\mu_0+2k_1]\int_0^t E|p_s-q_s|^2\mathrm{d}s+\\&|k_2^2-2k_0+2g^*|\int_0^t E\|p_s-q_s\|^2\mathrm{d}s+\\&2E\sup_{0\leqslant s\leqslant t}\int_0^s (p_\theta-q_\theta,(g(p_\theta)-g(q_\theta))\mathrm{d}\omega_\theta)\end{aligned}$$

由 Burkholder-Davis-Gundy 不等式, 得

$$\begin{aligned}&E\left[\sup_{0\leqslant s\leqslant t}\int_0^s (p_\theta-q_\theta,(g(p_\theta)-g(q_\theta))\mathrm{d}\omega_\theta)\right]\\\leqslant&3E\left[\sup_{0\leqslant s\leqslant t}|p_s-q_s|\left(\int_0^t \|g(p_s)-g(q_s)\|_2^2\mathrm{d}s\right)^{\frac{1}{2}}\right]\\\leqslant&\frac{1}{4}E\left[\sup_{0\leqslant s\leqslant t}|p_s-q_s|^2+k_3\int_0^t \|g(p_s)-g(q_s)\|_2^2\mathrm{d}s\right]\\\leqslant&\frac{1}{4}E\left[\sup_{0\leqslant s\leqslant t}|p_s-q_s|^2+k_3k_2^2\int_0^t E\|p_s-q_s\|_C^2\right]\mathrm{d}s\end{aligned}$$

其中 $k_3>0$, 因此, 由上述不等式可得

$$E\sup_{0\leqslant s\leqslant t}|p_t-q_t|^2\leqslant M\int_0^t E\sup_{0\leqslant s\leqslant t}|p_s-q_s|^2\mathrm{d}s$$

其中, $M=2[|g(a)g(0)^{-2}a_+^2\cdot\beta_0^2-2C_1-2\mu_0|+2k_1+|k_2^2-2k_0+2g^*|+2k_3k_2^2]$. 由 Gronwall 引理可得, 系统存在唯一的解 $p_t=q_t$, 定理得证.

4.4.3 强解的存在性

为了证明系统 (4.4.3) 强解的存在性, 我们先看以下引理, 并考虑下列方程:

$$p_t^1=p_0+\int_0^t\left[-\frac{\partial g(a)p^1}{\partial a}\mathrm{d}t+k\Delta p^1-\frac{a_+^2\beta_0^2}{2}p_s^1\right]\mathrm{d}s,t\in[0,T]$$

$$g(0)p^1(0,t,x)=\int_0^{a_+}\beta(a,t,x,c_0(t);P(t,x))p_t^1\mathrm{d}a,t\in[0,T]$$

$$g(0)p^{n+1}(0,t,x)=\int_0^{a_+}\beta(a,t,x,c_0(t);P(t,x))p_t^{n+1}\mathrm{d}a,n\geqslant 1$$

$$p^{n+1}(a,t,x)=0,(a,t,x)\in\Sigma$$

$$p_t^{n+1}=p_0+\int_0^t\left[-\frac{\partial g(a)p_t^{n+1}}{\partial a}\mathrm{d}t+k\Delta p_t^{n+1}-\frac{a_+^2\beta_0^2}{2}p_s^{n+1}\right]\mathrm{d}s+\int_0^t\frac{a_+^2\beta_0^2}{2}p_s^n\mathrm{d}s-$$
$$\int_0^t u(a,s,x)p_s^n\mathrm{d}s-\int_0^t\mu(a,s,x,c_0(s);P)p_s^n\mathrm{d}s+\int_0^t f(P_s^n)\mathrm{d}s+$$
$$\int_0^t g(P_s^n)\mathrm{d}\omega_s,t\in[0,T] \tag{4.4.5}$$

引理 4.7　对于任意的 $n\geqslant 1,\{p_t^n\}$ 在空间 $L^2(\Omega;C(0,T;V))$ 中是一个柯西列.

证明　由参考文献 [116] 中的类似证明, 易证 $\{p_t^n\}$ 是一个柯西列.

引理 4.8　序列 $\{p_t^n\}$ 在空间 $L^2(\Omega;C(0,T;V))$ 中是有界的.

证明　根据参考文献 [116] 中的 Itô 公式, 当 $n\geqslant 2$ 时, 对 $|p_t^n|^2$ 应用 Itô 公式, 得

$$E|p_T^n|^2=E|p_0|^2+2E\int_0^T<-\frac{\partial g(a)}{\partial a}p_s^n,p_s^n>\mathrm{d}s-2E\int_0^T<g(a)\frac{\partial p_s^n}{\partial a},p_s^n>\mathrm{d}s+$$
$$2k\int_0^T<\Delta p_s^n,p_s^n>\mathrm{d}s-a_+^2\beta_0^2E\int_0^T|P_s^n|^2\mathrm{d}s+a_+^2\beta_0^2E\int_0^T(p_s^n,p_s^{n-1})\mathrm{d}s+$$
$$2E\int_0^T(f(p_s^{n-1}),p_s^n)\mathrm{d}s+E\int_0^T\|g(p_s^{n-1})\|_2^2\mathrm{d}s-$$
$$2E\int_0^T(u(a,s,x)p_s^{n-1},p_s^n)\mathrm{d}s-2E\int_0^T(\mu(a,s,x,c_0(s);P)p_s^{n-1},p_s^n)\mathrm{d}s$$

因此,

$$2(k_0-g^*)E\int_0^T\|p_s^n\|^2\mathrm{d}s\leqslant E|p_0|^2+(a_+^2\beta_0^2-2\mu_0-2C_1)E\int_0^T(p_s^n,p_s^{n-1})\mathrm{d}s+$$
$$2E\int_0^T(f(p_s^{n-1}),p_s^n)\mathrm{d}s+E\int_0^T\|g(p_s^{n-1})\|_2^2\mathrm{d}s$$

根据假设 (H_4), 可得

$$\int_0^T \|g(p_s^{n-1})\|_2^2 \mathrm{d}s \leqslant k_2^2 \int_0^T \|p_s^{n-1}\|_c^2 \mathrm{d}s \leqslant k_2^2 \int_0^T \sup_{0\leqslant a\leqslant s} |p_a^{n-1}|^2 \mathrm{d}s$$

$$\begin{aligned}
2E\int_0^T (f(p_s^{n-1}), p_s^n)\mathrm{d}s &\leqslant 2E\int_0^T |f(p_s^{n-1})||p_s^n|\mathrm{d}s \leqslant 2k_1 E\int_0^T \|p_s^{n-1}\|_c |p_s^n|\mathrm{d}s \\
&\leqslant k_1 E\int_0^T [\|p_s^{n-1}\|_c^2 + |p_s^n|^2]\mathrm{d}s \\
&\leqslant Tk_1 E(\sup_{0\leqslant\theta\leqslant T} |p_\theta^{n-1}|^2) + Tk_1 E(\sup_{0\leqslant\theta\leqslant T} |p_\theta^n|^2) \\
&= Tk_1 \|p_t^{n-1}\|_{L^2(\Omega;C(0,T;V))} + Tk_1 \|p_t^n\|_{L^2(\Omega;C(0,T;V))}
\end{aligned}$$

由此得

$$\int_0^T E\|p_s^{n-1}\|^2 \mathrm{d}s \leqslant k', n \geqslant 2$$

这里, k' 是一个常数, 因此引理 4.8 得证.

定理 4.13 若假设 $(\mathrm{H}_1) \sim (\mathrm{H}_5)$ 成立, 那么对于 $\forall p_0 \in I^p(0,T;V) \cap L^2(\Omega; C(0,T;V))$, 系统 (4.4.3) 存在相应的解 $p_t \in I^p(0,T;V) \cap L^2(\Omega; C(0,T;V))$.

证明 现考虑系统 (4.4.1), 根据参考文献 [33] 中的定理 3.3.2, 易知有唯一解 $p_t^1 \in I^p(0,T;V) \cap L^2(\Omega; C(0,T;V))$.

首先, 根据引理 4.8 可知, 存在 $p_t \in L^2(\Omega; C(0,T;V))$ 使得

$$\{p_t^n\}_{n\geqslant 1} \to p_t$$

根据假设 (H_4), 可得

$$f(p_t^n) \to f(p_t), g(p_t^n) \to g(p_t), \text{令} Dp_t = \frac{\partial p_t}{\partial t} + \frac{\partial [g(a)p_t]}{\partial a}$$

则

$$Dp_t^n = k\Delta p_t^n - \frac{a_+^2\beta_0^2}{2} p_t^n \mathrm{d}t - u(a,t,x)p_t^{n-1}\mathrm{d}t - \mu(a,s,x,c_0(s))p_t^{n-1}\mathrm{d}t + \frac{a_+^2\beta_0^2}{2} p_t^{n-1}\mathrm{d}t + f(p_t^{n-1})\mathrm{d}t + g(p_t^{n-1})\mathrm{d}\omega_t$$

根据

$$\int_0^T < Dp^n, p^n > = \frac{1}{2}\int_0^T \int_\tau [(p^n(a,T,x))^2 - (p^n(a,0,x))^2]\mathrm{d}x\mathrm{d}a +$$

$$\frac{1}{2}\int_0^t \int_0^A [[(p^n)]^2(A,t,x) - (p^n)^2(0,t,x)]\mathrm{d}x\mathrm{d}t$$

可得, Dp^n 在 $L^2(\Omega; C(0,T;V))$ 中是有界的.

此外, 根据引理 4.8 可知, 存在一个子序列 $\{p_t^n\}$ 在空间 $L^2(\Omega; C(0,T;V))$ 是收敛的, 即

$$p_t^n \xrightarrow{W} p_t, p_t \in I^p(0,T;V)$$

总之, 当 $n \to +\infty$ 时, 有下列极限成立

$$p_t^n \xrightarrow{W} p_t, p_t \in I^p(0,T;V)$$

$$f(p_t^n) \to f(p_t), p_t \in L^2(\Omega; L^\infty([0,T];V))$$

$$g(p_t^n) \to g(p_t), p_t \in L^2(\Omega; L^\infty([0,T];H))$$

$$Dp_t^n \to Dp_t, p_t \in L^2(\Omega \times (0,T); V')$$

于是, 存在 $p_t \in I^p(0,T;V) \cap L^2(\Omega; C(0,T;V))$ 满足

$$\begin{cases} p = -\displaystyle\int_0^t \left[\frac{\partial g(a)p(a,s,x)}{\partial a} - k\Delta p(a,s,x)\right]\mathrm{d}s - \int_0^t u(a,s,x)p(a,s,x) - \\ \displaystyle\int_0^t \mu(a,s,x,c_0(s);P(s,x))p(a,s,x)\mathrm{d}s + \int_0^t f(a,s,x;P(s,x))\mathrm{d}s + \\ \displaystyle\int_0^t g(a,s,x;P(s,x))\mathrm{d}\omega_s\mathrm{d}s, & (a,x) \in Q_A, \\ g(0)p(0,t,x) = \displaystyle\int_0^{a_+} \beta(a,t,x,c_0(t);P(t,x))p(a,t,x)\mathrm{d}a, & (t,x) \in Q_T, \\ p(a,0,x) = p_0(a,x), & (a,x) \in Q_A, \\ \dfrac{\partial p}{\partial \boldsymbol{\nu}}(a,t,x) = 0, & (a,t,x) \in \Sigma, \\ P(t,x) = \displaystyle\int_0^{a_+} \delta(a,t)p(a,t,x)\mathrm{d}a, & (t,x) \in Q_T. \end{cases}$$

综上所述, 定理得证.

若 $f_1(t,x,y;u), g_1(t,x,y;u)$ 为线性的, 则令

$$f_1(t,y,u;P(t,x)) = B_t y + C_t u + D_t, g_1(t,y,u;P(t,x)) = E_t y + F_t u + G_t$$

为了保证随机微分方程有意义, 需使控制量 $u : u \in U_{ad}$ 满足

$$P\left\{\int_0^T |C_t u_t|\mathrm{d}t < \infty \text{ 并且} \int_0^T |F_t u_t|\mathrm{d}t < \infty\right\} = 1$$

为了给出本节的主要结论, 首先引入伴随状态 $q(u) = q(a,t,x;u)$.

定义 4.5　如果 q 是适应的, λ 是可料的, 称随机过程 (q,λ) 为伴随方程的解, 且满足方程

$$\begin{cases} -\dfrac{\partial q}{\partial t} - k(a,t)\Delta q + \mu q + u(a,t,x)q - \beta(a,t,x,c_0(t);P(t,x))q = |y(u) - z_d| + \\ qB_t + \lambda E_t - \lambda \mathrm{d}\omega_t, \\ q(a_+,t,x) = 0, \\ \dfrac{\partial q}{\partial \eta_k} = 0, \\ q(a,T,x) = 0. \end{cases} \tag{4.4.7}$$

定义 4.6　哈密尔顿函数为

$$\begin{aligned} H(t,q,\lambda,y,u) = &-\int_U |y(u) - z_d|^2 \mathrm{d}x - \rho\int_U |u^2|\mathrm{d}x + \\ &< q, f + \beta y - \mu y - uy - Ay > + < \lambda, g > \end{aligned} \tag{4.4.8}$$

令

$$L(t,y,u) = \int_U |y(u) - z_d|^2 \mathrm{d}x + \rho\int_U |u^2|\mathrm{d}x$$

则方程 (4.4.6) 可表示为

$$\mathrm{d}q_t = \{L_y - q_t B_t - \lambda_t E_t - \beta q_t + q_t\mu + q_t u + Aq_t\}\mathrm{d}t + \lambda_t \mathrm{d}\omega_t$$

J 的方向导数由下列形式给出

$$< J'(\hat{v}, v) >= E\left[\int_0^T \{< y_t^v, L_y > + < v_t, L_v >\}\mathrm{d}t + < q_T, y_T^v >\right] \tag{4.4.9}$$

应用 Itô 公式得

$$< q(t), y_t^u > - < q(0), y_0^u >$$

$$= \int_0^t \{< y_s^u, [L_y - q_s(B_s + \beta - \mu - u - A) - \lambda_s E_s] + \lambda_s \mathrm{d}\omega_s >\}\mathrm{d}s +$$

$$\int_0^t \{< q_s, [(B_s y_s^u + C_s u_s + D_s + \beta y_s^u - \mu y_s^u - u y_s^u - A y_s^u) +$$

$$(E_s y_s^u + F_s u_s + G_s)] d\omega_s >\}\mathrm{d}s + \int_0^t < \lambda_s, E_s y_s^u + F_s u_s + G_s > \mathrm{d}s$$

$$= \int_0^t \{< y_s^u, L_y > + < q_s, C_s u_s + D_s > + < \lambda_s, F_s u_s + G_s >\}\mathrm{d}s +$$

$$\int_0^t \{< y_s^u, \lambda_s > + < q_s, E_s y_s^u + F_s u_s + G_s >\}\mathrm{d}\omega_s$$

所以

$$R_t^u =< q(0), y_0^u > + \int_0^t \{< q_s, D_s > + < \lambda_s, G_s >\}\mathrm{d}s + S_t^u \tag{4.4.10}$$

$$S_t^u = \int_0^t \{< y_t^u, \lambda_s > + < q_s, E_s y_s^u + F_s u_s + G_s >\}\mathrm{d}\omega_s \tag{4.4.11}$$

$$R_t^u =< q_t, y_t^u > - \int_0^t \{< y_s^u, L_y > + < q_s, C_s u_s > + < \lambda_s, F_s u_s >\}\mathrm{d}s \tag{4.4.12}$$

即

$$E(R_t^u) = E\left[< q(0), y_0^u > + \int_0^t \{< q_s, D_s > + < \lambda_s, G_s >\}\mathrm{d}s\right] = E(R_t^{\hat{u}})$$

由此, 可以得出以下结论.

情形 1:

$$\forall u \in U_{ad}, E(R_t^{\hat{u}}) \leqslant E(R_t^u)$$

情形 2:

$$\forall u \in U_{ad}, E(R_t^{\hat{u}}) \geqslant E(R_t^u)$$

可定义函数如下:

$$H(t,\omega,u) = L(t,y,u) - < q_t(\omega), C_t(\omega)u > - < \lambda_t(\omega), F_t(\omega)u > - < q_t(\omega), u >$$

根据伴随方程, 利用极大值原理[55], 给出本文的主要结果.

定理 4.14 假设情形 1 成立, 则存在唯一的元素 $u \in U_{ad}$, 使得等式

$$J(u) = \inf_{u \in U_{ad}} EJ(u)$$

成立, 可由

$$E\left[\int_0^T \{< \widetilde{H}_u(t,\omega,\hat{u}_t(\omega)), u_t(\omega) - \hat{u}(\omega) >\}\mathrm{d}t\right] \geqslant 0 \qquad (4.4.13)$$

表述, 即 $u \in U_{ad}$ 为最优控制的必要条件为式 (4.4.13) 成立.

证明　$\forall\, u \in U_{ad}$,

$$< J'(\hat{u}), u - \hat{u} >$$
$$= E\left[\int_0^T \{< y_t^u - y_t^{\hat{u}}, L_y > + < u - \hat{u}, L_u >\}\mathrm{d}t + < q_T, y_T^{\hat{u}} - y_T^u >\right] \geqslant 0 \quad (4.4.14)$$

根据情形 1, $\forall\, u \in U_{ad}$, 有

$$\begin{aligned}
& E\left[\int_0^T \{< \widetilde{H}_u(t,\omega,\hat{u}_t(\omega)), u_t(\omega) - \hat{u}(\omega) >\}\mathrm{d}t\right] \\
&= E\left[\int_0^T < L_u, u_t - \hat{u}_t > + < q_t, C_t(\hat{u}_t - u_t) > + < \lambda_t, F_t(\hat{u}_t - u_t) > + \right. \\
&\qquad \left. < q_t, \hat{u}_t - u_t > \mathrm{d}t\right] \\
&= E\left[\int_0^T \{< L_u, u_t - \hat{u}_t > + < y_t^u - y_t^{\bar{u}} >\}\mathrm{d}t + \right. \\
&\qquad \int_0^T \{< L_y, y_t^{\hat{u}} > + < q_t, C_t\hat{u}_t > + < q_t, \hat{u}_t > + < \lambda_t, F_t\hat{u}_t >\}\mathrm{d}t - \\
&\qquad \left. \int_0^T \{< L_y, y_t^u > + < q_t, C_t u_t > + < q_t, u_t > + < \lambda_t, F_t u_t >\}\mathrm{d}t\right] \\
&\geqslant E\left[\int_0^T \{< y_t^u - y_t^{\hat{u}}, L_y > + < u - \hat{u}, L_u >\}\mathrm{d}t + < q_T, y_T^{\hat{u}} - y_T^u >\right]
\end{aligned}$$

所以, 由式 (4.4.14) 可知 u 为最优控制的必要条件是

$$\forall\, u \in U_{ad}, E\left[\int_0^T \{< L_u, u_t - \hat{u}_t > + \right.$$

$$< q_t, C_t(\hat{u}_t - u_t) > + < \lambda_t, F_t(\hat{u}_t - u_t) >\}\mathrm{d}t\Big] \geqslant 0 \qquad (4.4.15)$$

定理 4.15 假设情形 2 成立, 则式 (4.4.13) 是 $u \in U_{ad}$ 为最优控制的充分条件.

证明 对于情形 2, $\forall\ u \in U_{ad}$, 有

$$\begin{aligned}
&E\Big[\int_0^T \{< L_u, u_t - \hat{u}_t > + < q_t, C_t(\hat{u}_t - u_t) > + \\
&< \lambda_t, F_t(\hat{u}_t - u_t) > + < q_t, \hat{u}_t - u_t >\}\mathrm{d}t\Big] \\
= &E\Big[\int_0^T \{< L_u, u_t - \hat{u}_t > + < y_t^u - y_t^{\hat{u}}, L_y >\}\mathrm{d}t + \\
&\int_0^T \{< L_y, y_t^{\hat{u}} > + < q_t, C_t\hat{u}_t > + < q_t, \hat{u}_t > + < \lambda_t, F_t\hat{u}_t >\}\mathrm{d}t - \\
&\int_0^T \{< L_y, y_t^u > + < q_t, C_t u_t > + < q_t, u_t > + < \lambda_t, F_t u_t >\}\mathrm{d}t\Big] \\
\leqslant &E\Big[\int_0^T \{< y_t^u - y_t^{\hat{u}}, L_y > + < u - \hat{u}, L_u >\}\mathrm{d}t + < q_T, y_T^{\hat{u}} - y_T^u >\Big]
\end{aligned}$$

所以, u 为最优控制的充分条件是式 (4.4.13) 成立.

4.4.5 最优控制的必要条件与最优性组

设 $u \in U_{ad}, p(u) \in V$ 是系统 (4.4.3) 的解, 非线性算子 $p \in M(U_{ad}, V)$ 在 u 处沿方向 $(v-u)$ 的 $G-$ 微分为 $\dot{p} = \dot{p}(u)(v-u)$, 即

$$\begin{aligned}
\dot{p} &= \dot{p}(u)(v-u) \\
&= \frac{\mathrm{d}}{\mathrm{d}\lambda}(p(u) + \lambda(v-u)|_{\lambda=0} \\
&= \lim_{\lambda \to 0^+} \frac{1}{\lambda}[p((u) + \lambda(v-u)) - p(u)], \forall u(t) \in U_{ad}
\end{aligned} \qquad (4.4.16)$$

引进记号

$$\begin{cases} u_\lambda = u + \lambda(v-u),\ 0 < \lambda < 1, \\ p_\lambda = p(u_\lambda),\ p = p(u), \end{cases} \qquad (4.4.17)$$

由于 U_{ad} 是凸集, 所以当 $u, v \in U_{ad}$ 时, 有 $u_\lambda \in U_{ad}$. 用 p_λ, p 分别表示系统 (4.4.3) 的解, 则有

$$\begin{cases}\dfrac{\partial p_\lambda(a,t,x)}{\partial t}+\dfrac{\partial[g(a)p_\lambda(a,t,x)]}{\partial a}+u_\lambda p_\lambda+\mu_\lambda(a,t,x,c_0(t);P_\lambda)p_\lambda(a,t,x)-\\ k\Delta p_\lambda(a,t,x)=f(a,t,x;P_\lambda)+g(a,t,x;P_\lambda)\mathrm{d}\omega_t, & (a,t,x)\in\Sigma\\ g(0)p_\lambda(0,t,x)=\displaystyle\int_0^{a_+}\beta(a,t,x,c_0(t);P_\lambda)p_\lambda(a,t,x)\mathrm{d}a, & (a,t,x)\in\Sigma,\\ p_\lambda(a,0,x)=p_0(a,x), & (a,t)\in Q_A,\\ p_\lambda(a,t,x)=0,\dfrac{\partial p_\lambda}{\partial \boldsymbol{\nu}}(a,t,x)=0, & (a,t,x)\in\Sigma,\\ P_\lambda(t,x)=\displaystyle\int_0^{a_+}\delta(a,t)p_\lambda(a,t,x)\mathrm{d}a, & (t,x)\in Q_T.\end{cases}\tag{4.4.18}$$

$$\begin{cases}\dfrac{\partial p(a,t,x)}{\partial t}+\dfrac{\partial[g(a)p(a,t,x)]}{\partial a}+up+\mu(a,t,x,c_0(t);P^*)p(a,t,x)-k\Delta p(a,t,x)\\ =f(a,t,x;P^*)+g(a,t,x;P^*)\mathrm{d}\omega_t, & (a,t,x)\in\Sigma\\ g(0)p(0,t,x)=\displaystyle\int_0^{a_+}\beta(a,t,x,c_0(t);P^*)p(a,t,x)\mathrm{d}a, & (a,t,x)\in\Sigma,\\ p(a,0,x)=p_0(a,x), & (a,t)\in Q_A,\\ p(a,t,x)=0,\dfrac{\partial p}{\partial \boldsymbol{\nu}}(a,t,x)=0, & (a,t,x)\in\Sigma,\\ P^*(t,x)=\displaystyle\int_0^{a_+}\delta(a,t)p(a,t,x)\mathrm{d}a, & (t,x)\in Q_T.\end{cases}\tag{4.4.19}$$

将式 (4.4.18) 和式 (4.4.19) 作差, 并将所有方程两端除以 $\lambda>0$, 令 $\lambda\to0^+$ 取极限得

$$\begin{cases}\dfrac{\partial \dot p(a,t)}{\partial t}+\dfrac{\partial[g(a)\dot p(a,t)]}{\partial a}+u\dot p+(\upsilon-u)p+\mu(a,t,x,c_0(t);P^*(t))\dot p+\\ \mu_P(a,t,x,c_0(t);P^*(t))p\displaystyle\int_0^{a_+}\delta\dot p\mathrm{d}a-k\Delta\dot p\\ =f_P(a,t,x;P^*(t))\displaystyle\int_0^{a_+}\delta\dot p\mathrm{d}a+g_P(a,t,x;P^*(t))\int_0^{a_+}\delta\dot p d\omega_t\mathrm{d}a,\\ g(0)\dot p(0,t,x)=\displaystyle\int_0^{a_+}\beta(a,t,x,c_0(t);P^*(t))\dot p\mathrm{d}a+\\ \displaystyle\int_0^{a_+}\beta_P(a,t,x,c_0(t);P^*(t))p(a,t)\left(\int_0^{a_+}\delta\dot p\mathrm{d}a\right)\mathrm{d}a,\\ \dot p(a,0,x)=0,\\ \dfrac{\partial \dot p}{\partial \boldsymbol{\nu}}(a,t,x)=0,\\ \dot P(t,x)=\displaystyle\int_0^{a_+}\delta(a,t)p(a,t,x)\mathrm{d}a.\end{cases}\tag{4.4.20}$$

由此可以证明, 式 (4.4.20) 在 V 中存在唯一的广义解 $\dot{p}$.

定理 4.16 当 $0 < T < \infty$ 时, $u \in U_{ad}$ 是系统 (4.4.3) 的最优控制, 则 u 满足不等式

$$E\int_Q \dot{p}(u)(p(u) - z_d)\mathrm{d}Q + \rho\|u\|\|\upsilon - u\| \geqslant 0, u \in U_{ad} \tag{4.4.21}$$

证明 对于 $\forall u \in U_{ad}$ 和 $0 < \lambda < 1$, 有

$$u_\lambda = u + \lambda(\upsilon - u) = \lambda\upsilon + (1-\lambda)u, u \in U_{ad}$$

因为 u 是系统的最优控制, 所以有

$$J(\upsilon_\lambda) - J(u) \geqslant 0 \tag{4.4.22}$$

此外

$$\|u_\lambda\|^2 - \|u\|^2 = \|u + \lambda(\upsilon - u)\|^2 - \|u\|^2 \leqslant 2\lambda\|u\|\|\upsilon - u\| + \lambda^2\|\upsilon - u\|^2$$

故

$$\lim_{\lambda \to 0^+} \frac{1}{\lambda}(\|u_\lambda\|^2 - \|u\|^2) \leqslant 2\|u\|\|\upsilon - u\|, \forall\ u \in U_{ad} \tag{4.4.23}$$

由性能指标泛函 $J(u)$ 的定义及式 (4.4.23) 得

$$\begin{aligned}
&J(u_\lambda) - J(u)\\
&= E\left\{\int_Q |p(a,t,u_\lambda) - z_d(a,t)|^2\mathrm{d}Q + \rho\|u_\lambda\|^2\right\} -\\
&E\left\{\int_Q |p(a,t,u) - z_d(a,t)|^2\mathrm{d}Q - \rho\|u\|^2\right\}\\
&= E\int_Q \{[p^2(a,t,u_\lambda) - 2p(a,t,u_\lambda)z_d(a,t) + z_d^2(a,t)] - [p^2(a,t,u)-\\
&2p(a,t,u)z_d(a,t) + z_d^2(a,t)]\}\mathrm{d}Q + \rho(\|u_\lambda\|^2 - \|u\|^2)\\
&= E\int_Q [(p(a,t,u_\lambda) - p(a,t,u))(p(a,t,u_\lambda) + p(a,t,u)-
\end{aligned}$$

$$2z_d(a,t))]\mathrm{d}Q+\rho(\|u_\lambda\|^2-\|u\|^2)$$

不等式两端除以 λ, 并令 $\lambda\to 0^+$ 取极限, 由极限的保号性得

$$\begin{aligned}\lim_{\lambda\to 0^+}\frac{1}{\lambda}E[J(u_\lambda)-J(u)]&=\lim_{\lambda\to 0^+}\frac{1}{\lambda}E\int_Q[(p(a,t,u_\lambda)-p(a,t,u))(p(a,t,u_\lambda)+\\&\qquad p(a,t,u)-2z_d(a,t))]\mathrm{d}Q+\lim_{\lambda\to 0^+}\frac{\rho}{\lambda}(\|u_\lambda\|^2-\|u\|^2)\\&=2E\int_Q\dot{p}(u)(p(u)-z_d)\mathrm{d}Q+2\rho\|u\|\|\upsilon-u\|\geqslant 0\end{aligned}$$

则不等式 (4.4.21) 成立.

定理 4.16 给出了 u 为最优控制的必要条件, 即 u 满足不等式 (4.4.21).

为了给出最优性组, 引入伴随状态 $q(a,t,x;u)=q(u)$,

$$\begin{cases}-\dfrac{\partial q(a,t)}{\partial t}-\dfrac{\partial g(a)q(a,t)}{\partial a}-k\Delta q-q(0,t)\beta(a,t,x,c_0(t);P^*)-\\ \delta(a,t)q(0,t)\displaystyle\int_0^{a_+}p(\sigma,t)\beta_P(\sigma,t,x,c_0(t);P^*)\mathrm{d}\sigma+q(a,t)(u+\mu(P^*))+\\ \delta(a,t)\displaystyle\int_0^{a_+}[p\mu_P(P^*)-f_P(P^*)-g_P(P^*)d\omega_t]q(\xi,t)\mathrm{d}\xi\\ =p(u)-z_d, & (a,t,x)\in\Sigma,\\ q(a,t,x)=0,q(a_+,t,x)=0, & (a,t,x)\in\Sigma,\\ q(a,T,x)=0, & (a,t,x)\in\Sigma,\\ P^*(t,x)=\displaystyle\int_0^{a_+}\delta(a,t)p_\lambda(a,t)\mathrm{d}a, & (t,x)\in Q_T.\end{cases}\tag{4.4.24}$$

假设定理 4.16 的条件成立, 设 $u\in U_{ad}$ 是系统 (4.4.3) 的最优控制, $p(u)\in V$ 是系统 (4.4.3) 的广义解, 则式 (4.4.24) 容许唯一的广义解 $q(u)\in V,Dq(u)\in V'$.

式 (4.4.24) 中第一式的两端乘以 $\dot{p}(u)$, 并在 Q 上积分得

$$\begin{aligned}&\int_Q\dot{p}(u)(p(u)-z_d)\mathrm{d}Q\\=&\int_Q\dot{p}(u)\Big[-\frac{\partial q(a,t)}{\partial t}-\frac{\partial g(a)q(a,t)}{\partial a}-\end{aligned}$$

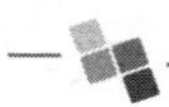

$$k\Delta q+q(a,t)(u+\mu(P^*))-q(0,t)\beta(a,t,x,c_0(t);P^*)+$$

$$\delta(a,t)\int_0^{a_+}[p\mu_P(P^*)-f_P(P^*)-g_P(P^*)\mathrm{d}\omega_t]q(\xi,t)\mathrm{d}\xi-$$

$$\left.\delta(a,t)q(0,t)\int_0^{a_+}p(\sigma,t)\beta_P(\sigma,t,x,c_0(t);P^*)\mathrm{d}\sigma\right]\mathrm{d}Q$$

对上式右端方括号中的第 1 项和第 2 项应用分部积分公式, 对第三项应用 Green 公式, 得

$$\int_Q \dot{p}(u)(p(u)-z_d)\mathrm{d}Q$$

$$=\int_Q\left[\frac{\partial\dot{p}(a,t)}{\partial t}+\frac{\partial[g(a)\dot{p}(a,t)]}{\partial a}-k\Delta\dot{p}+\dot{p}(u+\mu_P(a,t,x,c_0(t);P^*(t)))+\right.$$

$$\left.\int_0^{a_+}\delta\dot{p}(\mu_P(a,t,x,c_0(t);P^*(t))p-f_P(a,t,x;P^*(t))-g_P(a,t,x;P^*(t))\mathrm{d}\omega_t\right]q\mathrm{d}Q$$

$$=-\int_Q(v-u)p(u)q(u)\mathrm{d}Q \tag{4.4.25}$$

同时对式 (4.4.25) 两边求期望得

$$E\int_Q\dot{p}(u)(p(u)-z_d)\mathrm{d}Q=-E\int_Q(v-u)p(u)q(u)\mathrm{d}Q \tag{4.4.26}$$

根据式 (4.4.26) 可得, 式 (4.4.19) 等价于变分不等式

$$E\int_Q\|v-u\|[p(u)q(u)+p(u)-u]\mathrm{d}Q\geqslant 0,\forall\ v\in U_{ad} \tag{4.4.27}$$

定理 4.17 设系统状态 $p(u)$ 是由系统 (4.4.3) 确定的, 相应的性能指标泛函 $J(u)$ 由式 (4.4.2) 给出, 若 u 为系统 (4.4.3) 关于式 (4.4.2) 的最优边界控制, 则由系统 (4.4.3)、式 (4.4.24) 及变分不等式 (4.4.27) 构成的最优性组的联立解确定, 即存在三元组 (p,q,u) 满足方程组

$$
\begin{cases}
\dfrac{\partial p(a,t,x)}{\partial t}+\dfrac{\partial[g(a)p(a,t,x)]}{\partial a}+u(a,t,x)p(a,t,x)+\\
\mu(a,t,x,c_0(t);P(t,x))p(a,t,x)-k\Delta p(a,t,x)\\
=f(a,t,x;P(t,x))+g(a,t,x;P(t,x))\mathrm{d}\omega_t-\\
\dfrac{\partial q(a,t)}{\partial t}-\dfrac{\partial g(a)q(a,t)}{\partial a}-k\Delta q-q(0,t)\beta(a,t,x,c_0(t);P^*(t,x))-\\
\delta(a,t)q(0,t)\displaystyle\int_0^{a_+}p(\sigma,t)\beta_P(\sigma,t,x,c_0(t)P^*)\mathrm{d}\sigma+\\
q(a,t)(u+\mu(P^*))+\delta(a,t)\displaystyle\int_0^{a_+}[p\mu_P(P^*)\mathrm{d}a-f_P(P^*)\\
-g_P(P^*)\mathrm{d}\omega_t]q(\xi,t)\mathrm{d}\xi=p(u)-z_d, & (a,t,x)\in\Sigma,\\
g(0)p(0,t,x)=\displaystyle\int_0^t\beta(a,t,x,c_0(t);P(t,x))p(a,t,x)\mathrm{d}a, & a,t,x)\in\Sigma,\\
q(a,t,x)=0, & (a,t,x)\in\Sigma,\\
p(a,0,x)=p_0(a,x),q(a,T,x)=0, & (a,t,x)\in\Sigma,\\
p(a,t,x)=0,q(a,t,x)=0, & (a,t,x)\in\Sigma,\\
P(t,x)=\displaystyle\int_0^{a_+}\delta(a,t)p(a,t,x)\mathrm{d}a, & (t,x)\in Q_T.
\end{cases}
\tag{4.4.28}
$$

及变分不等式

$$
E\int_Q\|v-u\|[p(u)q(u)+p(u)-u]\mathrm{d}Q\geqslant 0,\forall v\in U_{ad}
$$

4.4.6 小结

本节建立了污染环境中具有个体尺度的非线性随机种群扩散系统, 通过利用 Itô 公式证明了随机种群系统强解的存在唯一性, 得到了当外界扰动为线性时最优控制存在的充分必要条件, 然后应用积分—偏微分方程和变分不等式导出了最优控制的必要条件, 得到最优性组, 所得成果为系统的具体应用及生态保护和控制等提供了科学依据.

4.5 污染环境中具有个体尺度、带 Possion 跳的非线性随机种群扩散系统的最优控制

在现实生活中, 种群系统不可避免地会受到随机环境的影响. 而且, 与确定系统相比, 随机种群系统能更好地反映种群的发展过程, 故而很多学者把随机因素引入数学模型中, 建立随机种群系统模型并进行研究. 张启敏等首次在原来的

确定系统基础上, 考虑了由于环境等因素引起的随机干扰, 并讨论了系统解的存在唯一性及指数稳定性[51]. 为了更能说明问题, 他们又把空间扩散考虑到随机模型中, 对年龄相关的随机种群扩散系统模型的数值解进行了研究[53]. 戴晓娟、张启敏研究了非线性随机种群系统的最优控制[54]. 赵钰、张启敏等考虑了模糊随机因素, 建立并研究了一类污染环境下具有年龄结构和模糊随机扰动的种群模型[57]. 赵朝锋等利用随机极大值原理等, 给出了最优控制存在的充分必要条件[117]. 胡永亮、雒志学等研究了一类污染环境下具有扩散和年龄结构的随机单种群系统, 给出了其系统强解的存在唯一性[58].

本节在上述参考文献的基础上, 受参考文献 [58, 117] 的启发, 综合考虑个体尺度、空间扩散、霉素浓度对种群出生率和死亡率的影响, 以及环境对种群的随机扰动, 建立了污染环境中具有个体尺度、带 Possion 跳的非线性随机种群扩散系统, 利用随机极大值原理、哈密顿函数及 Itô 公式给出了最优控制的充分必要条件.

4.5.1 建立系统

本节建立如下污染环境中具有个体尺度、带 Possion 跳的非线性随机种群扩散系统

$$\begin{cases}\dfrac{\partial p(a,t,x)}{\partial t}+\dfrac{\partial[g(a)p(a,t,x)]}{\partial a}+u(a,t,x)p(a,t,x)+ & \\ \mu(a,t,x,c_0(t);P(t,x))p(a,t,x) & \\ =k\Delta p(a,t,x)+f(a,t,x;P(t,x))+ & \\ g(a,t,x;P(t,x))\dfrac{\mathrm{d}w}{\mathrm{d}t}+h(a,t,x;P(t,x))\dfrac{\mathrm{d}N}{\mathrm{d}t}, & (a,t,x)\in\Sigma, \\ \dfrac{\mathrm{d}c_0(t)}{\mathrm{d}t}=k_1c_e(t)-g_1c_0(t)-mc_0(t), & t\in(0,T), \\ \dfrac{\mathrm{d}c_e(t)}{\mathrm{d}t}=-hc_e(t)+v(t), & t\in(0,T), \\ 0\leqslant c_0(t)\leqslant 1, 0\leqslant c_e(t)\leqslant 1, & \\ g(0)p(0,t,x)=\displaystyle\int_0^{a_+}\beta(a,t,x,c_0(t);P(t,x))p(a,t,x)\mathrm{d}a, & (a,t,x)\in\Sigma, \\ p(a,0,x)=p_0(a,x), & (a,x)\in Q_A, \\ \dfrac{\partial p}{\partial v}(a,t,x)=0, & (a,t,x)\in\Sigma, \\ P(t,x)=\displaystyle\int_0^{a_+}\delta(a,t)p(a,t,x)\mathrm{d}a, & (t,x)\in Q_T.\end{cases} \tag{4.5.1}$$

由于系统 (4.5.1) 的第二个和第三个方程为两个常微分方程, $c_0(t)$ 和 $c_e(t)$ 可以直接通过常数变易法解得, 即

$$c_0(t)=c_0(0)\exp\{-(g_1+m)t\}+k_1\int_0^t c_e(\tau)\exp\{(\tau-t)(g_1+m)\}\mathrm{d}\tau,$$

$$c_e(t)=c_e(0)\exp\{-ht\}+\int_0^t v(\tau)\exp\{h(\tau-t)\}$$

因此, 我们对系统 (4.5.1) 的研究可以简化为对下列系统的研究

$$\begin{cases}\dfrac{\partial p(a,t,x)}{\partial t}+\dfrac{\partial[g(a)p(a,t,x)]}{\partial a}+u(a,t,x)p(a,t,x)-\\ k\Delta p(a,t,x)+\mu(a,t,x,c_0(t);P(t,x))p(a,t,x)\\ =f(a,t,x;P(t,x))+g(a,t,x;P(t,x))\dfrac{\mathrm{d}w}{\mathrm{d}t}+h(a,t,x;P(t,x))\dfrac{\mathrm{d}N}{\mathrm{d}t},\\ g(0)p(0,t,x)=\displaystyle\int_0^{a_+}\beta(a,t,x,c_0(t);P(t,x))p(a,t,x)\mathrm{d}a,\\ p(a,0,x)=p_0(a,x),\\ \dfrac{\partial p}{\partial v}(a,t,x)=0,\\ P(t,x)=\displaystyle\int_0^{a_+}\delta(a,t)p(a,t,x)\mathrm{d}a.\end{cases} \tag{4.5.3}$$

令 $V=H^1(\Omega)\equiv\varphi|\varphi\in L^2(\Omega),\dfrac{\partial\varphi}{\partial x_i}\in L^2(\Omega)$, 其中 $\dfrac{\partial\varphi}{\partial x_i}$ 是广义函数意义下的偏导数, V 是 Ω 的一阶 Sobolev 空间, 显然有

$$V\to H\equiv H^{'}\to V^{'}$$

$V^{'}$ 是 V 的对偶空间, 分别用 $\|\cdot\|,|\cdot|,\|\cdot\|_*$ 表示 $V,H,V^{'}$ 中的范数,$<\cdot,\cdot>$ 表示 V 和 $V^{'}$ 的对偶积, $(\cdot,\cdot)$ 表示 H 中的内积, 并且存在一个常数 c, 使得

$$|x|\leqslant c\|x\|,\forall x\in V$$

设 $(\Omega,f,\{f_t\},P)$ 是定义的一个完备概率空间, 滤波 $\{f_t\}_{t\geqslant 0}$ 是单调递增且右连续的全概率空间, f_0 包含所有的零测度集, $\omega(t)$ 是一个标准的 d 维 Brownian 运动, $N(t)$ 是强度为 μ 的数值 Poisson 过程, $N_t=\widetilde{N}_t-\mu t$ 是一个在 $[0,\infty)\times R^n$ 上的补偿 Poisson 随机测度, 它与 $\omega(t)$ 是相互独立的.

本节做以下假设:

(H_1) $\forall(a,t,x)\in Q, 0\leqslant u(a,t,x)\leqslant C_1$.

(H_2) $\beta(a,t,x,c_0(t);P(t,x))\in L^{\infty}_{\mathrm{loc}}(Q)$, $0\leqslant\beta(a,t,x,c_0(t);P(t,x))\leqslant\beta_0$, a.e. $(a,t,x,c_0(t);\ P(t,x))\in Q,\beta_0$ 为常数, $|\beta(a,t,x,c_0(t);P(t,x))|+|\beta_x(a,t,x,c_0(t);P(t,x))|+|\beta_{xx}(a,t,x,c_0(t);\ P(t,x))|\leqslant C_2<\infty,\beta(a,t,x,c_0(t);P(t,x))$ 关于 x 二次连续可微, 单调递增.

(H_3) $\mu(a,t,x,c_0(t);P(t,x))\in L^{\infty}_{\mathrm{loc}}(Q),\mu(a,t,x,c_0(t);P(t,x))\geqslant\mu_0\geqslant 0$, a.e. $(a,t,x,c_0(t);\ P(t,x))\in Q_T,\mu_0$ 为常数, $|\mu(a,t,x,c_0(t);P(t,x))|+|\mu_x(a,t,x,c_0(t);P(t,x))|+|\mu_{xx}(a,t,x,\ c_0(t);P(t,x))|\leqslant C_3<\infty,\mu(a,t,x,c_0(t);P(t,x))$ 关于 x 二次连续可微, 单调递增.

(H_4) $f(a,t,x,0)=0,g(a,t,x,0)=0$.

(H_5) 对于所有的 $x_k,y_k\in R^n$, 且 $\|x_k\|\vee\|y_k\|\leqslant d(k=1,2)$, 存在一个常数 $c_d>0$, 于是有$\|f_1(x_1,y_1,t)-f_1(x_2,y_2,t)\|^2\vee|g_1(x_1,y_1,t)-g_1(x_2,y_2,t)\|^2\vee|h_1(x_1,y_1,t)-h_1(x_2,y_2,t)\|^2\leqslant c_d(\|x_1-x_2\|^2+\|y_1-y_2\|^2)$.

(H_6) 对于所有的$x,y\in R^n$,存在一个常数$L>0$,对于所有的 $t\in[0,T]$ 有 $\|f_1(x,y,t)\|^2\vee\|g_1(x,y,t)\|^2\vee\|h_1(x,y,t)\|^2\leqslant L(1+\|x\|^2\vee\|y\|^2)$.

(H_7) $g\in L^{\infty}_{\mathrm{loc}}([0,a_+])$且$0\leqslant g'(a)\leqslant g^*$,其中 g^* 为固定正常数.

(H_8) $\forall(a,t)\in Q,0\leqslant\delta(a,t)\leqslant C_4$.

4.5.2 最优控制的存在性

为了讨论需要, 我们对系统 (4.5.1) 在 $[0,A]$ 上积分, 得到

$$\begin{cases}\dfrac{\partial y}{\partial t}-k\Delta y+\mu_1(t,x,c_0(t);P(t,x))y-\beta_1(t,x,c_0(t);P(t,x))y+u_1y\\ =f_1(t,x;P(t,x))+g_1(t,x;P(t,x))\dfrac{\mathrm{d}w}{\mathrm{d}t}+h_1(t,x;P(t,x))\dfrac{\mathrm{d}N}{\mathrm{d}t},\\ y(0,x)=y_0(x)\geqslant 0,x\in\Omega,\\ y(t,x)=0,(t,x)\in Q_T.\end{cases}\tag{4.5.4}$$

其中

$$y(t,x)=\int_0^{a_+}p(a,t,x)\mathrm{d}a$$

y_0 是初始分布.

$$\beta_1(t,x,c_0(t);P(t,x))$$

$$\equiv \left[\int_0^{a_+} \beta(a,t,x,c_0(t);P(t,x))p(a,t,x)\mathrm{d}a\right]\left[\int_0^{a_+} p(a,t,x)\mathrm{d}a\right]^{-1}$$

$\beta_1(t,x,c_0(t);P(t,x))$ 表示时刻 t 位于 x 处尺度在 $[0,a_+]$ 上种群的生育率.

$$\begin{aligned}&\mu_1(t,x,c_0(t);P(t,x))\\ \equiv &\left[\int_0^{a_+} \mu(a,t,x,c_0(t);P(t,x))p(a,t,x)\mathrm{d}a\right]\left[\int_0^{a_+} p(a,t,x)\mathrm{d}a\right]^{-1}\end{aligned}$$

$\mu_1(t,x,c_0(t);P(t,x))$ 表示时刻 t 位于 x 处尺度在 $[0,a_+]$ 上种群的死亡率.

$$u_1(t,x) \equiv \left[\int_0^{a_+} u(a,t,x)p(a,t,x)\mathrm{d}a\right]\left[\int_0^{a_+} p(a,t,x)\mathrm{d}a\right]^{-1}$$

$u_1(t,x)$ 表示时刻 t 位于 x 处尺度在 $[0,a_+]$ 上种群的收获率.

$$f_1(t,x;P(t,x)) \equiv \int_0^{a_+} f(a,t,x)\mathrm{d}a$$

$$g_1(t,x;P(t,x)) \equiv \int_0^{a_+} g(a,t,x)\mathrm{d}a$$

$$h_1(t,x;P(t,x)) \equiv \int_0^{a_+} h(a,t,x)\mathrm{d}a$$

若令 $Ay=-k\Delta y$, 则式 (4.5.4) 变为

$$\begin{aligned}\mathrm{d}y_t + Ay\mathrm{d}t = [&-\mu_1(t,x,c_0(t);P(t,x))y+\\ &\beta_1(t,x,c_0(t);P(t,x))y - u_1(t,x)y + f_1(t,x;P(t,x))]\mathrm{d}t+\\ &g_1(t,x;P(t,x))\mathrm{d}\omega_t + h_1(t,x;P(t,x))\mathrm{d}N_t\end{aligned}$$

若 $f_1(t,x,y;u), g_1(t,x,y;u), h_1(t,x,y;u)$ 为线性, 则令

$$f_1(t,y,u;P(t,x)) = B_t y + C_t u + D_t$$

$$g_1(t,y,u;P(t,x)) = E_t y + F_t u + G_t$$

$$h_1(t,y,u;P(t,x)) = H_t y + I_t u + J_t$$

为了保证随机微分方程有意义, 需使控制量 $u: u\in U_{ad}$ 满足

$$P\left\{\int_0^T |D_t u_t|\mathrm{d}t < \infty, \int_0^T |G_t u_t|\mathrm{d}t < \infty, \int_0^T |J_t u_t|\mathrm{d}t < \infty\right\} = 1$$

为了给出本节的主要结论, 首先引入伴随状态 $q(u)=q(a,t,x;u)$.

定义 4.7　称随机过程 (q,γ,π) 为伴随状态的解, 如果 q 是适应的, γ,π 是可料的, 且满足

$$\begin{cases} -\dfrac{\partial q}{\partial t}-k(a,t)\Delta q+\mu q+u(a,t,x)q-\beta(a,t,x,c_0(t);P(t,x))q=|y(u)-z_d|+ \\ qB_t+\gamma E_t+\pi\mu H_t-\gamma\mathrm{d}\omega_t-\pi\mathrm{d}N_t, \\ q(a_+,t,x)=0, \\ \dfrac{\partial q}{\partial\eta_k}=0, \\ q(a,T,x)=0. \end{cases} \tag{4.5.5}$$

注 4.3　q 是一个右边左极过程, 用于解决定义 4.7 中的伴随方程.

定义 4.8　哈密尔顿函数为

$$\begin{aligned} H(t,q,\gamma,\pi,y,u)=&-\int_\Omega|y(u)-z_d|^2\mathrm{d}x-\rho\int_\Omega|u|^2\mathrm{d}x+ \\ &<q,f+\beta y-\mu y-uy-Ay>+ \\ &<\gamma,g(t,y,u)>+<\pi,g(t,y,u)> \end{aligned} \tag{4.5.6}$$

令

$$L(t,y,u)=\int_\Omega|y(u)-z_d|^2\mathrm{d}x+\rho\int_\Omega|u|^2\mathrm{d}x$$

则系统 (4.5.5) 可表示为

$$\mathrm{d}q_t=\{L_y-q_tB_t-\gamma_tE_t-\pi\mu H_t-\beta q_t+\mu q_t+uq_t+Aq_t\}\mathrm{d}t+\gamma\mathrm{d}\omega_t+\pi\mathrm{d}N_t$$

J 的方向导数由下列形式给出:

$$<J'(u),u>=E\left[\int_0^T\{<y_t^u,L_y>+<u_t,L_u>\}\mathrm{d}t+<q_t,y_t^u>\right] \tag{4.5.7}$$

应用 Itô 公式得

$$\begin{aligned} &<q(t),y_t^u>-<q(0),y_0^u> \\ =&\int_0^t\{<y_s^u,(L_y-q_s(B_s-\beta-\mu-u-A))-\gamma_sE_s-\pi_sH_s\mu>\}\mathrm{d}s+ \end{aligned}$$

$$\int_0^t \{< q_s, [B_s y_s^u + C_s u_s + D_s + \beta y_s^u - \mu y_s^u - u y_s^u - A y_s^u] >\}\mathrm{d}s +$$

$$\int_0^t \{< y_s^u, \gamma_s > + < (q_s, E_s y_s^u + F_s u_s + G_s)\mathrm{d}\omega >\}\mathrm{d}s +$$

$$\int_0^t \{< y_s^u, \boldsymbol{\pi}_s > + < \boldsymbol{\pi}_s, H_s y_s^u + I_s u_s + J_s > + < q_s, H_s y_s^u + I_s u_s + J_s >\}\mathrm{d}N +$$

$$\int_0^t < \boldsymbol{\pi}_s, h\mu > \mathrm{d}s$$

$$= \int_0^t \{< y_s^u, L_y > + < q_s, C_s u_s + D_s > + < \gamma_s, F_s u_s + G_s >\} +$$

$$< \boldsymbol{\pi}_s, (I_s u_s + J_s)\mu \,\mathrm{d}s + \int_0^t \left\{ < y_s^u, \gamma_s > + < q_s, E_s y_s^u + F_s u_s + G_s > \mathrm{d}\omega + \right.$$

$$\left. \int_0^t \{< y_s^u, \boldsymbol{\pi}_s > + < \boldsymbol{\pi}_s, H_s y_s^u + I_s u_s + J_s >\} + < q_s, H_s y_s^u + I_s u_s + J_s > \right\}\mathrm{d}N$$

所以

$$R_t^u =< q(0), y_0^u > + \int_0^t \{< q_s, D_s > + < \gamma_s, G_s > + < \boldsymbol{\pi}_s, J_s\mu >\}\mathrm{d}s + S_t^u \quad (4.5.8)$$

$$S_t^u = \int_0^t \{< y_t^u, \gamma_s > + < q_s, E_s y_s^u + F_s y_s^u + G_s >\}\mathrm{d}\omega + \int_0^t \{< y_s^u, \boldsymbol{\pi}_s >\} +$$

$$< \boldsymbol{\pi}_s, H_s y_s^u + I_s y_s^u + J_s > + < q_s, H_s y_s^u + I_s y_s^u + J_s >\}\mathrm{d}N \quad (4.5.9)$$

$$R_t^u =< q(t), y_t^u > - \int_0^t < y_s^u, L_y > +$$

$$< q_s, C_s u_s > + < \gamma_s, F_s u_s > + < \boldsymbol{\pi}_s, I_s u_s \mu_s > \mathrm{d}s \quad (4.5.10)$$

即

$$E(R_t^u) = E\left[< q(0), y_0^u > + \int_0^t \{< q_s, D_s > + < \gamma_s, G_s > + < \boldsymbol{\pi}_s, J_s\mu >\}\mathrm{d}s \right]$$

$$= E(R_t^{\tilde{u}})$$

由此, 可得以下结论.

情形 1:

$$\forall\ u \in U, E(R_t^{\widetilde{u}}) \leqslant E(R_t^u)$$

情形 2:

$$\forall\ u \in U, E(R_t^{\widetilde{u}}) \geqslant E(R_t^u)$$

可定义函数如下:

$$\begin{aligned}H(t,\omega,u) =& L(t,y,u) - < q_t(\omega), C_t(\omega)u > - < \gamma_t(\omega), F_t(\omega)u > - \\ & < \boldsymbol{\pi}_t(\omega), I_t(\omega)u\mu > - < q_t(\omega), u >\end{aligned}$$

注 4.4　根据凸函数定义及性质, 可知 $H(t,\omega,\cdot)$ 是凸的.

根据伴随方程并利用极大值原理, 得到下列结论.

定理 4.18　若 U 是系统 (4.5.1) 的解, 性能指标泛函 $J(u)$ 由定义给出, 则存在唯一元素 $\hat{u} \in U$, 使得等式 $J(\hat{u}) = \inf\limits_{u\in U_{ad}} J(u)$ 成立, 可表述为

$$E\left[\int_0^T \{< \widetilde{H}_u(t,\omega,\hat{u}_t(\omega), u_t(\omega) - \hat{u}(\omega)) >\}\right] \geqslant 0 \tag{4.5.11}$$

即 $\hat{u} \in U$ 为最优控制的必要条件为式 (4.5.11) 成立.

证明　$\forall\ u \in U$, 则

$$\begin{aligned}< J'(\hat{u}), u - \hat{u} > &= E\left[\int_0^T \{< y_t^u - y_t^{\hat{u}}, L_y > + < u - \hat{u}, L_u >\}\mathrm{d}t + < q_T, y_t^{\hat{u}} - y_t^u >\right] \\ &\geqslant 0\end{aligned} \tag{4.5.12}$$

根据情形 1, $\forall\ u \in U$,

$$\begin{aligned}& E\left[\int_0^T \{< \widetilde{H}_u(t,w,\hat{u}_t(\omega)), u_t(\omega) - \hat{u}(\omega) >\}\right]\mathrm{d}t \\ =& E\left[\int_0^T \{< L_u, u_t - \hat{u}_t > + < q_t, C_t(\hat{u}_t - u_t) > + < \gamma_t, F_t(\hat{u}_t - u_t) > + \right. \\ & \left. < \boldsymbol{\pi}_t, I_t(\hat{u}_t - u_t)\mu > + < q_t, \hat{u}_t - u_t >\}\mathrm{d}t\right] \\ =& E\left[\int_0^T \{< L_u, u_t - \hat{u}_t > + < y_t^u - y_t^{\bar{u}}, L_y >\}\mathrm{d}t + \right.\end{aligned}$$

$$\int_0^T \{< L_y, y_t^{\hat{u}} > + < q_t, C_t\hat{u}_t > + < q_t, \hat{u}_t > + < \gamma_t, F_t\hat{u}_t > + < \pi_t, I_t\hat{u}_t\mu >\}\mathrm{d}t-$$

$$\int_0^T \{< L_y, y_t^{u} > + < q_t, C_t u_t > + < q_t, u_t > + < \gamma_t, F_t u_t > + < \pi_t, I_t u_t\mu >\}\mathrm{d}t$$

$$\geqslant \int_0^T \{< y_t^u - y_t^{\hat{u}}, L_y > + < u - \hat{u}, L_u >\}\mathrm{d}t + < q_t, y_t^{\hat{u}} - y_t^u >$$

所以, 由式 (4.5.12) 可知, $\hat{u}$ 为最优控制的必要条件是: $\forall\ u \in U$,

$$E\left[\int_0^T \{< L_u, u_t - \hat{u}_t > + < q_t, C_t(\hat{u}_t - u_t) > + < \gamma_t, F_t(\hat{u}_t - u_t) > + \right.$$

$$\left. < \pi_t, I_t(\hat{u}_t - u_t)\mu > + < q_t, \hat{u}_t - u_t >\}\mathrm{d}t\right] \geqslant 0$$

定理 4.19 若 U 是系统 (4.5.1) 的解, 性能指标泛函 $J(u)$ 由定义给出, 则存在唯一元素 $\hat{u} \in U$, 使得等式 $J(\hat{u}) = \inf\limits_{u \in U_{ad}} J(u)$ 成立, 可表述为式 (4.5.11), 即 $\hat{u} \in U$ 为最优控制的充分条件为式 (4.5.11) 成立.

证明 $\forall\ u \in U$, 则

$$E\left[\int_0^T \{< \widetilde{H}_u(t, \omega, \hat{u}_t(\omega), u_t(\omega) - \hat{u}(\omega)) >\}\right] \geqslant 0.$$

根据情形 2, $\forall\ u \in U$,

$$E\left[\int_0^T \{< \widetilde{H}_u(t, w, \hat{u}_t(\omega)), u_t(\omega) - \hat{u}(\omega) >\}\right]\mathrm{d}t$$

$$= E\left[\int_0^T \{< L_u, u_t - \hat{u}_t > + < q_t, C_t(\hat{u}_t - u_t) > + < \gamma_t, F_t(\hat{u}_t - u_t) > + \right.$$

$$\left. < \pi_t, I_t(\hat{u}_t - u_t)\mu > + < q_t, \hat{u}_t - u_t >\}\mathrm{d}t\right]$$

$$= E\left[\int_0^T \{< L_u, u_t - \hat{u}_t > + < y_t^u - y_t^{\bar{u}}, L_y >\}\mathrm{d}t + \right.$$

$$\int_0^T \{< L_y, y_t^{\hat{u}} > + < q_t, C_t\hat{u}_t > + < q_t, \hat{u}_t > + < \gamma_t, F_t\hat{u}_t > + < \pi_t, I_t\hat{u}_t\mu >\}\mathrm{d}t-$$

$$\int_0^T \{< L_y, y_t^{u} > + < q_t, C_t u_t > + < q_t, u_t > + < \gamma_t, F_t u_t > + < \pi_t, I_t u_t\mu >\}\mathrm{d}t$$

$$\leqslant \int_0^T \{< y_t^u - y_t^{\hat{u}}, L_y > + < u - \hat{u}, L_u >\}\mathrm{d}t + < q_t, y_t^{\hat{u}} - y_t^u >$$

所以, $\hat{u}$ 为最优控制的充分条件是式 (4.5.11) 成立.

综上, 我们得到了污染环境中具有个体尺度、带 Possion 跳的非线性随机种群扩散系统的最优控制存在的充分必要条件.

4.5.3　小结

本节考虑外界环境对系统产生的影响, 建立了污染环境中具有个体尺度、带 Possion 跳的非线性随机种群扩散系统, 利用随机极大值原理、哈密尔顿函数及 Itô 公式给出了最优控制的充分必要条件, 所得到的结果是一般具有年龄结构和扩散的随机生物种群系统的扩展, 可为非线性随机种群扩散系统最优控制问题的实际研究提供理论基础.

第 5 章 污染环境中具有年龄结构的竞争种群系统的最优控制

5.1 污染环境中具有年龄结构的非线性竞争种群系统的最优控制

竞争系统受到了很多学者的重视, 同时也获得了不少理论成果[8, 91, 92, 118]. 雒志学研究了一类具有年龄结构的 n 维竞争种群系统的最优收获问题[119], 主要考虑了系统的最优收获策略, 利用 Dubovitakii-Milyutin 理论得出该系统的最优条件. 赵春等考虑了具有年龄结构的捕食混合系统的最优收获问题, 利用不动点定理证明了该系统非负解的存在性与唯一性[71]. 雒志学和范志良讨论了污染环境中具有年龄结构的竞争种群动力系统的最优控制[120]. 本节主要讨论污染环境中与年龄相关的非线性竞争种群系统的最优控制.

5.1.1 系统及其适定性

本节考虑如下污染环境中与年龄相关的非线性竞争种群系统的最优控制

$$
\begin{cases}
\dfrac{\partial p_1}{\partial a}+\dfrac{\partial p_1}{\partial t}=-\mu_1(a,c_{10}(t),S_1(t))p_1(a,t)- \\
\lambda_1(a,t)P_2(t)p_1(a,t)-u_1(a,t)p_1(a,t), & (a,t)\in Q, \\
\dfrac{\partial p_2}{\partial a}+\dfrac{\partial p_2}{\partial t}=-\mu_2(a,c_{20}(t),S_2(t))p_2(a,t)- \\
\lambda_2(a,t)P_1(t)p_2(a,t)-u_2(a,t)p_2(a,t), & (a,t)\in Q, \\
\dfrac{\mathrm{d}c_{10}(t)}{\mathrm{d}t}=kc_e(t)-gc_{10}(t)-mc_{10}(t), & t\in(0,T), \\
\dfrac{\mathrm{d}c_{20}(t)}{\mathrm{d}t}=kc_e(t)-gc_{20}(t)-mc_{20}(t), & t\in(0,T), \\
\dfrac{\mathrm{d}c_e(t)}{\mathrm{d}t}=-k_1c_e(t)[P_1(t)+P_2(t)]+g_1[c_{10}(t)P_1+c_{20}(t)P_2(t)]- \\
hc_e(t)+v(t), & t\in(0,T), \\
p_i(0,t)=\displaystyle\int_0^A \beta_i(a,c_{i0}(t),S_i(t))p_i(a,t)\mathrm{d}a,\ i=1,2, & t\in(0,T), \\
p_i(a,0)=p_{i0}(a),\ i=1,2, & a\in(0,A), \\
S_i(t)=\displaystyle\int_0^A w_i(a,t)p_i(a,t)\mathrm{d}a, i=1,2, & t\in(0,T), \\
0\leqslant c_{i0}(t)\leqslant 1,\ 0\leqslant c_e(t)\leqslant 1, \\
P_i(t)=\displaystyle\int_0^A p_i(a,t)\mathrm{d}a,\ i=1,2, & (a,t)\in Q.
\end{cases}
\tag{5.1.1}
$$

其中，$Q=(0,A)\times(0,T)$；$p_i(a,t)$ 表示 t 时刻年龄为 a 的第 i 个种群的密度；$c_{i0}(t)$ 和 $c_e(t)$ 分别表示有机物中污染物的浓度和环境中污染物的浓度；$\mu_i(a,c_{i0}(t),S_i(t))$ 和 $\beta_i(a,c_{i0}(t),S_i(t))$ 分别表示依赖于年龄 a 和浓度 $c_{i0}(t)$ 的死亡率和生育率；$\lambda_i(a,t)$ 表示影响系数；$v(t)$ 表示 t 时刻外界的输入率；$p_{i0}(a)$ 表示初始年龄分布；$P_i(t)$ 表示 t 时刻第 i 个个体的重量；$S_i(t)$ 表示 t 时刻年龄为 a 的种群的总重量；$w_i(a,t)$ 表示权重函数；k,g,m,k_1,g_1,h 都是非负常数.

本节做以下假设 (i=1,2):

(H$_1$) $\mu_i(a,c_{i0}(t),S_i(t))\in L^1_{\mathrm{loc}}, 0\leqslant\mu_i(a,c_{i0}(t),S_i(t))\leqslant\mu^0, \displaystyle\int_0^A\mu_i(a,c_{i0}(t+a-A),S_i(t))\mathrm{d}a=+\infty,(a,t)\in Q$，其中，$\mu_i(a,c_{i0}(t),S_i(t))$在$(0,A)\times(-\infty,0)$上延拓为零.

(H$_2$) $\beta_i(a,c_{i0}(t),S_i(t))\in L^1_{\mathrm{loc}}(Q), 0\leqslant\beta_i(a,c_{i0}(t),S_i(t))\leqslant\beta_0, 0\leqslant p_{i0}(a)\leqslant p^0,(a,t)\in Q,\beta_0$和$p^0$都是常数.

上述表达式中, 函数 p_{i0}, β_i, Π_i 在其定义域外延拓为零.

在系统 (5.1.1) 中, $c_{i0}(t)$ 和 $c_e(t)$ 表示污染物的浓度, 所以有不等式

$$0 \leqslant c_{i0}(t) \leqslant 1, 0 \leqslant c_e(t) \leqslant 1,\ t \in [0,T]$$

本节假定 $T > A$, 当 $T \leqslant A$ 时可用同样的方法处理[70].

令 $M' = p_0 \max\{A\beta_0 \exp^{T\beta_0}, 1\}$, $H = \{v \in L^\infty(0,T;L'(0,A)) : 0 \leqslant v(a,t) \leqslant M'$ 几乎处处成立$\}$, $\hbar = \{h \in L^\infty(0,T) : 0 \leqslant h(t) \leqslant AM'w_0$ 几乎处处成立$\}$.

引理 5.1 存在正常数 B_4, $B_5 > 0$, 使得对任意 $S_i^1, S_i^2 \in \hbar$, $t \in (0,T)$ 有

$$\begin{aligned}&|F_i(c_{i0}(t);S_i^1) - F_i(c_{i0}(t);S_i^2)|\\ \leqslant& B_4\left(|S_i^1(t) - S_i^2(t)| + \int_0^t |P_j^1(s) - P_j^2(s)|\mathrm{d}s + \int_0^t |S_i^1(s) - S_i^2(s)|\mathrm{d}s\right)\end{aligned}$$

在 $(0,T)$ 上几乎处处有

$$0 \leqslant b_i(c_{i0}(t);S_i^1) \leqslant B_5$$

$$\begin{aligned}&|b_i(c_{i0}(t);S_i^1) - b_i(c_{i0}(t);S_i^2)|\\ \leqslant& B_5\left(|S_i^1(t) - S_i^2(t)| + \int_0^t |S_i^1(s) - S_i^2(s)|\mathrm{d}s + \int_0^t |P_j^1(s) - P_j^2(s)|\mathrm{d}s\right)\end{aligned} \tag{5.1.7}$$

在 $(0,T)$ 上几乎处处成立.

证明 由式 (5.1.3)、式 (5.1.5) 和假设 $(\mathrm{H}_1) \sim (\mathrm{H}_5)$ 知, 对几乎所有 $t \in (0,T)$ 有

$$\begin{aligned}&|F_i(c_{i0}(t);S_i^1) - F_i(c_{i0}(t);S_i^2)|\\ \leqslant& \int_0^\infty |\beta_i(a+t, c_{i0}(t), S_i^1(t)) - \beta_i(a+t, c_{i0}(t), S_i^2(t))| p_{i0}(a)\Pi_i(a+t, c_{i0}(t), t; S_i^1)\mathrm{d}a +\\ &\int_0^\infty \beta_i(a+t, c_{i0}(t), S_i^2(t)) p_{i0}(a)|\Pi_i(a+t, c_{i0}(t), t; S_i^1) - \Pi_i(a+t, c_{i0}(t), t; S_i^2)|\mathrm{d}a\\ \leqslant& p^0 A L_\beta |S_i^1(t) - S_i^2(t)| + \beta_0 p^0 \int_0^\infty \Bigg| \exp\Bigg\{ -\int_0^s [\mu_i(a-\tau, c_{i0}(t-\tau), S_i^1(t-\tau)) +\\ &\lambda_i(a-\tau, c_{i0}(t-\tau), S_i(t-\tau)) P_j^1(t-\tau)]\mathrm{d}\tau \Bigg\} -\\ &\exp\Bigg\{ -\int_0^s [\mu_i(a-\tau, c_{i0}(t-\tau), S_i^2(t-\tau)) +\end{aligned}$$

$$\lambda_i(a-\tau, c_{i0}(t-\tau), S_i(t-\tau))P_j^2(t-\tau)]\mathrm{d}\tau\Big\}\Big|\mathrm{d}a$$

$$\leqslant p^0 A L_\beta |S_i^1(t)-S_i^2(t)| + \beta_0 p^0 \lambda^0 \int_0^t |P_j^1 - P_j^2|\mathrm{d}s +$$

$$\beta_0 p^0 \int_0^\infty \int_0^t |\mu_i(a+s, c_{i0}(s), S_i^1(s)) - \mu_i(a+s, c_{i0}(s), S_i^2(s))|\mathrm{d}s\mathrm{d}a$$

$$\leqslant p^0 A L_\beta |S_i^1(t)-S_i^2(t)| + \beta_0 p^0 L_\mu \int_0^t |S_i^1(s)-S_i^2(s)|\mathrm{d}s + \beta_0 p^0 \lambda^0 \int_0^t |P_j^1 - P_j^2|\mathrm{d}s \tag{5.1.8}$$

其中, L_β, $L\mu$ 分别为 β, μ 相应于 $\hbar$ 的局部 Lipschits 常数, 式 (5.1.7) 已成立.

由式 (5.1.4)、式 (5.1.5)、式 (5.1.6) 知, $b_i(c_{i0}(t); S_i^1) \leqslant A\beta_0 p^0 + \beta_0 \int_0^t b_i(s; S_i^1)\mathrm{d}s$, 由此据 Bellman 不等式可得

$$0 \leqslant b_i(c_{i0}(t); S_i^1) \leqslant A\beta_0 p^0 \exp^{T\beta_0} := T_3 \tag{5.1.9}$$

由式 (5.1.6) 得

$$\int_0^t |K_i(c_{i0}(t), s; S_i^1) b_i(c_{i0}(t-s); S_i^1) - K_i(c_{i0}(t), s; S_i^2) b_i(c_{i0}(t-s); S_i^2)|\mathrm{d}s$$

$$\leqslant \int_0^t b_i(c_{i0}(t-s); s_i^1)|K_i(c_{i0}(t), s; S_i^1) - K_i(c_{i0}(t), s; S_i^2)|\mathrm{d}s +$$

$$\int_0^t K_i(c_{i0}(t), s; S_i^2)|b_i(c_{i0}(t-s); S_i^1) - b_i(c_{i0}(t-s); S_i^2)|\mathrm{d}s$$

$$\leqslant T_3 \int_0^t |\beta_i(s, c_{i0}(t), S_i^1(t))\Pi_i(s, c_{i0}(t), S_i^1(t)) -$$

$$\beta_i(s, c_{i0}(t), S_i^2(t))\Pi_i(s, c_{i0}(t), S_i^2(t))|\mathrm{d}s + \int_0^t \beta^0 |b_i(s; S_i^1) - b_i(s; S_i^2)|\mathrm{d}s$$

$$\leqslant T_3 \int_0^t \beta(s, c_0(t), S; S^1(t))|\Pi_i(s, c_0(t), S; S^1(t)) - \Pi_i(s, c_0(t), S; S^2(t))|\mathrm{d}s +$$

$$T_3 \int_0^t \Pi_i(s, c_{i0}(t), S; S_i^2(t))|\beta_i(s, c_{i0}(t), S; S_i^1(t)) - \beta_i(s, c_{i0}(t), S; S_i^2(t))|\mathrm{d}s +$$

$$\beta^0 \int_0^t |b_i(s; S_i^1) - b_i(s; S_i^2)|\mathrm{d}s$$

$$\leqslant T_3 \beta_0 T L_\mu \int_0^t |S_i^1(s) - S_i^2(s)|\mathrm{d}s + \beta_0 \int_0^t |b(s; S^1) - b(s; S^2)|\mathrm{d}s +$$

$$T\beta_0\lambda^0\int_0^t|P_j^1-P_j^2|\mathrm{d}s$$

$$\leqslant(T_3\beta_0TL_\mu+\beta_0)\int_0^t|S_i^1(t)-S_i^2(t)|\mathrm{d}s+T_3TL_\beta|S_i^1(t)-S_i^2(t)|+$$
$$T\beta_0\lambda^0\int_0^t|P_j^1-P_j^2|\mathrm{d}s \tag{5.1.10}$$

结合式 (5.1.4)、式 (5.1.7) 和式 (5.1.10), 得

$$|b_i(c_{i0}(t);S_i^1)-b_i(c_{i0}(t);S_i^2)|$$
$$\leqslant|F_i(c_{i0}(t);S_i^1)-F_i(c_{i0}(t);S_i^2)|+\int_0^t|K_i(c_{i0}(t),s;S_i^1)b_i(c_{i0}(t-s);S_i^1)-$$
$$K_i(c_{i0}(t),s;S_i^2)b_i(c_{i0}(t-s);S_i^2)|\mathrm{d}s$$
$$\leqslant Ap_0L_\beta|S_i^1(t)-S_i^2(t)|+\beta_0p_0L_\mu\int_0^t|S_i^1(s)-S_i^2(s)|\mathrm{d}s+\beta_0\int_0^t|S_i^1(s)-S_i^2(s)|\mathrm{d}s+$$
$$T\beta^0\lambda^0\int_0^t|P_j^1-P_j^2|\mathrm{d}s+T_1TL_\beta|S_i^1(t)-S_i^2(t)|$$
$$\leqslant(1+T_3T)B_1(|S_i^1(t)-S_i^2(t)|+\int_0^t|S_i^1(s)-S_i^2(s)|\mathrm{d}s)+\beta_0\int_0^t|b_i(s;S_i^1)-$$
$$b_i(s;S_i^2)|\mathrm{d}s+T\beta^0\lambda^0\int_0^t|P_j^1-P_j^2|\mathrm{d}s$$

再利用 Gronwall 不等式可得

$$|b_i(c_{i0}(t);S_i^1)-b_i(c_{i0}(t);S_i^2)|$$
$$\leqslant B_5\left(|S_i^1(t)-S_i^2(t)|+\int_0^t|S_i^1(s)-S_i^2(s)|\mathrm{d}s+\int_0^t|P_j^1-P_j^2|\mathrm{d}s\right)$$

其中, $B_5=(1+T_1T)B_4[1+\beta_0(1+T)\exp\{T\beta_0\}]$.

定义算子

$$P\ H\to L^\infty(0,T;L^1(0,A))$$

$$(Gp_i)(a,t)=p_i(a,c_{i0}(t);S_i(t)),\qquad S_i(t)=\int_0^A w_i(a,t)p_i(a,t)\mathrm{d}a$$

$p_i(a,c_{i0}(t);S_i(t))$ 形式如式 (5.1.2). 显然, $(Gp_i)\in H$.

定理 5.1 存在 $M_6>0$, 使得对任意的 $p_i^1,p_i^2\in H$, 有 ($\|.\|_1$ 表示 L^1 中的范数)

$$||Gp_i^1(.,t)-Gp_i^2(.,t)||_1\leqslant M_6\int_0^t||p_i^1(.,t)-p_i^2(.,t)||_1\mathrm{d}s,\ t\in(0,T)$$

证明 令 $S_i(t)=\displaystyle\int_0^A w_i(a,t)p_i(a,t)\mathrm{d}a, i=1,2$. 由式 (5.1.2)、式 (5.1.3) 和引理 5.1 可得

$$\begin{aligned}
&||Gp_i^1(.,t)-Gp_i^2(.,t)||_1\\
=&\int_0^t|p_i(a,c_{i0}(t);S_i^1(t))-p_i(a,c_{i0}(t);S_i^2(t))|\mathrm{d}a+\\
&\int_0^A|p_i(a,c_{i0}(t);S_i^1(t))-p_i(a,c_{i0}(t);S_i^2(t))|\mathrm{d}a\\
=&\int_0^t|b_i(c_{i0}(t-a);S_i^1)\Pi_i(a,c_{i0}(t),a;S_i^1)-b_i(c_{i0}(t-a);S_i^2)\pi_i(a,c_{i0}(t),a;S_i^2)|\mathrm{d}a+\\
&\int_t^A p^{i0}(a-t)|\Pi_i(a,c_{i0}(t),a;S_i^1)-\Pi_i(a,c_{i0}(t),a;S_i^2)|\mathrm{d}a\\
\leqslant&\int_0^t b_i(c_{i0}(t-a);S_i^1)|\Pi_i(a,c_{i0}(t),a;S_i^1)-\Pi_i(a,c_{i0}(t),a;S_i^2)|\mathrm{d}a+\\
&\int_0^t\Pi_i(a,c_{i0}(t),a;S_i^2)|b_i(c_{i0}(t-a);S_i^1)-b_i(c_{i0}(t-a);S_i^2)|\mathrm{d}a+\\
&p_0\int_t^A|\Pi_i(a,c_{i0}(t),a;S_i^1)-\Pi_i(a,c_{i0}(t),a;S_i^2)|\mathrm{d}a\\
\leqslant&B_5\int_0^t\Big|\exp\Big\{-\int_0^t[\mu_i(a-\tau,c_{i0}(t-\tau),S_i^1(t-\tau))+\\
&\lambda_i(a-\tau,c_{i0}(t-\tau),S_i(t-\tau))P_j^1(t-\tau)]\mathrm{d}\tau\Big\}-\\
&\exp\Big\{-\int_0^a[\mu_i(a-\tau,c_{i0}(t-\tau),S_i^2(t-\tau))+\\
&\lambda_i(a-\tau,c_{i0}(t-\tau),S_i(t-\tau))P_j^2(t-\tau)]\mathrm{d}\tau\Big\}\Big|\mathrm{d}a+\\
&\int_0^t|b_i(c_{i0}(t-a);S_i^1)-b_i(c_{i0}(t-a);S_i^2)|\mathrm{d}a+\\
&p^0\int_t^A\Big|\exp\Big\{-\int_0^t[\mu_i(a-\tau,c_{i0}(t-\tau),S_i^1(t-\tau)+
\end{aligned}$$

$$
\begin{aligned}
&\lambda_i(a-\tau,c_{i0}(t-\tau),S_i(t-\tau))P_j^1(t-\tau)]\mathrm{d}\tau)\mathrm{d}\tau\Big\}-\\
&\exp\Big\{-\int_0^a[\mu_i(a-\tau,c_{i0}(t-\tau),S_i^2(t-\tau))+\\
&\lambda_i(a-\tau,c_{i0}(t-\tau),S_i(t-\tau))P_j^2(t-\tau)]\mathrm{d}\tau\Big\}\Big|\mathrm{d}a\\
\leqslant&B_5\int_0^t\int_0^a|\mu_i(a-\tau,c_{i0}(t-\tau),S_i^1(t-\tau))-\mu_i(a-\tau,c_{i0}(t-\tau),S_i^2(t-\tau))|\mathrm{d}\tau\mathrm{d}a+\\
&p^0\int_t^A\int_0^t|\mu_i(a-\tau,c_{i0}(t-\tau),S_i^1(t-\tau))-\mu_i(a-\tau,c_{i0}(t-\tau),S_i^2(t-\tau))|\mathrm{d}\tau\mathrm{d}a+\\
&\int_0^t|b_i(c_{i0}(t-a);S_i^1)-b_i(c_{i0}(t-a);S_i^2)|\mathrm{d}a+\\
&B_5\lambda^0\int_0^t\int_0^a|P_j^1(t-\tau)-P_j^2(t-\tau)|\mathrm{d}\tau\mathrm{d}a+p^0\lambda^0\int_t^a\int_0^t|P_j^1(t-\tau)-P_j^2(t-\tau)|\mathrm{d}\tau\mathrm{d}a\\
\leqslant&B_5L_\mu\int_0^t\int_0^a|S_i^1(t-\tau)-S_i^2(t-\tau)|\mathrm{d}\tau\mathrm{d}a+B_5\int_0^t|S_i^1(t-a)-S_i^2(t-a)|+\\
&\int_0^{t-a}|S_i^1(s)-S_i^2(s)|\mathrm{d}s\mathrm{d}a+p^0L_\mu\int_t^{a+}\int_0^t|S_i^1(t-\tau)-S_i^2(t-\tau)|\mathrm{d}\tau\mathrm{d}a+\\
&B_5\lambda^0\int_0^t\int_0^a|P_j^1(t-\tau)-P_j^2(t-\tau)|\mathrm{d}\tau\mathrm{d}a+p^0\lambda^0\int_0^t\int_0^a|P_j^1(t-\tau)-P_j^2(t-\tau)|\mathrm{d}\tau\mathrm{d}a\\
\leqslant&(TB_5L_\mu+B_5+Ap^0L_\mu)\int_0^t|S_i^1(s)-S_i^2(s)|\mathrm{d}s+(B_5\lambda^0a+\\
&p^0\lambda^0a)\int_0^t|P_j^1(s)-P_j^2(s)|\mathrm{d}s\\
=&T_4\int_0^t\left|\int_0^A w(a,t)[p_i^1(a,s)-p_i^2(a,s)]\mathrm{d}a\right|\mathrm{d}s\\
\leqslant&T_4w_0\sum_{i=1}^2\int_0^t||p_i^1(.,s)-p_i^2(.,s)||_1\mathrm{d}s
\end{aligned}
\tag{5.1.11}
$$

其中 $M_6=T_4w_0$.

引理 5.2　对系统 (5.1.1), 如果 $g\leqslant k\leqslant g+m$, $v_1\in h$, 则对任意 $t\in[0,T]$, 恒有 $0\leqslant c_0(t)\leqslant 1, 0\leqslant c_e(t)\leqslant 1$. 证明见参考文献 [67].

下面讨论系统 (5.1.1) 解的存在唯一性.

引理 5.3 若假设 $(\mathrm{H}_1)\sim(\mathrm{H}_5)$ 成立, 系统(5.1.1)存在唯一非负解 $(p_i(a, c_{i0}(t), S_i(t)), c_{i0}(t), c_e(t))$, 使得

(1) $(p_i(a, c_{i0}(t), S_i(t)), c_{i0}(t), c_e(t)) \in L^\infty(Q) \times L^\infty(0,T) \times L^\infty(0,T)$.

(2) $0 \leqslant c_0(t) \leqslant 1, 0 \leqslant c_e(t) \leqslant 1$, $\forall t \in (0,T), 0 \leqslant p(a,t), \int_0^A p(a,t)\mathrm{d}a \leqslant M, \forall (a,t) \in Q, M = Ap^0 \exp\{\beta_0 T\}$.

证明 定义状态空间

$$X = \{(p(a, c_0(t), c_e) \in [L^\infty(0,T; L^1(0,A))]^2 \times [L^\infty(0,T)]^3$$

$0 \leqslant c_{i0}(t) \leqslant 1, 0 \leqslant c_e(t) \leqslant 1, 0 \leqslant p_i(a,t), \int_0^A p_i(a,t)\mathrm{d}a \leqslant M$, 在 Q 上几乎处处成立$\}$

同时定义映射

$$G: X \to X, G(p, c_0, c_e) = (G_1(p, c_0, c_e), G_2(p, c_0, c_e), G_3(p, c_0, c_e))$$

其中

$$G_l(p, c_0, c_e)(t) = c_{l0}(0)\exp\{-(g+m)t\} + k\int_0^t c_e(s)\exp\{(s-t)(g+m)\}\mathrm{d}s, l = 3, 4$$

$$G_5(p, c_0, c_e) = c_e(0)\exp\left\{-\int_0^t (k_1 p(\tau) + h)\mathrm{d}\tau\right\} + \int_0^t (g_1 c_0(s)p(s) + v(s))\exp\left\{\int_t^s (k_1 p(\tau) + h)(d)\tau\right\}\mathrm{d}s$$

$$\begin{aligned}
&|G_l(x^1) - G_l(x^2)|(t)(l=3,4) \\
=&\left|k\int_0^t c_e^1(s)\exp\{(s-t)(g+m)\}\mathrm{d}s - k\int_0^t c_e^2(s)\exp\{(s-t)(g+m)\}\mathrm{d}s\right| \\
\leqslant& M_7\int_0^t |c_e^1(s) - c_e^2(s)|\mathrm{d}s, \quad M_7 = k
\end{aligned} \tag{5.1.12}$$

$$|G_5(x^1) - G_5(x^2)|(t) = \Bigg|c_e(0)\exp\left\{-\int_0^t (k_1 p_1^1(\tau) + k_1 p_2^1(\tau) + h)\mathrm{d}\tau\right\} +$$

$$\int_0^t (g_1 c_{10}^1(s)p^1(s) + g_1 c_{20}^1(s)p_2^1(s) + v(s))\exp\left\{\int_t^s (k_1 p_1^1(\tau) + k_1 p_2^1(\tau) + h)\mathrm{d}\tau\right\}\mathrm{d}s -$$

$$c_e(0)\exp\left\{-\int_0^t(k_1p_1^2(\tau)+k_1p_2^2(\tau)+h)\mathrm{d}\tau\right\}-$$

$$\int_0^t(g_1c_{10}^2(s)p^2(s)+g_1c_{20}^2(s)p_2^2(s)+v(s))\exp\left\{\int_t^s(k_1p_1^2(\tau)+k_1p_2^2(\tau)+h)\mathrm{d}\tau\right\}\mathrm{d}s\bigg|$$

$$\leqslant\int_0^t\bigg|g_1(c_{10}^1(s)p_1^1(s)+c_{20}^1(s)p_2^1(s))\times\exp\left\{\int_t^s k_1(p_1^1(\tau)+p_2^1(\tau))\mathrm{d}\tau\right\}-$$

$$g_1(c_{10}^2(s)p_1^2(s)+c_{20}^2(s)p_2^2(s))\times\exp\left\{\int_t^s k_1(p_1^2(\tau)+p_2^2(\tau))\mathrm{d}\tau\right\}\bigg|\mathrm{d}s+$$

$$k_1\int_0^t(|p_1^1(\tau)-p_1^2(\tau)|+|p_2^1(\tau)-p_2^2(\tau)|)\mathrm{d}\tau+$$

$$\int_0^t\bigg|v(s)\left(\exp\left\{\int_t^s k_1(p_1^1(\tau)+p_2^1(\tau))\mathrm{d}\tau\right\}-\exp\left\{\int_t^s k_1(p_1^2(\tau)+p_2^2(\tau))\mathrm{d}\tau\right\}\right)\bigg|\mathrm{d}s$$

$$\leqslant(k_1+g_1)\int_0^t(|p_1^1(s)-p_1^2(s)|+|p_1^1(s)-p_1^2(s)|)\mathrm{d}s+g_1M\int_0^t(|c_{10}^1(s)-c_{10}^2(s)|+$$

$$|c_{20}^1(s)-c_{20}^2(s)|)\mathrm{d}s+(g_1v_1M+k_1v_1)\int_0^t\int_0^\tau(|p_1^1(s)-p_1^2(s)|+|p_2^1(s)-p_2^2(s)|)\mathrm{d}s\mathrm{d}\tau$$

$$\leqslant M_8\left(\sum_{i=1}^2\int_0^t\int_0^A|p_i^1(a,s)-p_i^2(a,s)|\mathrm{d}a\mathrm{d}s+\sum_{i=1}^2\int_0^t|c_{i0}^1(s)-c_{i0}^2(s)|\mathrm{d}s\right)\tag{5.1.13}$$

其中, $M_8=\max\{k_1+g_1+Tk_1v_1+TMg_1v_1,g_1M\}$ 是常数.

在 X 中, 定义等价泛函

$$||(p,c_0,c_e)||_*$$

$$=\operatorname*{Ess\ sup}_{t\in[0,T]}\mathrm{e}^{-\lambda t}\left\{\sum_{i=1}^2\int_0^A|p_i(a,t)|\mathrm{d}a+\sum_{i=1}^2|c_{i0}(t)|+|c_e(t)|\right\},\ \lambda>0\text{ 足够大}$$

由式 (5.1.5)、式 (5.1.6)、式 (5.1.7) 得

$$||G(x^1)-G(x^2)||_*=||G_1(x^1)-G_1(x^2),G_2(x^1)-G_2(x^2),\cdots,G_5(x^1)-G_5(x^2)||_*$$

$$\leqslant M_9\operatorname*{Ess\ sup}_{t\in[0,T]}\mathrm{e}^{-\lambda t}\int_0^t\left\{\sum_{i=1}^2\int_0^A|p_i^1(a,s)-p_i^2(a,s)|\mathrm{d}a+\sum_{i=1}^2|c_{i0}^1(s)-c_{i0}^2(s)|+\right.$$

$$\left.|c_e^1(s)-c_e^2(s)|\right\}\mathrm{d}s$$

$$=M_9\operatorname*{Ess\ sup}_{t\in[0,T]}\mathrm{e}^{-\lambda t}\int_0^t\mathrm{e}^{\lambda s}\left\{\mathrm{e}^{-\lambda s}\left[\sum_{i=1}^2\int_0^A|p_i^1(a,s)-p_i^2(a,s)|\mathrm{d}a+\right.\right.$$

$$\sum_{i=1}^{2}|c_{i0}^1(s)-c_{i0}^2(s)|+|c_e^1(s)-c_e^2(s)|\Big]\Big]\Big\}\mathrm{d}s$$

$$\leqslant M_9||x^1-x^2||_*\mathrm{Ess}\sup_{t\in[0,T]}\left\{\mathrm{e}^{-\lambda t}\int_0^t\mathrm{e}^{\lambda s}\mathrm{d}s\right\}$$

$$\leqslant\frac{M_9}{\lambda}||x^1-x^2||_* \tag{5.1.14}$$

其中, $M_9=\max\{M_6,M_7,M_8\}$. 因此, 选择 $\lambda>M_9$ 使得 G 收敛于 $(X,||\cdot||_*)$, G 的唯一固定点 (p,c_0,c_e) 一定是系统 (5.1.1) 的解.

5.1.2 最优控制的存在性

本节主要考虑控制问题

$$\max J(u)=\sum_{i=1}^{2}\int_0^T\int_0^A w_i(a,t)u_i(a,t)p_i(a,t)\mathrm{d}a\mathrm{d}t \tag{5.1.15}$$

$J(u)$ 代表收获种群的总效益. $U=\{u\in L^\infty(Q):0\leqslant u(a,t)\leqslant H$ 在 Q 上几乎处处成立$\}$ 为可容许控制集; $w_i(a,t)$ 表示第 i 个年龄为 a 的种群在 t 时刻的经济价值, (u,p) 满足系统 (5.1.1).

引理 5.4 如果对充分小的 $\varepsilon>0$, $\int_0^{a-\varepsilon}\left(\frac{\partial w}{\partial t}+\frac{\partial w}{\partial a}\right)\mathrm{d}a$ 在 $(0,T)$ 上有界, 且存在常数 $M_{10}\geqslant Aw_0p^0$, 使得 $\int_0^{a-\varepsilon}\mu(a,t,M_{10})\mathrm{d}a$ 在 $(0,T)$ 上有界, 则 $\{S_i^u:u\in U\}$ 在 $L^2(0,T)$ 中相对紧.

证明 对充分小的 $\varepsilon>0$, 定义 $S_i^{u,\varepsilon}(t)=\int_0^{a-\varepsilon}w_i(a,t)p_i^u(a,t)\mathrm{d}a, i=1,2$. 在系统 (5.1.1) 两边同时乘以 $w_i(a,t)$, 并对 a 在 $[0,a-\varepsilon]$ 上积分得

$$\frac{\mathrm{d}S_i^{u,\varepsilon}(t)}{\mathrm{d}t}=\int_0^{a-\varepsilon}p_i^u(a,t)\left(\frac{\partial w}{\partial t}+\frac{\partial w}{\partial a}\right)\mathrm{d}a-$$

$$w_i(a-\varepsilon,t)p_i^u(a-\varepsilon,t)+w_i(0,t)\int_0^a p_i^u(a,t)\beta\mathrm{d}a-$$

$$\int_0^{a-\varepsilon}w_i(a,t)p_i^u(a,t)[\mu_i(a,c_{i0}(t),S_i^u(t))+u_i(a,t)]\mathrm{d}a, i=1,2$$

由引理条件知 $\frac{\mathrm{d}S^{u,\varepsilon}(t)}{\mathrm{d}t}$ 关于 u 一致有界, 利用 Frechet-Kolmmogorov 准则, 自然可证明 $\{S_i^{u,\varepsilon}:u\in v\}$ 在 $L^2(0,T)$ 中相对紧.

对 $S_i^{u,\varepsilon}$ 做如下延拓: 当 $t<0$ 或 $t>T$ 时, $S_i^{u,\varepsilon}(t)=0$. 显然, $S_i^{u,\varepsilon}(t)$ 在 R 上关于 u 一致有界, $\lim\limits_{a\to+\infty}\displaystyle\int_{|s|>a}[S_i^{u,\varepsilon}(s)]^2\mathrm{d}s=0$ 关于 u 一致成立, 且

$$\begin{aligned}\int_0^T[S_i^{u,\varepsilon}(s+t)-S_i^{u,\varepsilon}(s)]^2\mathrm{d}s&=\int_0^T\left[\int_s^{s+t}\frac{\mathrm{d}S_i^{u,\varepsilon}(r)}{\mathrm{d}r}\mathrm{d}r\right]^2\mathrm{d}s\\&\leqslant|t|\int_0^T\left|\int_s^{s+t}\left[\frac{\mathrm{d}S_i^{u,\varepsilon}(r)}{\mathrm{d}r}\right]^2\mathrm{d}r\right|\mathrm{d}s\\&\leqslant|t|T\int_0^T\left[\frac{\mathrm{d}S_i^{u,\varepsilon}(r)}{\mathrm{d}r}\right]^2\mathrm{d}r\end{aligned}$$

再利用 $\dfrac{\mathrm{d}S_i^{u,\varepsilon}(t)}{\mathrm{d}t}$ 关于 u 的一致有界性得

$$\lim_{t\to0}\int_0^T[S_i^{u,\varepsilon}(s+t)-S_i^{u,\varepsilon}(s)]^2\mathrm{d}s=0,i=1,2$$

因此, $\{S_i^{u,\varepsilon}:u\in U\}$ 在 $L^2(0,T)$ 中相对紧. 最后, 根据 p^u 关于 u 的一致有界性知

$$|S_i^u(t)-S_i^{u,\varepsilon}(t)|=\int_{a-\varepsilon}^a w_i(a,t)p_i^u(a,t)\mathrm{d}a\leqslant\varepsilon Mw_0,i=1,2,\ \text{所有的}\ t\in[0,T],\ u\in U$$

由 $\{S_i^{u,\varepsilon}:u\in U\}$ 的相对紧性自然可证明该引理 .

定理 5.2 假设引理 5.4 成立, 那么控制问题有解.

证明 令 $d=\sup\limits_{u\in U}J(u)$, 由定理 5.1 知 $0\leqslant d<+\infty$. 设 $\{u_i^n:n\geqslant1\}$ 为 U 中的极大化序列, 使得

$$d-\frac{1}{n}<J(u^n)\leqslant d \tag{5.1.16}$$

由于 $p_i^{u_i^n}$ 关于 u_i^n 一致有界, 故存在 u^n 的子序列 (仍记为 u_i^n), 使得当 $n\to\infty$ 时,

$$p^{u^n}\text{在 } L^2(Q) \text{ 中弱收敛于}p^* \tag{5.1.17}$$

同时存在子序列 $\{c_{i0}^n\},\{c_e^n\}$, 分别满足 $\{c_{i0}^n\}$ 在 [0,T] 中收敛于 $c_0^*(n\to\infty)$, $\{c_e^n\}$ 在 [0,T] 中收敛于 $c_e^*(n\to\infty)$.

令 $S_i^u(t)=\displaystyle\int_0^A w_i(a,t)p_i^u(a,t)\mathrm{d}a,\ t\in(0,T)$. 另外, 根据引理 5.4 知, 存在 u^n 的子序列 (仍记为 u_i^n), 使得当 $n\to\infty$ 时, 下式成立:

$$在L^2(0,T)\ 中,\ S_i^{u^n} \to S_i^*$$

$$对\ [0,T]\ 中几乎所有的\ t,有\ S_i^{u^n}(t) \to S_i^*(t) \tag{5.1.18}$$

对序列 p^{u^n}, $\{c_{i0}^n\}$ 和 $\{c_e^n\}$ 应用 Mazur 定理, 存在序列 $\{\widetilde{p}_i^n : n \geqslant 1\}$, $\{c_{i0}^n\}$, $\{c_e^n\}$ 和实数 a_i^n, 使得

$$\begin{aligned}
\widetilde{p}_i^n(a,t) &= \sum_{j=n+1}^{k_n} a_j^n p_i^{u^j}(a,t), \quad a_j^n \geqslant 0, \qquad \sum_{j=n+1}^{k_n} a_j^n = 1,\\
\widetilde{c}_{i0}^n(t) &= \sum_{j=n+1}^{k_n} a_j^n c_{i0}^{n_j}, \quad a_j^n \geqslant 0, \qquad \sum_{j=n+1}^{k_n} a_j^n = 1,\\
\widetilde{c}_e^n(t) &= \sum_{j=n+1}^{k_n} a_j^n c_e^{n_j}, \quad a_j^n \geqslant 0, \qquad \sum_{j=n+1}^{k_n} a_j^n = 1
\end{aligned} \tag{5.1.19}$$

并且

$$在\ L^2(Q)\ 中当\ n \to \infty 时,\ \widetilde{p}_i^n \to p_i^*$$

$$在\ [0,T]\ 中当\ n \to \infty 时,\ \widetilde{c}_{i0}^n \to c_{i0}^*,\ \ \widetilde{c}_e^n \to c_e^* \tag{5.1.20}$$

定义控制序列 $\widetilde{u}_i^n$

$$\widetilde{u}_i^n = \begin{cases} \dfrac{\displaystyle\sum_{j=n+1}^{k_n} a_j^n u_i^j(a,t) p_i^{u^j}(a,t)}{\displaystyle\sum_{j=n+1}^{k_n}\sum_{i=1}^{2} a_j^n p_i^{u^j}(a,t)}, & 当 \displaystyle\sum_{j=n+1}^{k_n} a_j^n p_i^{u_i^j}(a,t) \neq 0 时,\\ \widetilde{u}_i^n = \underline{u_i}, & 当 \displaystyle\sum_{j=n+1}^{k_n} a_j^n p_i^{u_i^j(a,t)} = 0 时. \end{cases} \tag{5.1.21}$$

显然, $\widetilde{u}_i^n \in U$. 利用 $L^2(Q)$ 中有界序列的弱紧性知, 存在子序列 (仍记为 $\widetilde{u}_i^n$), 使得

$$在\ L^2(Q)\ 中,\ 当\ n \to \infty 时,\ \widetilde{u}_i^n 收敛于 u_i^*$$

由式 (5.1.17)和式 (5.1.18) 知

$$S_i^*(t) = \int_0^a w_i(a,t) p_i^*(a,t) \mathrm{d}a$$

根据控制问题 (5.1.15)、式 (5.1.19) 和 式 (5.1.21) 可得

$$
\begin{aligned}
&= \int_0^T \int_0^A g_i(a,t) \sum_{j=n+1}^{k_n} a_j^n u_i^j(a,t) p_i^{u_i^j}(a,t)\mathrm{d}a\mathrm{d}t \\
&= \int_0^T \int_0^A g_i(a,t) \widetilde{u}_i^n(a,t) \widetilde{p}_i^n(a,t)\mathrm{d}a\mathrm{d}t \\
&\to \sum_{i=1}^{2} \int_0^T \int_0^A g_i(a,t) u_i^*(a,t) p_i^{u^*}(a,t)\mathrm{d}a\mathrm{d}t \ (\text{当 } n \to \infty) \\
&= J(u^*)
\end{aligned}
\tag{5.1.24}
$$

所以, $J(u^*) = d = \sup\limits_{u \in U} J(u)$. 这说明 u^* 为最优解.

5.1.3 最优控制的必要条件

本节主要考虑最优控制的必要条件. 假设 (p, c_0, c_e) 是下列系统相应于 u 的解:

$$
\begin{cases}
\dfrac{\partial p_1}{\partial a} + \dfrac{\partial p_1}{\partial t} = -\mu_1(a, c_{10}(t), S_1(t))p_1(a,t) - \\
\lambda_1(a,t)P_2(t)p_1(a,t) - u_1(a,t)p_1(a,t), & (a,t) \in Q, \\
\dfrac{\partial p_2}{\partial a} + \dfrac{\partial p_2}{\partial t} = -\mu_2(a, c_{20}(t), S_2(t))p_2(a,t) - \\
\lambda_2(a,t)P_1(t)p_2(a,t) - u_2(a,t)p_2(a,t), & (a,t) \in Q, \\
\dfrac{\mathrm{d}c_{10}(t)}{\mathrm{d}t} = kc_e(t) - gc_{10}(t) - mc_{10}(t), & t \in (0,T), \\
\dfrac{\mathrm{d}c_{20}(t)}{\mathrm{d}t} = kc_e(t) - gc_{20}(t) - mc_{20}(t), & t \in (0,T), \\
\dfrac{\mathrm{d}c_e(t)}{\mathrm{d}t} = -k_1c_e(t)[P_1(t) + P_2(t)] + g_1[c_{10}(t)P_1 + c_{20}(t)P_2(t)] - \\
hc_e(t) + v(t), & t \in (0,T), \\
p_i(0,t) = \displaystyle\int_0^A \beta_i(a, c_{i0}(t), S_i(t))p_i(a,t)\mathrm{d}a, \ i = 1,2, & a \in (0,A), \\
p_i(a,0) = p_{i0}(a), \ i = 1,2, & t \in (0,T), \\
S_i(t) = \displaystyle\int_0^A w_i(a,t)p_i(a,t)\mathrm{d}a, \ i = 1,2, & t \in (0,T), \\
0 \leqslant c_{i0}(t) \leqslant 1, \ 0 \leqslant c_e(t) \leqslant 1, \\
P_i(t) = \displaystyle\int_0^A p_i(a,t)\mathrm{d}a & (a,t) \in Q.
\end{cases}
\tag{5.1.25}
$$

定理 5.3　如果 u^* 是最优控制, (p^*, c_0^*, c_e^*) 是对应的最优状态, 则

$$u_i^*(a,t) = Ł_i\left(\frac{[w_i(a,t)-q_i(a,t)]p_i^*(a,t)}{c_i}\right)(i=1,2) \text{ 在 } Q \text{ 上几乎处处成立.}$$

其中

$$Ł_i(x) = \begin{cases} 0, & x < 0, \\ x, & 0 \leqslant x \leqslant H_i,\ i=1,2, \\ H_i, & x > H_i. \end{cases}$$

$(q_4, q_5, \cdots, q_8)$ 是下列共轭系统相应于 u^* 的解

$$\begin{cases} \dfrac{\partial q_4}{\partial a} + \dfrac{\partial q_4}{\partial t} = -[\mu_1(a, c_{10}^*(t), S_1^*(t)) + \lambda_1(a,t)P_2^*(t) + u_1^*(a,t)]q_4(a,t) + \\ [k_1 c_e^*(t) - g_1 c_{10}^*(t)]q_8(t) + q_4(0,t)\beta_1(a, c_{10}^*(t), S_1^*(t)) + \\ w_1(a,t)u_1^*(a,t) + \lambda_2\displaystyle\int_0^A q_5 P_2^* \mathrm{d}a - \int_0^{a_+} g_1 q_8 c_{10}^*(t)\mathrm{d}a, \\ \dfrac{\partial q_5}{\partial a} + \dfrac{\partial q_5}{\partial t} = -[\mu_2(a, c_{20}^*(t), S_2^*(t)) + \lambda_2(a,t)P_2^*(t) + u_2^*(a,t)]q_5(a,t) + \\ [k_1 c_e^*(t) - g_1 c_{20}^*(t)]q_5(t) + q_5(0,t)\beta_2(a, c_{20}^*(t), S_2^*(t)) + \\ w_2(a,t)u_2^*(a,t) + \lambda_1\displaystyle\int_0^{a_+} q_4 P_1^* \mathrm{d}a - \int_0^{a_+} g_1 q_5 c_{20}^*(t)\mathrm{d}a \\ \dfrac{\mathrm{d}q_3}{\mathrm{d}t} = \displaystyle\int_0^A \frac{\partial \mu_1(a, c_{10}^*(t), S_1^*(t))}{\partial c_{10}} p_1^*(a,t)q_4(a,t)\mathrm{d}a + (g+m)q_6(t) - g_1 P_1^*(t)q_8(t) - \\ q_4(0,t)\displaystyle\int_0^A \frac{\partial \beta_1(a, c_{10}^*(t), S_1^*(t))}{\partial c_{10}} p_1^*(a,t)\mathrm{d}a \\ \dfrac{\mathrm{d}q_7}{\mathrm{d}t} = \displaystyle\int_0^A \frac{\partial \mu_2(a, c_{20}^*(t), S_2^*(t))}{\partial c_{20}} p_2^*(a,t)q_2(a,t)\mathrm{d}a + (g+m)q_4(t) - g_1 P_2^*(t)q_5(t) - \\ q_5(0,t)\displaystyle\int_0^A \frac{\partial \beta_2(a, c_{20}^*(t), S_2^*(t))}{\partial c_{20}} p_2^*(a,t)\mathrm{d}a \\ \dfrac{\mathrm{d}q_8}{\mathrm{d}t} = -kq_6(t) - kq_7(t) + k_1 P_1^*(t)q_8 + k_1 P_2^*(t)q_8(t) + hq_8(t), \\ q_i(a,T) = q_i(A,t) = 0, q_j(T) = 0, \quad i=4,5, \quad j=6,7,8. \end{cases} \tag{5.1.26}$$

证明　系统 (5.1.26) 的唯一有界解的存在性可用与系统 (5.1.1) 相同的方法处理. $(u^* + \varepsilon v_{i1}) \in U$ 使得 ε 足够小. 由 $J(u^* + \varepsilon v_{i1}) \leqslant J(u^*)$ 可得

$$\sum_{i=1}^{2}\int_0^T\int_0^A w_i(u_i^* + \varepsilon v_{i1})p_i^\varepsilon \mathrm{d}a\mathrm{d}t \leqslant \sum_{i=1}^{2}\int_0^T\int_0^A w_i u_i^* p_i^* \mathrm{d}a\mathrm{d}t \tag{5.1.27}$$

即

$$\sum_{i=1}^{2}\int_0^T\int_0^A w_i u_i^* z_i^* \mathrm{d}a\mathrm{d}t+\sum_{i=1}^{2}\int_0^T\int_0^A w_i v_{i1} p_i^* \mathrm{d}a\mathrm{d}t\leqslant 0$$

$z_i(a,t) = \lim\limits_{\varepsilon\to 0}\dfrac{1}{\varepsilon}(p_i^{\varepsilon}(a,t) - p_i^*(a,t))$, $z_{i+2}(t) = \lim\limits_{\varepsilon\to 0}\dfrac{1}{\varepsilon}(c_{i0}^{\varepsilon}(t) - c_{i0}^*(t))$, $z_8(t) = \lim\limits_{\varepsilon\to 0}\dfrac{1}{\varepsilon}(c_e^{\varepsilon}(t)-c_e^*(t))$, $(p^{\varepsilon}, c_0^{\varepsilon}, c_e^{\varepsilon})$ 是相应于 $u^*+\varepsilon v_{i1}$ 的解. 由定理 5.3 可知 $z_4, z_5, \cdots, z_8$ 有意义, 同时 $(z_4, z_5, \cdots, z_8)$ 满足

$$\begin{cases}\dfrac{\partial z_4}{\partial a}+\dfrac{\partial z_4}{\partial t}=-[\mu_1(a,c_{10}^*(t),S_1^*(t))+\lambda_1(a,t)P_2^*(t)+u_1^*(a,t)]z_4(a,t)-\\ \lambda_1 p_1(*)\displaystyle\int_0^A z_5(a,t)\mathrm{d}a-\dfrac{\partial\mu_1(a,c_{10}^*(t),S_1^*(t))}{\partial c_{10}}p_1^*(a,t)z_6(t)-\\ \dfrac{\partial\mu_1(a,c_{10}^*(t),S_1^*(t))}{\partial S_1}p_1^*(a,t)z_6(t)-v_{11}p_1^*(a,t),\\ \dfrac{\partial z_5}{\partial a}+\dfrac{\partial z_5}{\partial t}=-[\mu_2(a,c_{20}^*(t),S_2^*(t))+\lambda_2(a,t)P_1^*(t)+u_2^*(a,t)]z_5(a,t)-\\ \lambda_2 p_2(*)\displaystyle\int_0^A z_4(a,t)\mathrm{d}a-\dfrac{\partial\mu_2(a,c_{20}^*(t),S_2^*(t))}{\partial c_{20}}p_1^*(a,t)z_7(t)-\\ \dfrac{\partial\mu_2(a,c_{20}^*(t),S_2^*(t))}{\partial S_2}p_1^*(a,t)z_7(t)-v_{21}p_1^*(a,t),\\ \dfrac{\mathrm{d}z_6}{\mathrm{d}t}=kz_8(t)-gz_6(t)-mz_6(t),\\ \dfrac{\mathrm{d}z_7}{\mathrm{d}t}=kz_8(t)-gz_7(t)-mz_7(t),\\ \dfrac{\mathrm{d}z_8}{\mathrm{d}t}=-k_1c_e^*(t)(Z_4(t)+Z_2(t))+g_4(c_{10}^*(t)Z_4(t)+c_{20}^*(t)Z_5(t))+\\ g_1(P_1^*(t)z_6(t)+P_2^*(t)z_7(t))-(k_1(P_1^*(t)+P_2^*(t))+h)z_8(t)+v_2(t),\\ z_i(0,t)=\displaystyle\int_0^A\beta_i(a,c_0^*(t),S^*(t))z_i(a,t)\mathrm{d}a+\\ \displaystyle\int_0^A\dfrac{\partial\beta_i(a,c_{i0}^*(t),S_i^*(t))}{\partial c_{i0}}p_i^*(a,t)z_{i+2}(t)\mathrm{d}a+\\ \displaystyle\int_0^A\dfrac{\partial\beta_i(a,c_{i0}^*(t),S_i^*(t))}{\partial S_i}p_i^*(a,t)z_{i+2}(t)\mathrm{d}a,\\ z_i(a,0)=z_{i+2}(0)=0, z_8(0)=0,\quad i=4,5,\\ Z_i(t)=\displaystyle\int_0^A z_i(a,t)\mathrm{d}a, P_i^*(t)=\int_0^A p_i^*(a,t)\mathrm{d}a.\end{cases}\tag{5.1.28}$$

给系统 (5.1.26) 的前 3 个方程分别乘以 $q_4, q_5, \cdots, q_8$, 在 Q 和 $(0,T)$ 上积分, 并结合式 (5.1.28) 得

$$\begin{aligned}&\sum_{i=1}^{2}\int_0^T\int_0^A w_i(a,t)u_i^*(a,t)z_i^*(a,t)\mathrm{d}a\mathrm{d}t\\=&-\sum_{i=1}^{2}\int_0^T\int_0^A q_i(a,t)v_{1i}(a,t)p_i^*(a,t)\mathrm{d}a\mathrm{d}t+\int_0^T v_2(t)q_8(t)\mathrm{d}t\end{aligned}\tag{5.1.29}$$

将式 (5.1.29) 代入式 (5.1.27) 可得

$$\sum_{i=1}^{2}\int_0^T\int_0^A (w_i-q_i)p_i^*v_{1i}\mathrm{d}a\mathrm{d}t+\int_0^T v_2(t)q_5(t)\mathrm{d}t\leqslant 0,\ \text{所有的}v\in T_u(u^*)$$

因此, 根据法锥性质可知: $((w_i-q_i)p_i^*+q_5(t))\in N_u(u^*)$, 即定理结论成立.

5.1.4　小结

本节建立了污染环境中与年龄相关的具有加权的竞争种群动力系统, 利用不动点定理得出该系统解的唯一性, 利用极大化序列及紧性证明最优控制的存在性, 利用法锥性质得到最优控制的必要条件.

5.2　污染环境中具有年龄等级结构的竞争种群系统的最优控制

研究发现, 绝大多数生物种群内部存在个体之间的等级差异, 这种差异会对种群的发展产生重要影响, 因此有学者对该方面进行了研究: Azmy S.Ackleh 和 Keng Deng 研究了非线性分层年龄结构人口模型, 证明了模型解的存在唯一性, 还推导了种群灭绝或持续的参数[121]. 何泽荣等研究了年龄等级结构种群系统的最优控制[122, 123]. 这些研究均证明了等级结构对生物种群的影响力. 截至目前, 考虑年龄等级结构的种群模型较多, 但环境污染中带有年龄等级结构的竞争种群模型并未出现.

5.2.1　基本模型

本节在参考文献 [123] 的模型基础上加入环境污染因子 (由于环境对种群影响巨大, 这样建立的模型更符合实际), 提出并研究如下污染环境中具有年龄等级结构的竞争种群系统

$$\begin{cases} \dfrac{\partial p_1}{\partial t}+\dfrac{\partial p_1}{\partial a}=-[\mu_1(a,c_{10}(t))+m_1(E(p_1)(a,t))+ \\ f_1(E(p_2)(a,t))+u_1(a,t)]p_1, & (a,t)\in Q_T, \\ \dfrac{\partial p_2}{\partial t}+\dfrac{\partial p_2}{\partial a}=-[\mu_2(a,c_{20}(t))+m_2(E(p_2)(a,t))+ \\ f_2(E(p_1)(a,t))+u_2(a,t)]p_2, & (a,t)\in Q_T, \\ \dfrac{\mathrm{d}c_{10}(t)}{\mathrm{d}t}=kc_e(t)-gc_{10}(t)-mc_{10}(t), & (a,t)\in Q_T, \\ \dfrac{\mathrm{d}c_{20}(t)}{\mathrm{d}t}=kc_e(t)-gc_{20}(t)-mc_{20}(t), & (a,t)\in Q_T, \\ \dfrac{\mathrm{d}c_e(t)}{\mathrm{d}t}=-l_1c_e(t)[P_1(t)+P_2(t)]+w_1[c_{10}(t)P_1(t)+c_{20}(t)P_2(t)]- \\ hc_e(t)+v(t), & t\in(0,T), \\ 0\leqslant c_{i0}(t)\leqslant 1, 0\leqslant c_e(t)\leqslant 1, & t\in(0,T), \\ p_i(a,0)=p_{i0}(a), & a\in(0,A), \\ P_i(t)=\displaystyle\int_0^a p_i(a,t)\mathrm{d}a, \\ E(p_i)(a,t)=\displaystyle\int_0^a p_i(a,t)\mathrm{d}a+\alpha_i\int_a^A p_i(a,t)\mathrm{d}a, & (a,t)\in Q_T, \\ p_i(0,t)=\displaystyle\int_0^A \beta_i(a,c_{i0}(t),E(p_i)(a,t))p_i(a,t)\mathrm{d}a, & t\in(0,T). \end{cases} \tag{5.2.1}$$

其中, $Q_T=(0,A)\times(0,T)$, 固定常数 A 表示种群个体所能达到的最大年龄; $p_i(a,t)$ 表示 t 时刻年龄为 a 的第 i 个种群的分布密度; $c_{i0}(t)$ 和 $c_e(t)$ 分别表示 t 时刻有机物中污染物的浓度、环境中污染物的浓度; 生命参数 $\beta_i(a,c_{i0}(t),E(p_i)(a,t)),\mu_i(a,c_{i0}(t))$ 分别表示 t 时刻年龄为 a 的种群个体的平均出生率和自然死亡率; $p_{i0}(a)$ 表示种群 i 分布的初始年龄; 函数 $f_i(E(p_j)(a,t))$ $(i,j=1,2)$ 表示种群 j 对种群 i 的影响; $E(p_i)(a,t)$ 表示 t 时刻种群 i 中年龄大于 a 的个体所面临的种内关系, $0\leqslant\alpha_i<1$ 是等级系数; $P_i(t)$ 为第 i 个种群的时变总量; k,g,m,k_1,g_1,h 为非负常数; 对第 i 个种群的收获强度 u_i 受制于容许控制集

$$u_i\in U=\{(u_1,u_2)\in(L^\infty_{\mathrm{loc}}(Q))^2|0\leqslant u_i(a,t)\leqslant U_i\},(i=1.2),U:=U_1\times U_2$$

本节做以下假设:

(H_1) $\forall(a,s)\in(0,A)\times(0,\infty)$有$0\leqslant\beta_i(a,c_{i0}(t),s)\leqslant\beta^*$, β^*为固定常数, $|\beta_i(a,c_{i0}(t),s_1)-\beta_i(a,c_{i0}(t),s_2)|\leqslant L_\beta|s_1-s_2|$.

(H_2) $\mu_i(a,c_{i0}(t))>0,\displaystyle\int_0^A\mu_i(a,c_{i0}(t))\mathrm{d}a=+\infty$.

(H_3) $\forall s\in(0,\infty)$, 有$|m_i(s)|\leqslant m^*$, m^*为固定常数, m_i 满足局部 Lipschitz 条件.

(H_4) $\forall s\in(0,\infty)$, 有$|f_i(s)|\leqslant f^*$, f^*为固定常数, f_i满足局部 Lipschitz 条件.

(H_5) $\forall a\in(0,A)$, 有$0\leqslant p_{i0}(a)\leqslant p_0^*$, p_0^*为固定常数.

(H_6) $\forall a\in(0,A)$, 有 $\displaystyle\int_0^A p_i\mathrm{d}a\leqslant M$.

5.2.2　系统的适定性

定义 5.2　系统 (5.2.1) 的解为 $(p_1(a,t),p_2(a,t),c_{10}(t),c_{20}(t),c_e(t))$, 它在每条特征线 $a-t=c$ 上绝对连续且满足

$$\begin{cases}Dp_1(a,t)+[\mu_1(a,c_{10}(t))+m_1(E(p_1)(a,t))+f_1(E(p_2)(a,t))+u_1(a,t)]p_1=0,\\ Dp_2(a,t)+[\mu_2(a,c_{20}(t))+m_2(E(p_2)(a,t))+f_2(E(p_1)(a,t))+u_2(a,t)]p_2=0,\\ \dfrac{\mathrm{d}c_{10}(t)}{\mathrm{d}t}=kc_e(t)-gc_{10}(t)-mc_{10}(t),\\ \dfrac{\mathrm{d}c_{20}(t)}{\mathrm{d}t}=kc_e(t)-gc_{20}(t)-mc_{20}(t),\\ \dfrac{\mathrm{d}c_e(t)}{\mathrm{d}t}=-l_1c_e(t)[P_1(t)+P_2(t)]+w_1[c_{10}(t)P_1(t)+c_{20}(t)P_2(t)]-hc_e(t)+v(t),\\ P_i(t)=\displaystyle\int_0^a p_i(a,t)\mathrm{d}a,\\ \lim\limits_{\varepsilon\to0}p_i(a+\varepsilon,\varepsilon)=p_{i0}(a),\\ E(p_i)(a,t)=\displaystyle\int_0^a p_i(a,t)\mathrm{d}a+\alpha_i\int_a^A p_i(a,t)\mathrm{d}a,\\ \lim\limits_{\varepsilon\to0}p_i(\varepsilon,t+\varepsilon)=\displaystyle\int_0^A\beta_i(a,c_{i0}(t),E(p_i)(a,t))p_i(a,t)\mathrm{d}a.\end{cases}$$

其中

$$Dp_1(a,t)=\lim_{\varepsilon\to0}\varepsilon^{-1}[p_i(a+\varepsilon,t+\varepsilon)-p_i(a,t)],i=1,2$$

将系统 (5.2.1) 中函数 m_i,f_i,β_i 里的 p_i 固定为非负函数 h_i, 可得

$$
\begin{cases}
\dfrac{\partial p_1}{\partial t}+\dfrac{\partial p_1}{\partial a}=-[\mu_1(a,c_{10}(t))+m_1(E(h_1)(a,t))+f_1(E(h_2)(a,t))+u_1(a,t)]p_1,\\
\dfrac{\partial p_2}{\partial t}+\dfrac{\partial p_2}{\partial a}=-[\mu_2(a,c_{20}(t))+m_2(E(h_2)(a,t))+f_2(E(h_1)(a,t))+u_2(a,t)]p_2,\\
\dfrac{\mathrm{d}c_{10}(t)}{\mathrm{d}t}=kc_e(t)-gc_{10}(t)-mc_{10}(t),\\
\dfrac{\mathrm{d}c_{20}(t)}{\mathrm{d}t}=kc_e(t)-gc_{20}(t)-mc_{20}(t),\\
\dfrac{\mathrm{d}c_e(t)}{\mathrm{d}t}=-l_1c_e(t)[P_1(t)+P_2(t)]+w_1[c_{10}(t)P_1(t)+c_{20}(t)P_2(t)]-hc_e(t)+v(t),\\
P_i(t)=\displaystyle\int_0^a p_i(a,t)\mathrm{d}a,\\
p_i(a,0)=p_{i0}(a),\\
E(x_i)(a,t)=\displaystyle\int_0^a x_i(a,t)\mathrm{d}a+\alpha_i\int_a^A x_i(a,t)\mathrm{d}a,\\
p_i(0,t)=\displaystyle\int_0^A \beta_i(a,c_{i0}(t),E(h_i)(a,t))p_i(a,t)\mathrm{d}a.
\end{cases}
\tag{5.2.2}
$$

式 (5.2.2) 存在非负有界解 $(p_1(a,t;h_1),p_2(a,t;h_2),c_{10}(t),c_{20}(t),c_e(t))$, 运用特征线法可得

$$
p_i(a,t;h)=\begin{cases}p_{i0}(a-t)\Pi_i(a,t,t;h), & a\geqslant t,\\ b_i(t-a;h)\Pi_i(a,t,a;h), & a<t.\end{cases}
\tag{5.2.3}
$$

$$
c_{i0}=c_{i0}(0)\exp\{-(g+m)t\}+k\int_0^t c_e(s)\exp\{(s-t)(g+m)\}\mathrm{d}s,\quad i=1,2 \tag{5.2.4}
$$

$$
\begin{aligned}
c_e=&c_e(0)\exp\left\{-\int_0^t[l_1P_1(\tau)+l_1P_2(\tau)+h]\mathrm{d}\tau\right\}+\int_0^t[w_1c_{10}(s)P_1(s)+\\
&w_1c_{20}(s)P_2(s)+v(s)]\exp\left\{\int_t^s[k_1P_1(\tau)+k_1P_2(\tau)+h]\mathrm{d}(\tau)\right\}\mathrm{d}s
\end{aligned}
\tag{5.2.5}
$$

其中

$$
\begin{aligned}
\Pi_i(a,t,s;h)=\exp\Bigg\{-\int_0^s&[\mu_i(a-\tau,c_{i0}(t-\tau))+m_i(E(h_i)(a-\tau,t-\tau))+\\
&f_i(E(h_j)(a-\tau,t-\tau))]\mathrm{d}\tau\Bigg\}
\end{aligned}
\tag{5.2.6}
$$

其中, $s\in(0,\min(a,t))$, 由系统 (5.2.1) 和式 (5.2.3) 可得, $b_i(t:h):=p_i(0,t;h)$ 满足方程

$$b_i(t:h)=\int_0^A K_i(c_{i0}(t),s;h)b(t-s;h)\mathrm{d}s+F_i(c_{i0}(t);h),\qquad t\in(0,T)$$

其中

$$K_i(c_{i0}(t),s;h)=\begin{cases}\beta_i(a,c_{i0}(t),E(h_i)(a,t))\Pi_i(a,t,a;h), & (a,t)\in Q_T,\\ 0, & \text{其他}.\end{cases}\tag{5.2.7}$$

$$F_i(c_{i0}(t);h)=\begin{cases}\displaystyle\int_t^A \beta_i(a,c_{i0}(t),E(h_i)(a+t,t))p_{i0}(a)\Pi_i(a+t,t,t;h), & t\in(0,c),\\ 0, & t\geqslant c.\end{cases}\tag{5.2.8}$$

这里 $c=\min(A,T)$.

定理 5.4　若假设 $(\mathrm{H}_1)\sim(\mathrm{H}_5)$ 成立且 $p_i(a,t)\geqslant 0$, 则系统 (5.2.1) 存在唯一的非负有界解

$$(p_1(a,t),p_2(a,t),c_{10}(t),c_{20}(t),c_e(t))$$

证明　定义 $p=(p_1(a,t),p_2(a,t)),c_0=(c_{10}(t),c_{20}(t))$ 和空间

$$X=\{(p,c_0,c_e)\in[L^1(0,A)\times(0,T)]^2\times[L^1(0,t)]^3;0\leqslant c_{i0}\leqslant 1,0\leqslant c_e\leqslant 1\}$$

定义映射 $G:X\to X$, $G(p,c_0,c_e)=(G_1(p,c_0,c_e),G_2(p,c_0,c_e),\cdots,G_5(p,c_0,c_e))$. 这里

$$G_i(p,c_0,c_e)=\begin{cases}p_{i0}(a-t)\Pi_i(a,t,t;h), & a\geqslant t,\\ b_i(t-a;x)\Pi_i(a,t,a;h), & a<t.\end{cases}\tag{5.2.9}$$

$$G_l(p,c_0,c_e)=c_{l0}(0)\exp\{-(g+m)t\}+k\int_0^t c_e(s)\ \exp\{(s-t)(g+m)\}\mathrm{d}s,\quad l=3,4\tag{5.2.10}$$

$$\begin{aligned}G_5(p,c_0,c_e)=&c_e(0)\exp\left\{-\int_0^t[l_1P_1(\tau)+l_1P_2(\tau)+h]d\tau\right\}+\int_0^t[w_1c_{10}(s)P_1(s)+\\&w_1c_{20}(s)P_2(s)+v(s)]\exp\left\{\int_t^s[k_1P_1(\tau)+k_1P_2(\tau)+h]\mathrm{d}\tau\right\}\mathrm{d}s\end{aligned}\tag{5.2.11}$$

设 $h^j=(p^j,c_0^j,c_e^j)(j=1,2)$, 当 $0<t<A$ 时, 有

$$\int_0^A|G_i(h^1)-G_i(h^2)|\mathrm{d}a$$

$$
\begin{aligned}
&=\int_0^t\bigg|\exp\left\{-\int_0^s[\mu_i(a-\tau,c_{i0}^1(t-\tau))+m_i(E(p_i^1)(a-\tau,t-\tau))+\right.\\
&\left.f_i(E(p_j^1)(a-\tau,t-\tau))]\mathrm{d}\tau\right\}\times\int_0^A\beta_i(a,c_{i0}^1(t-a),E(p_i^1)(r,t-a))p_i^1(r,t-a)\mathrm{d}r-\\
&\int_0^t\bigg|\exp\left\{-\int_0^s[\mu_i(a-\tau,c_{i0}^2(t-\tau))+m_i(E(p_i^2)(a-\tau,t-\tau))+\right.\\
&\left.f_i(E(p_j^2)(a-\tau,t-\tau))]\mathrm{d}\tau\right\}\times\\
&\int_0^A\beta_i(a,c_{i0}^2(t-a),E(p_i^2)(r,t-a))p_i^2(r,t-a)\mathrm{d}r\bigg|\mathrm{d}a+\\
&\int_t^A\bigg|p_{i0}\exp\left\{-\int_0^s[\mu_i(a-\tau,c_{i0}^1(t-\tau))+m_i(E(p_i^1)(a-\tau,t-\tau))+\right.\\
&\left.f_i(E(p_j^1)(a-\tau,t-\tau))]\mathrm{d}\tau\right\}-\\
&p_{i0}\exp\left\{-\int_0^s[\mu_i(a-\tau,c_{i0}^2(t-\tau))+m_i(E(p_i^2)(a-\tau,t-\tau))+\right.\\
&\left.f_i(E(p_j^2)(a-\tau,t-\tau))]\mathrm{d}\tau\right\}\bigg|\mathrm{d}a\\
&\leqslant\int_0^t\int_0^A|\beta_i(a,c_{i0}^1,E(p_i^1)(r,t-a))p_i^1(r,t-a)-\\
&\beta_i(a,c_{i0}^2,E(p_i^2)(r,t-a))p_i^2(r,t-a)|\mathrm{d}r\mathrm{d}a+\\
&M\beta^*\int_0^t\int_0^A|\mu_i(a-\tau,c_{i0}^1(t-\tau))+m_i(E(p_i^1)(a-\tau,t-\tau))+\\
&f_i(E(p_j^1)(a-\tau,t-\tau))-\mu_i(a-\tau,c_{i0}^2(t-\tau))+m_i(E(p_i^2)(a-\tau,t-\tau))+\\
&f_i(E(p_j^2)(a-\tau,t-\tau))|\mathrm{d}\tau\mathrm{d}a+p_0^*\int_0^{A-t}\bigg|\exp\left\{-\int_0^s[\mu_i(a-\tau,c_{i0}^1(t-\tau))+\right.\\
&\left.m_i(E(p_i^1)(a-\tau,t-\tau))+f_i(E(p_j^1))]\mathrm{d}\tau\right\}-\\
&\exp\left\{-\int_0^s[\mu_i(a-\tau,c_{i0}^2(t-\tau))+m_i(E(p_i^2)(a-\tau,t-\tau))+\right.\\
&\left.f_i(E(p_j^2)(a-\tau,t-\tau))]\mathrm{d}\tau\right\}\bigg|\mathrm{d}a
\end{aligned}
$$

$$\leqslant\beta^*\int_0^t\int_0^A|p_i^1(r,s)-p_i^2(r,s)|\mathrm{d}r\mathrm{d}s+ML_\beta\int_0^t|c_{i0}^1(s)-c_{i0}^2(s)|\mathrm{d}s+$$
$$ML_\beta\int_0^t\int_0^A p_i^1(r,s)-p_i^2(r,s)+MT\beta^*L_\mu\int_0^t|c_{i0}^1(s)-c_{i0}^2(s)|\mathrm{d}s+$$
$$M\beta^*L_m\int_0^t\int_0^A|p_i^1(r,s)-p_i^2(r,s)|\mathrm{d}r\mathrm{d}s+M\beta^*L_f\int_0^t\int_0^A|p_i^1(r,s)-p_i^2(r,s)|\mathrm{d}r\mathrm{d}s+$$
$$p_0^*L_\mu A\int_0^t|c_{i0}^1(s)-c_{i0}^2(s)|\mathrm{d}s+2p_0^*\exp T(m^*+f^*)\int_0^t\int_0^A|p_i^1(r,s)-p_i^2(r,s)|\mathrm{d}r\mathrm{d}s$$
$$\leqslant(\beta^*+ML_\beta+M\beta^*L_m+M\beta^*L_f+2p_0^*\exp T(m^*+f^*))\int_0^t\int_0^A|p_i^1(r,s)-$$
$$p_i^2(r,s)|\mathrm{d}r\mathrm{d}s+(ML_\beta+MT\beta^*L_\mu+p_0^*L_\mu A)\int_0^t|c_{i0}^1(s)-c_{i0}^2(s)|\mathrm{d}s \tag{5.2.12}$$

故当 $0<t<A$ 时, 有

$$\int_0^A|G_i(h^1)-G_i(h^2)|\mathrm{d}a$$
$$\leqslant C_1\left(\sum_{i=1}^2\int_0^A\int_0^t|p_i^1(a,s)-p_i^2(a,s)|\mathrm{d}a\mathrm{d}s+\int_0^t|c_{i0}^1(s)-c_{i0}^2(s)|\mathrm{d}s\right)$$

这里, $C_1=\max\{\beta^*+M(L_\beta+\beta^*L_m+\beta^*L_f)+2p_0^*\exp T(m^*+f^*),M(L_\beta+T\beta^*L_\mu)+p_0^*L_\mu A\}$.

此外, 当 $A<t<T$ 时, 有相同的结论.

$$|G_l(h^1)-G_l(h^2)|=\left|k\int_0^t c_e^1(s)\exp\{(s-t)(g+m)\}\mathrm{d}s-\right.$$
$$\left.k\int_0^t c_e^2(s)\exp\{(s-t)(g+m)\}\mathrm{d}s\right|$$
$$\leqslant C_2\int_0^t|c_e^1(s)-c_e^2(s)|\mathrm{d}s,\qquad C_2=k \tag{5.2.13}$$

$$|G_5(h^1)-G_5(h^2)|$$
$$=|c_e(0)\exp\left\{-\int_0^t[l_1P_1^1(\tau)+l_1P_2^1(\tau)+h]d\tau\right\}+\int_0^t[w_1c_{10}^1(s)P_1^1(s)+$$
$$w_1c_{20}^1(s)P_2^1(s)+v(s)]\exp\left\{\int_t^s[l_1P_1^1(\tau)+l_1P_2^1(\tau)+h]d(\tau)\right\}\mathrm{d}s-$$

$$\int_Q\left[\rho u^*(a,c_0(t),x)+\right.$$

$$\left.p^{u^*}\int_0^A\mu_{e1}(r,c_0(t),x,S^*(c_0(t),x))q^{u^*}p^{u^*}(r,c_0(t),x)\mathrm{d}r\right]v(a,c_0(t),x)\mathrm{d}a\mathrm{d}t\mathrm{d}x+$$

$$\int_0^T v(t)q_{11}\mathrm{d}t\geqslant 0 \tag{4.3.32}$$

利用法锥性质得

$$\left[-\rho u^*(a,c_0(t),x)-\right.$$

$$p^{u^*}(a,c_0(t),x)\int_0^A\mu_{e1}(r,c_0(t),x,S^*(c_0(t),x))q^{u^*}p^{u^*}(r,c_0(t),x)\mathrm{d}a+$$

$$\left.\int_0^T q_{11}\mathrm{d}t\right]\in N_U(u^*) \tag{4.3.33}$$

即定理结论成立.

4.3.4　小结

本节建立了污染环境中与年龄相关的带扩散的种群系统的模型, 利用不动点定理得出该系统解的唯一性, 利用极小化序列、紧性及下半连续性证明了最优控制的存在性, 利用法锥性质得到了最优控制的必要条件.

4.4　污染环境中具有个体尺度的非线性随机种群扩散系统的最优控制

由于生物种群是生活在某一空间里的, 而且经常移动它们所在的位置, 因而考虑带扩散项的种群模型更有实际意义. 对于确定系统的最优控制已经有了大量研究成果. 然而, 在现实生活中, 种群系统会受到随机环境的影响. 而且, 与确定系统相比, 随机种群系统能更好地反映种群的发展过程, 故而很多学者把随机因素引入数学模型中, 建立随机种群系统模型并进行研究[51–57, 112]. 宋广海研究了污染环境中具有捕食效应的随机种群模型的动力学问题 [113], 付静、魏丽莉等人研究了随机种群模型的平稳分布并对其进行数值模拟[114], Alexandru H 研究了在离散时间中随机种群模型的共存、灭绝和最优收获问题[80].

4.4.4 最优控制的存在性

对系统 (4.4.3) 在 $[0, A]$ 上积分, 可以得到方程

$$\begin{cases} \dfrac{\partial y}{\partial t} - k\Delta y + \mu_1(t,x,c_0(t);P(t,x))y - \beta_1(t,x,c_0(t);P(t,x))y + \\ u_1(t,x)y = f_1(t,x;P(t,x)) + g_1(t,x;P(t,x))\mathrm{d}\omega_t, \\ y(0,x) = y_0(x) \geqslant 0,\ x \in \Omega, \\ y(t,x) = 0,\ (t,x) \in Q_T. \end{cases} \tag{4.4.6}$$

其中,

$$y(t,x) = \int_0^{a_+} p(a,t,x)\mathrm{d}a$$

$$f_1(t,x;P(t,x)) \equiv \int_0^{a_+} f(a,t,x)\mathrm{d}a$$

$$g_1(t,x;P(t,x)) \equiv \int_0^{a_+} g(a,t,x)\mathrm{d}a$$

$$\begin{aligned} &\beta_1(t,x,c_0(t);P(t,x)) \\ \equiv &\left[\int_0^{a_+} \beta(a,t,x,c_0(t);P(t,x))p(a,t,x)\mathrm{d}a\right]\left[\int_0^{a_+} p(a,t,x)\mathrm{d}a\right]^{-1} \end{aligned}$$

$$\begin{aligned} &\mu_1(t,x,c_0(t);P(t,x)) \\ \equiv &\left[\int_0^{a_+} \mu(a,t,x,c_0(t);P(t,x))p(a,t,x)\mathrm{d}a\right]\left[\int_0^{a_+} p(a,t,x)\mathrm{d}a\right]^{-1} \end{aligned}$$

$$u_1(t,x) \equiv \left[\int_0^{a_+} u(a,t,x)p(a,t,x)\mathrm{d}a\right]\left[\int_0^{a_+} p(a,t,x)\mathrm{d}a\right]^{-1}$$

其中, $\beta_1(t,x,c_0(t);P(t,x))$ 表示时刻 t 位于 x 处尺度在 $[0,a_+]$ 上种群的生育率, $\mu_1(t,x,c_0(t);P(t,x))$ 表示时刻 t 位于 x 处尺度在 $[0,a_+]$ 上种群的死亡率, $u_1(t,x)$ 表示 t 时刻位于 x 处尺度在 $[0,a_+]$ 上的种群收获率.

若令 $Ay = -k\Delta(y)$, 则方程 (4.4.6) 变为

$$\begin{aligned} \mathrm{d}y_t + Ay\mathrm{d}t = &[-\mu_1(t,x,c_0(t);P(t,x))y + \\ &\beta_1(t,x,c_0(t);P(t,x))y - u_1(t,x)y + f_1(t,x,y;P(t,x))]\mathrm{d}t + \\ &g_1(t,x,y;P(t,x))\mathrm{d}\omega_t \end{aligned}$$

其中, $Q=[0,a_+]\times(0,T)\times\Omega(a_+,T\in(0,+\infty),\Omega\in R^n(n=1,2,3))$, 且 Ω 是一个具有充分光滑边界 $\partial\Omega$ 的非空有界区域, $\Sigma=(0,a_+\times(0,T)\times\Omega)$, $Q_T=(0,T)\times\Omega$, $Q_A=(0,a_+)\times\Omega$; 常数 a_+ 表示个体不能超过的最大尺度, $p(a,t,x)$ 表示 t 时刻位于 x 处尺度为 a 的种群个体的密度; $g(a)$ 表示个体尺度 a 随时间的增长率; $u(a,t,x)$ 表示 t 时刻位于 x 处尺度为 a 的种群收获率; $c_0(t)$ 和 $c_e(t)$ 分别表示 t 时刻有机物中污染物的浓度和环境中污染物的浓度; $\mu(a,t,x,c_0(t);P(t,x))$ 和 $\beta(a,t,x,c_0(t);P(t,x))$ 分别表示位于 x 处种群依赖于尺度 a 和浓度 $c_0(t)$ 的平均死亡率和出生率; $v(t)$ 表示单位时间内环境外部向环境内部输入的污染物量; $\dfrac{\partial p}{\partial v}(a,t,x)$ 表示在点 (a,t,x) 处沿单位外法向量 v 的方向导数; $P(t,x)$ 表示 t 时刻位于 x 处种群的加权总量; 常数 k 为种群的空间扩散系数; $f(a,t,x;P(t,x))$ 表示 t 时刻位于 x 处种群的加权总量, 如迁移、地震等突发性灾害造成的种群变化等; $g(a,t,x;P(t,x))\dfrac{\mathrm{d}w}{\mathrm{d}t}+h(a,t,x;P(t,x))\dfrac{\mathrm{d}N}{\mathrm{d}t}$ 为外部环境对所研究种群系统的随机扰动, 其中 $w(t)$ 是白噪声, $N(t)$ 是 Poisson 过程; $\delta(a,t)$ 是权函数; k,g,m,k_1,g_1,h 都是非负常数.

系统 (4.5.1) 的状态函数 $p(a,t,x)$ 依赖于控制变量 u, 因而我们把它记作 $p(a,t,x;u)$ 或简记为 $p(u)$.

人们希望通过控制 $u(t)$ 使系统 (4.5.1) 的状态 $p(a,t,x;u)$ 最佳逼近理想状态 $z_d(a,t)$, 即选取适当的 $u(t)$, 使得对于给定的 $u\in U_{ad},0<t<T$, 种群的密度 $p(a,t,x;u)$ 尽可能逼近 $z_d(a,t)$, 使差距 $\|p(u)-z_d\|$ 尽可能小, 同时 $\|u\|$ 也尽可能小.

引进性能指标泛函 J

$$J(u)=E\int_Q|p(u)-z_d|^2\mathrm{d}Q+\rho\|u\|^2,\mathrm{d}Q=\mathrm{d}a\mathrm{d}t\mathrm{d}x$$

则种群投放率控制的实际问题为如下问题, 即本节研究的最优控制问题为

$$\begin{aligned}J(u^*)=\min J(u)=E\int_Q|p(u)-z_d|^2\mathrm{d}Q+\rho\|u\|^2,\|u\|^2\\=\int_Q u^2(a,t,x)\mathrm{d}Q,\rho\text{ 为非负常数}\end{aligned}\tag{4.5.2}$$

控制变量 $u(a,t,x)\in U_{ad}$, 允许控制集

$$U_{ad}=\{u|u\in L^\infty(Q):0\leqslant u(a,t,x)\leqslant C_1,\text{a.e.}(a,t,x)\in Q,C_1\text{为常数}\}$$

(H_3) $v(.) \in L^2[0,T], 0 \leqslant v_0 \leqslant v_1 < +\infty$.

(H_4) $|\beta_i(a, c_{i0}(t), S_i^1) - \beta_i(a, c_{i0}(t), S_i^2)| \leqslant L_\beta |S_i^1 - S_i^2|, 0 \leqslant \lambda_i(a,t) \leqslant \lambda^0$. $|\mu_i(a, c_{i0}(t), S_i^1) - \mu_i(a, c_{i0}(t), S_i^2)| \leqslant L_\mu |S_i^1 - S_i^2|, \forall a \in (0, A), x_j > 0, j = 1, 2$.

(H_5) 对任意的$(a,t) \in Q, 0 \leqslant w_i(a,t) \leqslant w_0$.

不失一般性, 假设 $u_i \equiv 0,\ i = 1,\ 2$.

定义 5.1 如果满足下列等式, 则 $(p_1(a, c_{10}(t),\ S_1),\ p_2(a, c_{20}(t),\ S_2),\ c_{10}(t),\ c_{20}(t),\ c_e(t))$ 为系统 (5.1.1) 的解:

$$c_{i0}(t) = c_{i0}(0)\exp\{-(g+m)t\} + k\int_0^t c_e(s)\exp\{(s-t)(g+m)\}\mathrm{d}s, i = 1, 2$$

$$c_e(t) = c_e(0)\exp\left\{-\int_0^t [k_1 p_1(\tau) + k_1 p_2(\tau) + h]\mathrm{d}\tau\right\} + \int_0^t [g_1 c_{10}(s) p_1(s) + g_1 c_{20}(s) p_2(s) + v(s)] \cdot \exp\left\{\int_t^s [k_1 p_1(\tau) + k_1 p_2(\tau) + h]\mathrm{d}\tau\right\}\mathrm{d}s,$$

$$p_i(a, c_{i0}(t); S_i) = \begin{cases} \Pi_i \displaystyle\int_0^A \beta_i(r, c_{i0}(t-a), S_i) p_i(r, t-a)\mathrm{d}r, & a \geqslant t, \\ p_i(a, c_{i0}(t); S_i) = p_{i0}(a-t)\Pi_i, & a < t. \end{cases} \quad (5.1.2)$$

其中

$$\Pi_i(a, c_{i0}(t), a; S_i) = \exp\left\{-\int_0^s [\mu_i(a-\tau, c_{i0}(t-\tau), S_i(t-\tau)) + \lambda_i(a-\tau, c_{i0}(t-\tau), S_i(t-\tau)) P_j(t-\tau)]\mathrm{d}\tau\right\}, \quad s \in (0, \min(a,t)) \quad (5.1.3)$$

$b_i(.; S)$ 是下列 Volterra 积分方程的解:

$$b_i(.; S) = F_i(c_{i0}(t); S_i) + \int_0^t K_i(c_{i0}(t), s; S_i) b_i(c_{i0}(t-s); S_i)\mathrm{d}s,\ t \in (0, T) \quad (5.1.4)$$

其中

$$F_i(c_{i0}(t); S_i) = \int_0^\infty \beta_i(a+t, c_{i0}(t), S_i(t)) p_{i0}(a) \Pi_i(a+t, c_{i0}(t), t; S_i)\mathrm{d}a \quad (5.1.5)$$

$$K_i(c_{i0}(t), s; S_i) = \beta_i(a, c_{i0}(t), S_i(t)) \Pi_i(a, c_{i0}(t), t; S_i) \quad (5.1.6)$$

$$\begin{cases}\dfrac{\partial \widetilde{p}_i^n}{\partial t}+\dfrac{\partial \widetilde{p}_i^n}{\partial a}=-\displaystyle\sum_{j=n+1}^{k_n}a_j^n\mu_i(a,c_{i0}(t),S_i^{u^j}(t))p_i^{u^j}-\widetilde{u}_i^n(a,c_{i0}(t),S_i(t))\widetilde{p}_i^n(a,t), \\ \qquad\qquad\qquad\qquad\qquad\qquad\qquad\qquad (a,t)\in Q,\\ \dfrac{\mathrm{d}\widetilde{c}_{i0}^n(t)}{\mathrm{d}t}=k\widetilde{c}_e^n(t)-g\widetilde{c}_0^n(t)-m\widetilde{c}_0^n(t), \qquad t\in(0,T),\\ \dfrac{\mathrm{d}\widetilde{c}_e^n(t)}{\mathrm{d}t}=-k_1\displaystyle\sum_{j=n+1}^{k_n}a_j^nc_e^{n_j}[p_1^{u_j}+p_2^{u_j}]+\\ g_1\left[\displaystyle\sum_{j=n+1}^{k_n}a_j^nc_{10}^{n_j}p_1^{u_j}+a_j^nc_{20}^{n_j}p_2^{u_j}\right]-h\widetilde{c}e^n+v, \qquad t\in(0,T),\\ \widetilde{p}_i^n(0,t)=\displaystyle\int_0^A a_j^n\beta_i(a,c_{i0}(t),S_i^n(t))p_i^n(a,t)\mathrm{d}a, \quad t\in(0,T),\\ \widetilde{p}_i^n(a,0)=p_{i0}(a),i=1,2, \qquad a\in(0,A),\\ S_i^{u^j}(t)=\displaystyle\int_0^A w_ip_i^{u^j}(a,t)\mathrm{d}a, \qquad t\in(0,T),\\ 0\leqslant\widetilde{c}_0^n(t)\leqslant 1,0\leqslant\widetilde{c}_e^n(t)\leqslant 1,\\ P_i^{u^j}(t)=\displaystyle\int_0^A p_i^{u_i^j}(a,t)\mathrm{d}a, \qquad (a,t)\in Q.\end{cases} \tag{5.1.22}$$

当 $n\to\infty$ 时, 由式 (5.1.16) 可知, $S_i^{u^j}(t)\to S^*$; 再由假设 (H_1)、假设 (H_2) 和式 (5.1.20) 可得, 对几乎所有的 $(a,t)\in Q$, 下式成立:

$$\begin{aligned}&\sum_{j=n+1}^{k_n}a_j^n\mu_i(a,c_{i0}(t),S_i^{u^j}(t))p_i^{u^j}\to\mu_i(a,c_{i0}(t),S_i^*(t))p_i^*(a,t)\\&\sum_{j=n+1}^{k_n}a_j^n\beta_i(a,c_{i0}(t),S_i^{u^j}(t))p_i^{u^j}(a,t)\to\beta_i(a,c_{i0}(t),S_i^*(t))p_i^*(a,t)\end{aligned} \tag{5.1.23}$$

对式 (5.1.20) 的积分形式取极限, 并利用式 (5.1.23) 得 $p_i^{u^*}=p_i^*$, 从而 $S_i^{u^*}=S_i^*$.

由式 (5.1.16) 知, $d-\dfrac{1}{n}\leqslant\displaystyle\sum_{j=n+1}^{k_n}a_j^nJ(u_i^j)\leqslant d$, 因此

$$\sum_{j=n+1}^{k_n}a_j^nJ(u^n)\to d(n\to\infty)$$

此外

$$J(\widetilde{u}^n)=\sum_{j=n+1}^{k_n}\left[\int_0^T\int_0^A g_i(a,t)u_i^j(a,t)p_i^{u^j}(a,t)\right]\mathrm{d}a\mathrm{d}t$$

$$c_e(0)\exp\left\{-\int_0^t[l_1P_1^2(\tau)+l_1P_2^2(\tau)+h]\mathrm{d}\tau\right\}-\int_0^t[w_1c_{10}^2(s)P_1^2(s)+$$

$$w_1c_{20}^2(s)P_2^2(s)+v(s)]\exp\left\{\int_t^s[l_1P_1^2(\tau)+l_1P_2^2(\tau)+h]\mathrm{d}(\tau)\right\}\mathrm{d}s|$$

$$\leqslant(l_1+w_1)\int_0^t(|P_1^1(s)-P_2^1(s)|+|P_2^1(s)-P_2^2(s)|)+$$

$$w_1M\int_0^t(|c_{10}^1(s)-c_{10}^2(s)|+|c_{20}^1(s)-c_{20}^2(s)|)\mathrm{d}s+$$

$$(w_1\nu_1M+l_1\nu_1)\int_0^t\int_0^\tau(|P_1^1(s)-P_2^1(s)|+|P_2^1(s)-P_2^2(s)|)\mathrm{d}s\mathrm{d}\tau$$

$$\leqslant C_3\left(\sum_{i=1}^2\int_0^t\|p_i^1(a,s)-p_i^2(a,s)\|\mathrm{d}s+\sum_{i=1}^2\int_0^t|c_{i0}^1(s)-c_{i0}^2(s)|\right)\tag{5.2.14}$$

取 $\lambda>C_4$, 定义范数

$$\|(p,c_0,c_e)\|_*=\mathrm{Ess.\,sup}\,\mathrm{e}^{-\lambda t}\left\{\sum_{i=1}^2\|p_i(a,t)\|+\sum_{i=1}^2|c_{i0}^1(t)-c_{i0}^2(t)|+|c_e^1(t)-c_e^2(t)|\right\}$$

由式 (5.2.12) 到式 (5.2.14) 可得

$$\|G(h^1)-G(h^2)\|=\|(G_1(h^1)-G_1(h^2)),(G_2(h^1)-G_2(h^2)),\cdots,(G_5(h^1)-G_5(h^2))\|$$

$$\leqslant C_4\mathrm{Ess.\,sup}\,\mathrm{e}^{-\lambda t}\left\{\sum_{i=1}^2\int_0^t|p_i^1(a,s)-p_i^2(a,s)|\mathrm{d}s+\right.$$

$$\left.\sum_{i=1}^2|c_{i0}^1(s)-c_{i0}^2(s)|+|c_e^1(s)-c_e^2(s)|\right\}\mathrm{d}s$$

$$\leqslant\frac{C_4}{\lambda}\|h^1-h^1\|$$

这里, $C_4=\max\{C_1,C_2,C_3\}$, 因此选择 $\lambda>C_4$ 使得 G 绝对收敛到 $(X,\|.\|)$, 根据 Banach 不动点定理可得, G 的唯一固定点 (p,c_0,c_e) 一定是系统 (5.2.1) 的解.

5.2.3 最优控制的存在性

本节考虑下述最优控制问题

$$\max_{u\in U}J(u)=\sum_{i=1}^2\int_0^A\int_0^T\omega_i(a,t)p_i(a,t)u_i(a,t)\mathrm{d}a\mathrm{d}t\tag{5.2.15}$$

其中, $\omega_i(a,t) \geqslant 0$ 为权函数, 表示 t 时刻年龄为 a 的个体的经济价值. 记 $u_i(a,t)$ 为给定 $u_i \in U$ 时个体的收获强度, 则 $J(u)$ 表示人类所收获的总效益.

引理 5.5　集合 $E(p_i^u): u \in U$ 在空间 $L^2(Q_T)$ 中相对紧.

证明　参见参考文献 [123].

定理 5.5　系统 (5.2.1)、控制问题 (5.2.15) 至少存在一个最优解.

证明　令 $d = \max\limits_{u\in U} J(u)$, 由控制变量条件可得, $0 \leqslant d < +\infty$.

设 $\{u_n\}, n \in N^*, u_n = (u_1^n, u_2^n) \in U_1 \times U_2$ 是 U 中的极大化序列, 所以有

$$d - \frac{1}{n} \leqslant J(u_n) \leqslant d \tag{5.2.16}$$

由于 $p_i^{u^n}$ 关于 u^n 一致有界, 故存在 u^n 的子序列, 使

$$p_i^{u^n} \text{在 } L^2(Q_T) \text{ 中弱收敛于} p_i^* \tag{5.2.17}$$

同时存在子序列 $\{c_0^n\}$, $\{c_e^n\}$ 满足

$$\{c_0^n\}\text{在 } [0,T] \text{ 中收敛于} c_0^* \quad (n \to \infty)$$

$$\{c_e^n\}\text{在 } [0,T] \text{ 中收敛于} c_e^* \quad (n \to \infty)$$

由引理 5.5 可得, 存在 u^n 的子序列, 当 $n \to \infty$ 时, 下式成立:

$$\text{在} L^2(0,T) \text{ 中 } E^{p_i^{u^n}} \to E_{p_i}^*$$

$$\text{对 } (a,t) \in Q_T, \text{有 } E^{p_i^{u^n}}(a,t) \to E_{p_i}^*(a,t)$$

对序列 $\{p^{u^n}\}, \{c_{i0}^n\}, \{c_e^n\}$ 应用 Mazur 定理, 存在序列 $\{\widetilde{p}_i{}^n\}, \{\widetilde{c}_{i0}^n\}, \{\widetilde{c}_e^n\}$ 和实数 λ_j^n 使得

$$\widetilde{p}_i^n(r,t,x) = \sum_{j=n+1}^{k_n} \lambda_j^n p_i^{u_j}, \quad \widetilde{c}_{i0}^n(t) = \sum_{j=n+1}^{k_n} \lambda_j^n c_{i0}^{n_j}, \quad i = 1,2$$

$$\widetilde{c}_e^n(t) = \sum_{j=n+1}^{k_n} \lambda_j^n c_e^{n_j}, \quad \lambda_j^n \geqslant 0, \quad \sum_{j=n+1}^{k_n} \lambda_j^n = 1$$

且

$$\widetilde{p}_i^n \text{在 } L^2(Q) \text{ 中收敛于} p_i^*, \widetilde{c}_{i0}^n, \ \widetilde{c}_e^n \text{在 } (0,T) \text{ 中收敛于} c_{i0}^*, c_e^* \tag{5.2.18}$$

定义控制序列

$$\widetilde{u}_i^n=\begin{cases}\dfrac{\displaystyle\sum_{j=n+1}^{k_n}\lambda_j^n u_i^j(a,t)p_i^{u_j}(a,t)}{\displaystyle\sum_{j=n+1}^{k_n}\lambda_j^n p_i^{u_j}(a,t)}, & \displaystyle\sum_{j=n+1}^{k_n}\lambda_j^n p_i^{u_j}(a,t)\neq 0,\\ 0, & \displaystyle\sum_{j=n+1}^{k_n}\lambda_j^n p_i^{u_j}(a,t)=0.\end{cases}\tag{5.2.19}$$

显然, $\widetilde{u}_i^n\in U$, 由 $L^2(Q_T)$ 中有界序列的弱紧性可得, 存在 $\widetilde{u}_i^n$ 的子序列 (仍记为 $\widetilde{u}_i^n$), 使得

$$\widetilde{u}_i^n\text{在 } L^2(Q_T)\text{ 中弱收敛于}u_i^*\tag{5.2.20}$$

以下证明 $p_i^*(a,t)=p_i^{u^*}(a,t)$, a.s.$Q_T$.

根据式 (5.2.18)、式 (5.2.19) 和系统 (5.2.1) 可得

$$\begin{cases}\dfrac{\partial\widetilde{p}_i^n}{\partial t}+\dfrac{\partial\widetilde{p}_i^n}{\partial a}=-\displaystyle\sum_{j=n+1}^{k_n}\lambda_j^n\widetilde{\mu}_1(a,c_{10}(t),E(p_1^{u_j})(a,t),E(p_2^{u_j})(a,t))\widetilde{p}_i^n-\widetilde{u}_i^n(a,t)\widetilde{p}_i^n,\\ \dfrac{\mathrm{d}\widetilde{c}_{10}^n(t)}{\mathrm{d}t}=k\widetilde{c}_e^n(t)-g\widetilde{c}_{10}^n(t)-m\widetilde{c}_{10}^n(t),\\ \dfrac{\mathrm{d}\widetilde{c}_{20}^n(t)}{\mathrm{d}t}=k\widetilde{c}_e^n(t)-g\widetilde{c}_{20}^n(t)-m\widetilde{c}_{20}^n(t),\\ \dfrac{\mathrm{d}\widetilde{c}_e^n(t)}{\mathrm{d}t}=-l_1\displaystyle\sum_{j=n+1}^{k_n}\lambda_j^n c_e^{n_j}[P_1^{u_j}(t)+P_2^{u_j}(t)]-h\widetilde{c}_e^n(t)+v(t)+\\ w_1\left[\displaystyle\sum_{j=n+1}^{k_n}\lambda_j^n c_{10}^{n_j}P_1^{u_j}(t)+\sum_{j=n+1}^{k_n}\lambda_j^n c_{20}^{n_j}P_2^{u_j}(t)\right],\\ E(\widetilde{p}_i^n)(a,t)=\displaystyle\int_0^a p_i^n(a,t)\mathrm{d}a+\alpha_i\int_a^A p_i^n(a,t)\mathrm{d}a,\\ \widetilde{p}_i^n(a,0)=\widetilde{p}_{i0}(a),P_i^{u_j}(t)=\displaystyle\int_0^a p_i^{u_j}(a,t)\mathrm{d}a,\\ \widetilde{p}_i^n(0,t)=\displaystyle\int_0^A\sum_{j=n+1}^{k_n}\lambda_j^n\beta_i(a,c_{i0}(t),E(p^{u_j})(a,t))p^{u_j}(a,t)\mathrm{d}a.\end{cases}\tag{5.2.21}$$

这里 $\widetilde{\mu}_i(a,c_{i0}(t),x,y)=\mu_i+m_i(x)+f_i(y)$.

当 $n\to\infty$ 时, 由此知 (p^*,c_0^*,c_e^*) 是系统 (5.2.1) 的解, 即

$$p^*(a,t)=p^{u^*}(a,t),E^*(t)=E(p^{u*}),\ \text{a.e.}(a,t)\in Q_T$$

由式 (5.2.19) 知 $d-\frac{1}{n}\leqslant\sum_{j=n+1}^{k_n}\lambda_j^n J(u^j)\leqslant d$, 故

$$\sum_{j=n+1}^{k_n}\lambda_i^n J(u^j)\to d(n\to\infty)$$

.

此外

$$\begin{aligned}\sum_{j=n+1}^{k_n}\lambda_j^n J(u^j)&=\sum_{j=n+1}^{k_n}\lambda_j^n\sum_{i=1}^{2}\int_{Q_T}\omega_i(a,t)u_i^j(a,t)p_i^{u^i}(a,t)\mathrm{d}a\mathrm{d}t\\&=\sum_{i=1}^{2}\int_{Q_T}\omega_i(a,t)\sum_{j=n+1}^{k_n}\lambda_j^n u_i^j(a,t)p_i^{u^i}(a,t)\mathrm{d}a\mathrm{d}t\\&=\sum_{i=1}^{2}\int_{Q_T}\omega_i(a,t)\widetilde{u}_i^n(a,t)\widetilde{p}_i^n(a,t)\mathrm{d}a\mathrm{d}t\\&\to\sum_{i=1}^{2}\int_{Q_T}\omega_i(a,t)u_i^*(a,t)p_i^*(a,t)\mathrm{d}a\mathrm{d}t\quad(n\to\infty)\\&=\sum_{i=1}^{2}\int_{Q_T}\omega_i(a,t)u_i^*(a,t)p_i^*(a,t)\mathrm{d}a\mathrm{d}t\quad(n\to\infty)\\&=J(u^*)\end{aligned}$$

所以 $J(u^*)=d=\sup\limits_{u\in U}J(u)$, 这说明 (u^*) 为最优解.

5.2.4 最优控制的必要条件

定理 5.6 设 $(p_1^*,p_2^*,c_{10}^*,c_{20}^*,c_e^*)$ 是控制问题 (5.2.15) 的最优解, 则 (q_1,q_2,q_3,q_4,q_5) 是下列共轭系统相应于 $(p_1^*,p_2^*,c_{10}^*,c_{20}^*,c_e^*)$ 的解:

$$\left\{\begin{aligned}
&\frac{\partial q_1}{\partial t}+\frac{\partial q_1}{\partial a}=\alpha_1\int_0^a\left(q_1\frac{\partial m_1}{\partial E(p_1)}p_1^*\right)\mathrm{d}a+\int_a^A\left(q_1\frac{\partial m_1}{\partial E(p_1)}p_1^*\right)\mathrm{d}a+\\
&\alpha_1\int_0^a\left(q_2\frac{\partial f_1}{\partial E(p_2)}p_2^*\right)\mathrm{d}a+\int_a^A\left(q_2\frac{\partial f_1}{\partial E(p_2)}p_2^*\right)\mathrm{d}a+[\mu_1+m_1+f_1]q_1+\\
&[\omega_1+q_1]u_1^*+-[l_1c_e^*-w_1c_{10}^*]q_5-\\
&q_1(0,t)\left[\beta_1+\alpha_1\int_0^a\left(\frac{\partial\beta_1}{\partial E(p_1)}p_1^*\right)\mathrm{d}a+\int_a^A\left(\frac{\partial\beta_1}{\partial E(p_1)}p_1^*\right)\mathrm{d}a\right],\\
&\frac{\partial q_2}{\partial t}+\frac{\partial q_2}{\partial a}=\alpha_2\int_0^a\left(q_2\frac{\partial m_2}{\partial E(p_2)}p_2^*\right)\mathrm{d}a+\int_a^A\left(q_2\frac{\partial m_2}{\partial E(p_2)}p_2^*\right)\mathrm{d}a+\\
&\alpha_2\int_0^a\left(q_1\frac{\partial f_2}{\partial E(p_2)}p_1^*\right)\mathrm{d}a+\int_a^A\left(q_1\frac{\partial f_2}{\partial E(p_2)}p_1^*\right)\mathrm{d}a+[\mu_2+m_2+f_2]q_2+[\omega_2+q_2]u_2^*-\\
&[l_1c_e^*-w_1c_{20}^*]q_5-q_2(0,t)\left[\beta_2+\alpha_2\int_0^a\left(\frac{\partial\beta_2}{\partial E(p_2)}p_2^*\right)\mathrm{d}a+\int_a^A\left(\frac{\partial\beta_2}{\partial E(p_2)}p_2^*\right)\mathrm{d}a\right],\\
&\frac{\mathrm{d}q_3}{\mathrm{d}t}=\int_0^A\frac{\partial\mu_1(a,c_{10}^*(t))}{\partial c_{10}}p_1^*q_1\mathrm{d}a+(g+m)q_3-w_1P_1^*q_5-\\
&q_1(0,t)\left[\alpha_1\int_0^a\frac{\partial\beta_1(a,c_{10}^*(t))}{\partial c_{10}}p_1^*\mathrm{d}a+\int_a^A\frac{\partial\beta_1(a,c_{10}^*(t))}{\partial c_{10}}p_1^*\mathrm{d}a\right],\\
&\frac{\mathrm{d}q_4}{\mathrm{d}t}=\int_0^A\frac{\partial\mu_2(a,c_{20}^*(t))}{\partial c_{20}}p_2^*q_2\mathrm{d}a+(g+m)q_4-w_1P_2^*q_5-\\
&q_2(0,t)\left[\alpha_2\int_0^a\frac{\partial\beta_2(a,c_{20}^*(t))}{\partial c_{20}}p_2^*\mathrm{d}a+\int_a^A\frac{\partial\beta_2(a,c_{20}^*(t))}{\partial c_{20}}p_2^*\mathrm{d}a\right],\\
&\frac{\mathrm{d}q_5}{\mathrm{d}t}=-kq_3-kq_4+l_1P_1^*q_5+l_1P_2^*q_5+hq_5,\\
&q_i(A,t)=q_i(a,T)=0,q_j(T)=0,\quad i=1,2,\quad j=3,4,5,\\
&P_i^*(t)=\int_0^a p_i^*(a,t)\mathrm{d}a,\\
&E^*(p_i)(a,t)=\int_0^a p_i^*(a,t)\mathrm{d}a+\alpha_i\int_a^A p_i^*(a,t)\mathrm{d}a.
\end{aligned}\right.\tag{5.2.22}$$

最优策略满足不等式

$$\sum_{i=1}^{2}\int_{Q_T}v_{1i}p_i^*(q_i+\omega_i)(a,t)\mathrm{d}a\mathrm{d}t+\int_0^T v_2q_5\mathrm{d}t\leqslant 0\tag{5.2.23}$$

证明 因为 (u^*,p^{u^*}) 是控制问题 (5.2.15) 的最优控制, 对任意的 $v_1\in T_{U_i}(u^*,\nu^*)$, 其中 $u^*=(u_1^*,u_2^*)$, $v_1=(v_{11},v_{12})$, 对充分小的 $\varepsilon>0$, 有 $u^\varepsilon:=u^*+\varepsilon v_1\in U$,

由 $J(u^*)$ 为 $J(u)$ 的最大值, 即 $J(u_i^*+\varepsilon v_{1i})\leqslant J(u_i^*)$, 可得

$$\sum_{i=1}^{2}\int_{Q_T}u_i^*p_i^*\omega_i(a,t)\mathrm{d}a\mathrm{d}t-\sum_{i=1}^{2}\int_{Q_T}(u_i^*+\varepsilon v_{1i})p_i^\varepsilon\omega_i(a,t)\mathrm{d}a\mathrm{d}t\geqslant 0 \tag{5.2.24}$$

式 (5.2.24) 两边同除以 ε, 当 $\varepsilon\to 0$ 时, 有

$$\sum_{i=1}^{2}\int_{Q_T}u_i^*z_i^*\omega_i(a,t)\mathrm{d}a\mathrm{d}t+\sum_{i=1}^{2}\int_{Q_T}v_{1i}p_i^*\omega_i(a,t)\mathrm{d}a\mathrm{d}t\leqslant 0 \tag{5.2.25}$$

其中, $z_i(a,t)=\lim\limits_{\varepsilon\to 0}\dfrac{1}{\varepsilon}(p_i^\varepsilon(a,t)-p_i^*(a,t))$, $z_{i+2}(t)=\lim\limits_{\varepsilon\to 0}\dfrac{1}{\varepsilon}(c_{i0}^\varepsilon(t)-c_{i0}^*(t))$, $z_5(t)=\lim\limits_{\varepsilon\to 0}\dfrac{1}{\varepsilon}(c_e^\varepsilon(t)-c_e^*(t))$, 且有

$$\begin{cases}\dfrac{\partial z_1}{\partial a}+\dfrac{\partial z_1}{\partial t}=-[\mu_1(a,c_{10}^*(t))+m_1(E(p_1)(a,t))+f_1(E(p_2)(a,t))+u_1(a,t)]z_1(a,t)-\\ \left[\dfrac{\partial\mu_1(a,c_{10}^*(t))}{\partial c_{10}^*}z_3+\dfrac{\partial m_1(E(p_1)(a,t))}{\partial E(p_1)}E(z_1)+\dfrac{\partial f_1(E(p_2)(a,t))}{\partial E(p_2)}E(z_2)+v_{11}\right]p_1^*(a,t),\\ \dfrac{\partial z_2}{\partial a}+\dfrac{\partial z_2}{\partial t}=-[\mu_2(a,c_{20}^*(t))+m_2(E(p_2)(a,t))+f_2(E(p_1)(a,t))+u_2(a,t)]z_2(a,t)-\\ \left[\dfrac{\partial\mu_2(a,c_{20}^*(t))}{\partial c_{20}^*}z_4+\dfrac{\partial m_2(E(p_2)(a,t))}{\partial E(p_2)}E(z_2)+\dfrac{\partial f_2(E(p_1)(a,t))}{\partial E(p_1)}E(z_1)+v_{12}\right]p_2^*(a,t),\\ \dfrac{\mathrm{d}z_3}{\mathrm{d}t}=kz_5(t)-gz_3(t)-mz_3(t),\\ \dfrac{\mathrm{d}z_4}{\mathrm{d}t}=kz_5(t)-gz_4(t)-mz_4(t),\\ \dfrac{\mathrm{d}z_5}{\mathrm{d}t}=-l_1c_e^*[Z_1+Z_2]+w_1(P_1^*z_3+P_2^*z_4(t))+w_1(c_{i0}^*(t)Z_1+c_{i0}^*(t)Z_2)-\\ (l_1(P_1^*+P_2^*)+h)z_5(t)+v_2,\\ z_i(a,0)=z_2(0)=z_3(0)=0,\\ z_i(0,t)=\displaystyle\int_0^A\beta_i(a,c_{i0}^*(t),E(p_i^*)(a,t))z_i(a,t)\mathrm{d}a+\int_0^A\dfrac{\partial\beta_i(a,c_{i0}^*(t),E(p_i^*)(a,t))}{\partial c_{i0}^*}z_{i+1}p_i^*\mathrm{d}a+\\ \displaystyle\int_0^A\dfrac{\partial\beta_i(a,c_{i0}^*(t),E(p_i^*)(a,t))}{\partial E(p_i^*)}E(z_i)p_i^*\mathrm{d}a,\\ Z_i=\displaystyle\int_0^a z_i(a,t)\mathrm{d}a,P_1^*=\int_0^a p_i^*(a,t)\mathrm{d}a.\end{cases} \tag{5.2.26}$$

对式 (5.2.26) 的前两个方程分别乘以 q_1,q_2 并在 Q_T 上积分

$$\begin{cases} \int_{Q_T}\left(\frac{\partial z_1}{\partial a}+\frac{\partial z_1}{\partial t}\right)q_1\mathrm{d}a\mathrm{d}t=-\int_{Q_T}[\mu_1+m_1+f_1+u_1]q_1z_1(a,t)\mathrm{d}a\mathrm{d}t- \\ \int_{Q_T}\left[\frac{\partial \mu_1}{\partial c_{10}^*}z_3+\frac{\partial m_1}{\partial E(p_1)}E(z_1)+\frac{\partial f_1}{\partial E(p_2)}E(z_2)+v_{11}\right]q_1p_1^*(a,t)\mathrm{d}a\mathrm{d}t, \\ \int_{Q_T}\left(\frac{\partial z_2}{\partial a}+\frac{\partial z_2}{\partial t}\right)q_2\mathrm{d}a\mathrm{d}t=-\int_{Q_T}[\mu_2+m_2+f_2+u_2]q_2z_2(a,t)\mathrm{d}a\mathrm{d}t- \\ \int_{Q_T}\left[\frac{\partial \mu_2}{\partial c_{20}^*}z_4+\frac{\partial m_2}{\partial E(p_2)}E(z_2)+\frac{\partial f_2}{\partial E(p_1)}E(z_1)+v_{12}\right]q_2p_2^*(a,t)\mathrm{d}a\mathrm{d}t. \end{cases}$$

对式 (5.2.26) 的第 3~5 个方程中分别乘以 q_3,q_4,q_5 并在 $(0,T)$ 上积分

$$\int_0^T z_{i+2}\mathrm{d}q_{i+2}=\int_0^T kz_5(t)q_{i+2}\mathrm{d}t-\int_0^T gz_{i+2}(t)q_{i+2}\mathrm{d}t-\int_0^T mz_{i+2}(t)q_{i+2}\mathrm{d}t$$

$$\begin{aligned}\int_0^T z_5\mathrm{d}q_5=&\int_0^T -l_1c_e^*(t)[Z_1(t)+Z_2(t)]q_5+w_1q_5(P_1^*(t)z_3(t)+P_2^*(t)z_4(t))\mathrm{d}t+\\&\int_0^T q_5w_1(c_{i0}^*(t)Z_1(t)+c_{i0}^*(t)Z_2(t))-q_5(l_1(P_1^*(t)+\\&P_2^*(t))+h)z_5(t)+q_5v_2(t)\mathrm{d}t\end{aligned}$$

结合式 (5.2.22) 可得

$$\sum_{i=1}^2\int_{Q_T}u_i^*z_i^*\omega_i(a,t)\mathrm{d}a\mathrm{d}t=\sum_{i=1}^2\int_{Q_T}v_{1i}p_i^*q_i(a,t)\mathrm{d}a\mathrm{d}t+\int_0^T v_2q_5\mathrm{d}t \tag{5.2.27}$$

将式 (5.2.27) 式代入式 (5.2.25) 式可得

$$\sum_{i=1}^2\int_{Q_T}v_{1i}p_i^*(q_i+\omega_i)(a,t)\mathrm{d}a\mathrm{d}t+\int_0^T v_2q_5\mathrm{d}t\leqslant 0$$

由此结论成立.

5.2.5 小结

本节研究了污染环境中具有年龄等级结构的竞争种群系统的最优控制问题. 首先, 利用不动点定理讨论无穷时域中模型解的存在唯一性; 接着, 利用 Mazur 定理以及相对紧性证明最优控制的存在性; 最后, 通过构造共轭系统并且结合切锥和法锥的性质, 导出最优控制的必要条件.

5.3　污染环境中与尺度结构相关的竞争种群系统的最优控制

许多种群方面的研究发现, 尺度结构以及外形大小比年龄结构对种群的发展影响更大. 个体尺度的研究最先由美国学者 Sinko 和 Streifer 提出, 随后由其他学者对模型解的存在唯一性以及最优控制问题进行研究, 但都并未考虑污染环境, 因此本节主要研究污染环境中与尺度结构相关的竞争种群系统的最优控制问题.

5.3.1　基本模型

本节在参考文献 [124] 的模型基础上加入污染物浓度影响因子, 并且考虑尺度结构对竞争种群的影响, 提出并研究如下污染环境中具有尺度结构的竞争种群系统

$$\begin{cases} \dfrac{\partial p_i}{\partial t}+\dfrac{\partial [V_i(s,t)p_i]}{\partial s}=f_i(s,t)-\mu_i(s,c_{i0}(t),S_i(t))p_i- \\ \lambda_i(s,t)P_j(t)p_i-u_i(s,t)p_i, & (s,t)\in Q, \\ \dfrac{\mathrm{d}c_{10}(t)}{\mathrm{d}t}=kc_e(t)-gc_{10}(t)-mc_{10}(t), & t\in(0,T), \\ \dfrac{\mathrm{d}c_{20}(t)}{\mathrm{d}t}=kc_e(t)-gc_{20}(t)-mc_{20}(t), & t\in(0,T), \\ \dfrac{\mathrm{d}c_e(t)}{\mathrm{d}t}=-k_1c_e(t)[P_1(t)+P_2(t)]+g_1[c_{10}(t)P_1(t)+c_{20}(t)P_2(t)]- \\ hc_e(t)+v(t), & t\in(0,T), \\ 0\leqslant c_0(0)\leqslant 1, 0\leqslant c_e(0)\leqslant 1, & t\in(0,T), \\ S_i(t)=\displaystyle\int_0^m \delta_i(s)p_i(s,t)\mathrm{d}s, & t\in(0,T), \\ P_i(t)=\displaystyle\int_0^m p_i(s,t)\mathrm{d}s, & t\in(0,T), \\ p_i(s,0)=p_{i0}(s), & s\in(0,m), \\ V_i(0,t)p_i(0,t)=\displaystyle\int_0^m \beta_i(s,c_{io}(t),S_i(t))p_i(s,t)\mathrm{d}s, & t\in(0,T). \end{cases} \tag{5.3.1}$$

其中, $Q=(0,m)\times(0,T)$, $s\in(0,m)$, m 为种群的最大尺度; $t\in(0,T)$ 表示时间, $0<T<\infty$; $c_{i0}(t)$ 和 $c_e(t)$ 分别表示 t 时刻种群中污染物的浓度和环境中污染物的浓度; 参数 $\beta_i(s,c_{i0}(t),S_i(t)),\mu_i(s,c_{i0}(t),S_i(t))$ 分别表示 t 时刻尺度为 s 的第 i 个种群的平均出生率和死亡率; $V_i(s,t)$ 表示 t 时刻尺度为 s 的第 i 个种群的尺度增长率; $\lambda_i(s,t)$ 为种群间的相互作用系数; $p_i(s,t)$ 为 t 时刻尺度为 s 的第 i 个种群的分布密度; $p_{i0}(s)$ 为种群的初始分布; $P_i(t)$ 为第 i 个种群的时变总量; $v(t)$ 表示第 i 个种群 t 时刻外界输入到环境的毒物; 函数 $f_i(s,t)$ 表示外界向种群生存环境的迁入率; k,g,m,k_1,g_1,h 为非负常数; 第 i 个种群的收获强度 u_i 受制于容许控制集

$$u_i\in U=\{u_i\in L^{\infty}_{\rm loc}(Q)|0\leqslant\xi_{i1}\leqslant u_i(s,c_0(t))\leqslant\xi_{i2}\},(i=1.2),U:=U_1\times U_2$$

本节做以下假设:

(H_1) $\beta_i(s,c_{i0}(t),S_i(t))\in L^1_{\rm loc}(Q),0\leqslant\beta_i(s,c_{i0}(t),S_i(t))\leqslant\overline{\beta}$ a.e. $(s,t)\in Q$, 其中 $\overline{\beta}$ 为常数.

(H_2) $\mu_i(s,c_{i0}(t),S_i(t))\in L^1_{\rm loc}(Q),\text{a.e.}(s,t)\in Q,0\leqslant\mu_i(s,c_0(t),S_i(t))\leqslant\overline{\mu}$, $\displaystyle\int_0^m\mu_i(s,c_{i0}(t),S_i(t))\mathrm{d}s=+\infty$.

(H_3) $|\beta_i(s,c_{i0}(t),S_i^1(t))-\beta_i(s,c_{i0},S_i^2)|\leqslant L_\beta|S_i^1-S_i^2|,|\mu_i(s,c_{i0}(t),S_i^1)-\mu_i(s,c_{i0}(t),S_i^2)|\leqslant L_\mu|S_i^1-S_i^2|$.

(H_4) $V_i(s,t)$有界连续, 且对$\forall t\in R_+$, 有$V_i(m,t)=0,V_i(s,t)\geqslant0$, $V_i^{-1}(s,t)<H$, H为常数, $i=1,2$.

(H_5) $\nu(.)\in L^2[0,T],o\leqslant\nu_0\leqslant\nu(t)\leqslant+\infty$.

(H_6) $0\leqslant\lambda_i(s,t)\leqslant\overline{\lambda},0\leqslant p_{i0}(s)\leqslant\overline{p}$, 其中 $\overline{\lambda}$ 和 $\overline{p}$ 为常数.

5.3.2 系统的适定性

在本节中, 不失一般性, 假设 $u_i(s,t)\equiv0$, 系统 (5.3.1) 变为

$$
\begin{cases}
\dfrac{\partial p_i}{\partial t}+\dfrac{\partial[V_i(s,t)p_i]}{\partial s}=f_i(s,t)-\mu_i(s,c_{i0}(t),S_i(t))p_i-\lambda_i(s,t)P_j(t)p_i, & (s,t)\in Q,\\
\dfrac{\mathrm{d}c_{10}(t)}{\mathrm{d}t}=kc_e(t)-gc_{10}(t)-mc_{10}(t), & t\in(0,T),\\
\dfrac{\mathrm{d}c_{20}(t)}{\mathrm{d}t}=kc_e(t)-gc_{20}(t)-mc_{20}(t), & t\in(0,T),\\
\dfrac{\mathrm{d}c_e(t)}{\mathrm{d}t}=-k_1c_e(t)[P_1(t)+P_2(t)]+g_1[c_{10}(t)P_1(t)+c_{20}(t)P_2(t)]- & \\
hc_e(t)+v(t), & t\in(0,T),\\
0\leqslant c_0(0)\leqslant 1, 0\leqslant c_e(0)\leqslant 1, & t\in(0,T),\\
S_i(t)=\displaystyle\int_0^m \delta_i(s)p_i(s,t)\mathrm{d}s, & t\in(0,T)\\
P_i(t)=\displaystyle\int_0^m p_i(s,t)\mathrm{d}s, & t\in(0,T),\\
p_i(s,0)=p_{i0}(s), & s\in(0,m),\\
V_i(0,t)p_i(0,t)=\displaystyle\int_0^m \beta_i(s,c_{i0}(t),S_i(t))p_i(s,t)\mathrm{d}s, & t\in(0,T).
\end{cases}
\tag{5.3.2}
$$

在式 (5.3.2) 中, $c_{i0}(t),c_e(t)$ 可通过求解微分方程得出其形式为

$$
c_{i0}=c_{i0}(0)\exp\{-(g+m)t\}+k\int_0^t c_e(x)\exp\{(x-t)(g+m)\}\mathrm{d}x,\quad i=1,2 \tag{5.3.3}
$$

$$
\begin{aligned}
c_e=c_e(0)\exp\left\{-\int_0^t[k_1P_1(\tau)+k_1P_2(\tau)+h]\mathrm{d}\tau\right\}+\int_0^t[g_1c_{10}(x)P_1(x)+\\
g_1c_{20}(x)P_2(x)+v(x)]\exp\left\{\int_t^x[k_1P_1(\tau)+k_1P_2(\tau)+h]d(\tau)\right\}\mathrm{d}x
\end{aligned}
\tag{5.3.4}
$$

因此, 要证明式 (5.3.2) 解的存在唯一性可转化为考虑

$$
\begin{cases}
\dfrac{\partial p_1}{\partial t}+\dfrac{\partial[V_1(s,t)p_1]}{\partial s}=f_1(s,t)-\mu_1(s,c_{10}(t),S_1(t))p_1-\lambda_1(s,t)P_2(t)p_1,\\
\dfrac{\partial p_2}{\partial t}+\dfrac{\partial[V_2(s,t)p_2]}{\partial s}=f_2(s,t)-\mu_2(s,c_{20}(t),S_2(t))p_2-\lambda_2(s,t)P_1(t)p_2,\\
S_i(t)=\displaystyle\int_0^m \delta_i(s,t)p_i(s,t)\mathrm{d}s,\\
P_i(t)=\displaystyle\int_0^m p_i(s,t)\mathrm{d}s,\\
p_i(s,0)=p_{i0}(s),\\
V_i(0,t)p_i(0,t)=\displaystyle\int_0^m \beta_i(s,c_{i0}(t),S_i(t))p_i(s,t)\mathrm{d}s.
\end{cases}
\tag{5.3.5}
$$

定义 5.3 [123]　$\varphi(t;t_0,s_0)$ 为初始条件 $s(t_0)=s_0$ 下常微分方程 $s'(t)=V(s,t)$ 的解, 称其为通过点 (t_0,s_0) 的特征曲线. 特别地, 在 s-t 平面上, 记通过点 $(0,0)$ 的特征曲线为 $z(t)$.

定义 5.4 [123]　函数 $p(s,t)$ 沿特征曲线 φ 的方向导数为

$$D_\varphi p(s,t)=\lim_{h\to 0}\frac{p(\varphi(t+h;t,s),t+h)-p(s,t)}{h}$$

引理 5.6　如果一个向量函数 $(p_1(s,c_{10}(t);S_1(t)),p_2(s,c_{20}(t);S_2(t)))$ 满足下列方程, 则其为式 (5.3.5) 的解:

$$p_i(s,c_{i0}(t);S_i(t))=\begin{cases}b_i(\tau)\dfrac{E_i(s;s,c_{i0}(t))}{V_i(s,t)}+\\ \dfrac{1}{V_i(s,t)}\displaystyle\int_0^s f_i(x,\varphi^{-1}(x;t,s))E_i(x;s,c_{i0}(t))\mathrm{d}x,\\ p_{i0}(\theta)\dfrac{E_i(s;s,c_{i0}(t))}{V_i(s,t)}+\\ \dfrac{1}{V_i(s,t)}\displaystyle\int_0^s f_i(x,\varphi^{-1}(x;t,s))E_i(x;s,c_{i0}(t))\mathrm{d}x.\end{cases}\tag{5.3.6}$$

证明　对于 s-t 平面上任意固定点 (s,t), 当 $s\leqslant z(t)$ 时, 定义初始时刻 $\tau=\tau(s,t)$ 使得 $\varphi(t;\tau,0)=s$, 于是有 $\varphi(\tau;t,s)=0$, 从而利用特征线法可知, 当 $s\leqslant z(t)$ 时, 有

$$\begin{aligned}p_i(s,c_{i0}(t);S_i(t))=&\,p_i(0,\tau)\Pi_i(s,c_0(t),s;S_i(t))+\\&\int_0^s\frac{f_i(x,\varphi_i^{-1}(x;t,s))}{V_i(x,\varphi_i^{-1}(x;t,s))}\Pi_i(x,c_0(t),s;S_i(t))\mathrm{d}x,\end{aligned}$$

其中

$$\begin{aligned}&\Pi_i(r,c_0(t),s;S_i(t))\\&=\exp\left\{-\int_0^r\frac{\mu_i(x,c_{i0}(\varphi_i^{-1}(x;t,s)),S_i(t))+V_{ix}(x,\varphi_i^{-1}(x;t,s))+\lambda_i(x,\varphi_i^{-1}(x;t,s))P_j(\varphi_i^{-1}(x;t,s))}{V_i(x,\varphi^{-1}(x;t,s))}\mathrm{d}x\right\}\end{aligned}$$

当 $s>z(t)$ 时, 定义其初始尺度为 $\phi=\phi(s,t)$, 同样有 $\varphi(t;0,\phi)=s$. 于是有$\varphi(0;t,s)=\phi$.

$$\begin{aligned}p_i(s,c_{i0}(t);S_i(t))=&\,p(\phi,0)\Pi_i(s,c_0(t),s;S_i(t))+\\&\int_0^s\frac{f_i(x,\varphi_i^{-1}(x;t,s))}{V_i(x,\varphi_i^{-1}(x;t,s))}\Pi_i(x,c_0(t),s;S_i(t))\mathrm{d}x\end{aligned}$$

进行变量替换整理可得, 当 $s \leqslant z(t)$ 时, 有

$$p_i = V_i(0,\tau)p_i(0,\tau)\frac{E_i(s;s,c_{i0}(t))}{V_i(s,t)} + \frac{1}{V_i(s,t)}\int_0^s f_i(x,\varphi_i^{-1}(x;t,s))E_i(x;s,c_{i0}(t))\mathrm{d}x$$

其中

$$\tau = \exp\left\{-\int_0^r \frac{\mu_i(x,c_{i0}(\varphi_i^{-1}(x;t,s)),S_i(\varphi_i^{-1}(x;t,s))) + \lambda_i(x,\varphi_i^{-1}(x;t,s))P_j}{V_i(x,\varphi_i^{-1}(x;t,s))}\right\}\mathrm{d}x$$

定理 5.7　若假设 $(\mathrm{H}_1) \sim (\mathrm{H}_6)$ 成立, 则式 (5.3.2) 有唯一非负解 $(p_1(s,t),$ $p_2(s,t),c_{10}(t),c_{20}(t),c_e(t))$, 有

(1) $(p_1(s,t),p_2(s,t),c_{10}(t),c_{20}(t),c_e(t)) \in [L^\infty_{\mathrm{loc}}(0,T)\times(0,m)]^2\times[L^\infty_{\mathrm{loc}}(0,T)]^3$, $i=1,2$.

(2) $\forall t\in[0,T]$, 有 $0\leqslant c_{i0}(t)\leqslant 1, 0\leqslant c_e(t)\leqslant 1, 0\leqslant p_i(s,t), \int_0^s p_i(s,t)\mathrm{d}s\leqslant M$.

证明　定义 $p=(p_1(s,t),p_2(s,t)), c_0(t)=(c_{10}(t),c_{20}(t))$, 状态空间

$$X=\left\{(p,c_0,c_e)\in[L^\infty_{\mathrm{loc}}(0,T)\times(0,m)]^2\times[L^\infty_{\mathrm{loc}}(0,T)]^3;\ \ 0\leqslant\int_0^s p_i(s,t)\mathrm{d}s\leqslant M\right\}$$

定义映射

$$G:\quad X\to X,\ \ G(p,c_0,c_e)=(G_1(p,c_0,c_e),G_2(p,c_0,c_e),\cdots,G_5(p,c_0,c_e))$$

这里

$$G_i(p,c_0,c_e)=p_i(0,\varphi_i^{-1}(0;t,s))\Pi_i(s;s,c_0(t))+\int_0^s\frac{f_i(x,\varphi_i^{-1}(x;t,s))}{V_i(x,\varphi_i^{-1}(x;t,s))}\Pi_i(x,s;c_0(t))\mathrm{d}x$$

$$G_l(p,c_0,c_e)=c_{i0}\exp\{-(g+m)t\}+k\int_0^t c_e(x)\exp\{(x-t)(g+m)\}\mathrm{d}x,\quad l=3,4$$

$$\begin{aligned}G_5(p,c_0,c_e)=c_e\exp\left\{-\int_0^t[k_1P_1(\tau)+k_1P_2(\tau)+h]\mathrm{d}\tau\right\}+\int_0^t[g_1c_{10}(x)P_1(x)+\\ g_1c_{20}(x)P_2(x)+v(x)]\exp\left\{\int_t^x[k_1P_1(\tau)+k_1P_2(\tau)+h]\mathrm{d}(\tau)\right\}\mathrm{d}x\end{aligned}$$

证明 $G(p,c_0,c_e)\in X$, 只需

$$\begin{aligned}\int_0^m G_i(p,c_0,c_e)\mathrm{d}s &= \int_0^t G_i(p,c_0,c_e)\mathrm{d}s+\int_t^m G_i(p,c_0,c_e)\mathrm{d}s\\ &\leqslant\int_0^t\overline{\beta}\int_0^m p_i(r,t-z^{-1}(s))\mathrm{d}r\mathrm{d}s+\int_0^m p_{i0}(z^{-1}(s)-t)\mathrm{d}s\end{aligned}$$

$$\leqslant \overline{p}\cdot m+\overline{\beta}\int_0^t\int_0^m p_i(r,t-z^{-1}(s))\mathrm{d}r\mathrm{d}s,\quad i=1,2$$

因此, 通过 Gronwall 引理可以得到 $\int_0^m G_i(p,c_0,c_e)\mathrm{d}s\leqslant M$, 即 $G(p,c_0,c_e)\in X$.

设 $a^j=(p^j,c_0^j,c_e^j)$, 当 $0<t<z^{-1}(s)$ 时, 有

$$\int_0^m |G_i(a^1)-G_i(a^2)|\mathrm{d}s\quad (i=12)$$

$$=\int_0^t\left|\frac{E_i(s;s,c_{i0}^1(t))}{V_i(s,t)}\times\int_0^m\beta_i(r,c_{i0}^1(t-z^{-1}(s)))p_i^1(r,t-z^{-1}(s))\mathrm{d}r+\right.$$

$$\frac{1}{V_i(s,t)}\left[\int_0^s f_i(s,\varphi_i^{-1}(x;t,s))E_i(x;s,c_{i0}^1(t))\mathrm{d}x+\right.$$

$$\left.\int_0^s f_i(s,\varphi_i^{-1}(x;t,s))E_i(x;s,c_{i0}^2(t))\mathrm{d}x\right]-$$

$$\left.\int_0^t\frac{E_i(s;s,c_{i0}^1(t))}{V_i(s,t)}\times\int_0^m\beta_i(r,c_{i0}^2(t-z^{-1}(s)))p_i^2(r,t-z^{-1}(s))\mathrm{d}r\right|\mathrm{d}s+$$

$$\int_t^m\left|p_{i0}(z^{-1}(s)-t)\frac{E_i(s;s,c_{i0}^1(t))}{V_i(s,t)}\mathrm{d}x+\right.$$

$$\frac{1}{V_i(s,t)}\int_0^s f_i(x,\varphi^{-1}(x;t,s))E_i(x;s,c_{i0}^1(t))\mathrm{d}x-$$

$$\int_t^m p_{i0}(z^{-1}(s)-t)\frac{E_i(s;s,c_{i0}^2(t))}{V_i(s,t)}\mathrm{d}x+$$

$$\left.\frac{1}{V_i(s,t)}\int_0^s f_i(x,\varphi^{-1}(x;t,s))E_i(x;s,c_{i0}^2(t))\mathrm{d}x\right|\mathrm{d}s$$

$$\leqslant\overline{\beta}\int_0^t int_0^m|p_i^1(r,x)-p_i^2(r,x)|\mathrm{d}r\mathrm{d}x+ML_\beta\int_0^t|c_{i0}^1(x)-c_{i0}^2(x)|\mathrm{d}x+M\overline{\beta}TL_\mu H^2+$$

$$M\overline{\beta}\int_0^t\int_0^s\left|\frac{E_i(s;s,c_{i0}^1(t))-E_i(s;s,c_{i0}^2(t))}{V_i(s,t)}\right|\mathrm{d}x\mathrm{d}s\int_0^t|c_{i0}^1(x)-c_{i0}^2(x)|\mathrm{d}x+$$

$$M\overline{\beta}T\overline{\lambda}H^2\int_0^t\int_0^m|P_j^1(r,x)-P_j^2(r,x)|\mathrm{d}r\mathrm{d}x+$$

$$2H^2\overline{\lambda}m\int_0^t\int_0^m|P_j^1(r,x)-P_j^2(r,x)|\mathrm{d}r\mathrm{d}x+$$

$$2H^2\overline{\beta}m+M\overline{\beta}\int_0^t\int_0^s\left|\frac{E_i(s;s,c_{i0}^1(t))-E_i(s;s,c_{i0}^2(t))}{V_i(s,t)}\right|\mathrm{d}x\mathrm{d}s\int_0^t|c_{i0}^1(x)-c_{i0}^2(x)|\mathrm{d}x+$$

$$H^2\overline{p}L_\mu m\int_0^t|c_{i0}^1(x)-c_{i0}^2(x)|\mathrm{d}x+H^2\overline{p}\overline{\lambda}m\int_0^t\int_0^m|P_j^1(r,x)-P_j^2(r,x)|\mathrm{d}x\mathrm{d}r$$

$$\leqslant\overline{\beta}\int_0^t\int_0^m|p_i^1(r,x)-p_i^2(r,x)|\mathrm{d}r\mathrm{d}x+$$

$$(ML_\beta+M\overline{\beta}TL_\mu H^2+2H^2\overline{\beta}m+H^2\overline{p}L_\mu m)\int_0^t|c_{i0}^1(x)-c_{i0}^2(x)|\mathrm{d}x+$$

$$(H^2\overline{p}\overline{\lambda}m+2H^2\overline{\lambda}m+M\overline{\beta}T\overline{\lambda}H^2)\int_0^t\int_0^m|P_j^1(r,x)-P_j^2(r,x)|\mathrm{d}r\mathrm{d}x$$

则当 $0<t<z^{-1}(s)$ 时, 有

$$\int_0^m|G_i(a^1)-G_i(a^2)|\mathrm{d}s$$

$$\leqslant M_1\left(\sum_{i=1}^2\int_0^t\int_0^m|p_i^1(r,x)-p_i^2(r,x)|\mathrm{d}r\mathrm{d}x+\int_0^t|c_{i0}^1(x)-c_{i0}^2(x)|\mathrm{d}x\right)\tag{5.3.7}$$

其中, $M_1=\max\{\overline{\beta}+H^2(\overline{p}\overline{\lambda}m+2\overline{\lambda}m+M\overline{\beta}T\overline{\lambda}),ML_\beta+H^2(M\overline{\beta}TL_\mu+2\overline{\beta}m+\overline{p}L_\mu m)\}$.

当 $m<t<T$ 时, 上述不等式依旧保持不变, 证明过程类似.

$$|G_l(a^1)-G_l(a^2)|(t)\quad(l=3,4)$$

$$=|k\int_0^t c_e^1(x)\exp\{(x-t)(g+m)\}\mathrm{d}x-k\int_0^t c_e^2(x)\exp\{(x-t)(g+m)\}\mathrm{d}x|$$

$$\leqslant M_2\int_0^t|c_e^1(x)-c_e^2(x)|\mathrm{d}s,\qquad M_2=k\tag{5.3.8}$$

$$|G_5(a^1)-G_5(a^2)|(t)$$

$$=\Bigg|c_e(0)\exp\left\{-\int_0^t[k_1P_1^1(\tau)+k_1P_2^1(\tau)+h]\mathrm{d}\tau\right\}+\int_0^t[g_1c_{10}^1(x)P_1^1(x)+$$

$$g_1c_{20}^1(x)P_2^1(x)+v(x)]\exp\left\{\int_t^x[k_1P_1^1(\tau)+k_1P_2^1(\tau)+h]\mathrm{d}(\tau)\right\}\mathrm{d}x-$$

$$c_e(0)\exp\left\{-\int_0^t[k_1P_1^2(\tau)+k_1P_2^2(\tau)+h]\mathrm{d}\tau\right\}-\int_0^t[g_1c_{10}^2(x)P_1^2(x)+$$

$$g_1c_{20}^2(x)P_2^2(x)+v(x)]\exp\left\{\int_t^x[k_1P_1^2(\tau)+k_1P_2^2(\tau)+h]\mathrm{d}(\tau)\right\}\mathrm{d}x\Bigg|$$

$$\leqslant(k_1+g_1)\int_0^t(|P_1^1(x)-P_2^1(x)|+|P_2^1(x)-P_2^2(x)|)+$$

$$g_1M\int_0^t(|c_{10}^1(x)-c_{10}^2(x)|+|c_{20}^1(x)-c_{20}^2(x)|)\mathrm{d}x+$$

$$(g_1\nu_1M+k_1\nu_1)\int_0^t\int_0^\tau(|P_1^1(x)-P_2^1(x)|+|P_2^1(x)-P_2^2(x)|)\mathrm{d}x\mathrm{d}\tau$$

$$\leqslant M_3\left(\sum_{i=1}^2\int_0^t\int_0^m|p_i^1(r,x)-p_i^2(r,x)|\mathrm{d}s\mathrm{d}x+\sum_{i=1}^2\int_0^t|c_{i0}^1(x)-c_{i0}^2(x)|\right)\qquad(5.3.9)$$

其中, $M_3=\max\{k_1+g_1+TMg_1\nu_1+Tk_1\nu_1,Mg_1\}$.

在 X 中定义等价范数

$$\|(p,c_0,c_e)\|=\mathrm{Ess.\,sup}\,\mathrm{e}^{-\lambda t}\left\{\sum_{i=1}^2\int_0^m|p_i(s,t)|+\sum_{i=1}^2\int_0^t|c_{i0}^1(t)-c_{i0}^2(t)|\right\}$$

根据式 (5.2.9) 到式 (5.2.11), 有

$$\|G(a^1)-G(a^2)\|=\|(G_l(a^1)-G_l(a^2)),(G_2(a^1)-G_2(a^2)),\cdots,(G_5(a^1)-G_5(a^2))\|$$

$$\leqslant M_4\mathrm{Ess.\,sup}\,\mathrm{e}^{-\lambda t}\left\{\sum_{i=1}^2\int_0^m|p_i^1(s,x)-p_i^2(s,x)|\mathrm{d}s+\right.$$

$$\left.\sum_{i=1}^2\int_0^t|c_{i0}^1(x)-c_{i0}^2(x)|+|c_e^1(x)-c_e^2(x)|\right\}\mathrm{d}x$$

$$\leqslant\frac{M_4}{\lambda}\|a^1-a^2\|$$

这里, $M_4=\max\{M_1,M_2,M_3\}$, 因此选择 $\lambda>M_4$, 使得 G 收敛到 $(x,\|.\|)$, G 的唯一固定点 (p,c_0,c_e) 一定是式 (5.3.2) 的解.

5.3.3 最优控制的必要条件

本节考虑最优控制问题

$$\max J(u,\nu)=\sum_{i=1}^2\int_0^m\int_0^T\omega_i(s,t)u_i(s,t)p_i(s,t)\mathrm{d}s\mathrm{d}t-$$

$$\frac{1}{2}\sum_{i=1}^2\int_0^m\int_0^T C_i[u_i(s,t)]^2\mathrm{d}s\mathrm{d}t-\frac{1}{2}\int_0^T C_3[\nu(t)]^2\mathrm{d}t\qquad(5.3.10)$$

其中, $\omega_i(s,t)\geqslant 0$ 为权函数, 表示 t 时刻尺度为 s 的第 i 个个体的经济价值. 记 $p_i(s,t)$ 为控制系统 (5.3.1) 的解, $u_i(s,t)$ 为容许控制集, 正整数 C_1,C_2,C_3 分

别是收获种群的成本和环境污染治理的成本因子, 因此 $J(u,\nu)$ 表示收获种群的总经济效益.

定理 5.8　若 (u^*,ν^*) 是控制问题 (5.3.10) 的最优解, 则最优策略结构如下:

$$u_i^*(s,t)=\mathcal{L}_i\left(\frac{[\omega_i(s,t)-q_i(s,t)]p_i(s,t)}{c_i}\right)\quad (i=1,2)\ \text{在}\ Q\ \text{上几乎处处成立},$$

$$\nu^*(t)=\mathcal{L}_3\left(\frac{q_5(t)}{c_3}\right)\ \ \text{在}\ (0,T)\ \text{上几乎处处成立}\tag{5.3.11}$$

其中

$$\mathcal{L}_j(x)=\begin{cases}0, & x<0,\\ x, & 0\leqslant x\leqslant Y_j, j=1,2,3,\\ Y_j, & x>Y_j.\end{cases}\tag{5.3.12}$$

$(q_1,q_2,\cdots,q_5)$ 是下列共轭系统相应于 (u^*,ν^*) 的解:

$$\begin{cases}\dfrac{\partial q_1}{\partial t}+\dfrac{\partial[V_1(s,t)q_1]}{\partial s}=[\mu_1(s,c_{10}^*(t),S_1^*(t))+u_1^*(s,t)+\lambda_1(s,t)P_2^*(t)]q_1(s,t)-\\ k_1c_e^*(t)q_5(t)-q_1(0,t)\Bigg[\beta_1(s,c_{10}^*(t),S_1^*(t))+\\ \displaystyle\int_0^\infty\frac{\partial\beta_1(s,c_{10}^*(t),S_1^*(t))}{\partial S_1}p_1^*(s,t)\int_0^m\delta_1(s)\mathrm{d}s\Bigg]-\\ g_1c_{10}^*(t)q_5(t)+\omega_1(s,t)u_1^*(s,t)+\\ \displaystyle\int_0^\infty\frac{\partial\mu_1(s,c_{10}^*(t),S_1^*(t))}{\partial S_1}p_1^*(s,t)q_1(s,t)\int_0^m\delta_1(s)\mathrm{d}s,\\ \dfrac{\partial q_2}{\partial t}+\dfrac{\partial[V_2(s,t)q_2]}{\partial s}=[\mu_2(s,c_{20}^*(t),S_2^*(t))+u_2^*(s,t)+\lambda_2(s,t)P_1^*(t)]q_2(s,t)-\\ k_1c_e^*(t)q_5(t)-q_2(0,t)[\beta_2(s,c_{20}^*(t),S_2^*(t))+\\ \displaystyle\int_0^\infty\frac{\partial\beta_2(s,c_{20}^*(t),S_2^*(t))}{\partial S_2}p_2^*(s,t)\int_0^m\delta_2(s)\mathrm{d}s]-\\ g_1c_{20}^*(t)q_5(t)+\omega_2(s,t)u_2^*(s,t)+\\ \displaystyle\int_0^\infty\frac{\partial\mu_2(s,c_{20}^*(t),S_2^*(t))}{\partial S_2}p_2^*(s,t)q_2(s,t)\int_0^m\delta_2(s)\mathrm{d}s,\\ \dfrac{\mathrm{d}q_3}{\mathrm{d}t}=\displaystyle\int_0^m\frac{\partial\mu_1(s,c_{10}^*(t),S_1^*(t))}{\partial c_{10}}p_1^*(s,t)q_1(s,t)\mathrm{d}s-q_1(0,t)\int_0^m\frac{\partial\beta_1(s,c_{10}^*(t),S_1^*(t))}{\partial c_{10}}p_1^*(s,t)\mathrm{d}s+\\ (g+m)q_3(t)-g_1P_1^*(t)q_5(t),\\ \dfrac{\mathrm{d}q_4}{\mathrm{d}t}=\displaystyle\int_0^m\frac{\partial\mu_2(s,c_{20}^*(t),S_2^*(t))}{\partial c_{20}}p_2^*(s,t)q_2(s,t)\mathrm{d}s-q_2(0,t)\int_0^m\frac{\partial\beta_2(s,c_{20}^*(t),S_2^*(t))}{\partial c_{20}}p_2^*(s,t)\mathrm{d}s+\\ (g+m)q_3(t)-g_1P_2^*(t)q_5(t),\\ \dfrac{\mathrm{d}q_5}{\mathrm{d}t}=-kq_3+k_1P_1^*(t)q_5(t)+k_1P_2^*(t)q_5(t)+hq_5(t),\\ q_i(s,T)=q_i(m,t)=0,\qquad i=1,2,\\ q_j(T)=0,\qquad j=3,4,5.\end{cases}\tag{5.3.13}$$

证明　式 (5.3.2) 存在一个唯一的有界解, 它的证明方法与系统 (5.3.1) 相同, 对于任意给定的 $w_1\in T_\Omega(u^*)$ (此处及以后我们记 $u^*=(u_1^*,u_2^*),w_1=(w_{11},w_{12})$)

以及充分小的 $\varepsilon>0$, 由 $J(u^*,\nu^*)$ 为 $J(u,\nu)$ 的最大值, 即 $J(u^*+\varepsilon w_1,v^*+\varepsilon w_2)\leqslant J(u^*,v^*)$, 可得

$$\sum_{i=1}^{2}\int_0^m\int_0^T \omega_i(s,t)[u_i^*+\varepsilon w_{i1}]p_i^\varepsilon(s,t)\mathrm{d}s\mathrm{d}t-$$
$$\frac{1}{2}\sum_{i=1}^{2}\int_0^T\left[\int_0^m C_i[u_i^*(s,t)+\varepsilon w_{1i}]^2\mathrm{d}s+C_3[\nu^*(t)+\varepsilon w_2]^2\right]\mathrm{d}t$$
$$\leqslant\sum_{i=1}^{2}\int_0^m\int_0^T \omega_i(s,t)u_i^*p_i^*(s,t)\mathrm{d}s\mathrm{d}t-\frac{1}{2}\sum_{i=1}^{2}\int_0^m\int_0^T C_i[u_i^*(s,t)]^2\mathrm{d}s\mathrm{d}t-\frac{1}{2}\int_0^T C_3[\nu^*(t)]^2\mathrm{d}t$$

即

$$\sum_{i=1}^{2}\int_0^T\int_0^m \omega_i u_i^* z_i\mathrm{d}s\mathrm{d}t+\sum_{i=1}^{2}\int_0^T\int_0^m [\omega_i p_i^*-C_i u_i^*]w_{1i}\mathrm{d}s\mathrm{d}t-\int_0^T C_3\nu^* w_2\mathrm{d}t\leqslant 0 \quad (5.3.14)$$

其中, $z_i(s,t)=\lim\limits_{\varepsilon\to0}\frac{1}{\varepsilon}(p_i^\varepsilon-p_i^*)$, $z_{i+2}(t)=\lim\limits_{\varepsilon\to0}\frac{1}{\varepsilon}(c_{i0}^\varepsilon(t)-c_{i0}^*(t))$, $z_5(t)=\lim\limits_{\varepsilon\to0}\frac{1}{\varepsilon}(c_e^\varepsilon(t)-c_e^*(t))$. $(p^\varepsilon,c_0^\varepsilon,c_e^\varepsilon)$ 相应于 $(u^*+\varepsilon w_1,v^*+\varepsilon w_2)$, 同时 $(z_1,\cdots,z_5)$ 满足

$$\left\{\begin{aligned}
&\frac{\partial z_1}{\partial s}+\frac{\partial z_1}{\partial t}=-[\mu_1(s,c_{10}^*(t),S_1^*(t))+u_1^*(s,t)+\lambda_1(s,t)P_2^*(t)]z_1(x,t)-\\
&\frac{\partial V_1(s,t)}{\partial s}z_1(t)-\lambda_1(s,t)p_1\int_0^m z_2(s,t)\mathrm{d}s-\\
&p_1^*(s,t)\left[w_{11}+\frac{\partial\mu_1(s,c_{10}^*(t),S_1^*(t))}{\partial S_1}\overline{S}_1(t)+\frac{\partial\mu_1(s,c_{10}^*(t),S_1^*(t))}{\partial c_{10}}z_3(t)\right],\\
&\frac{\partial z_2}{\partial s}+\frac{\partial z_2}{\partial t}=-[\mu_2(s,c_{20}^*(t),S_2^*(t))+u_2^*(s,t)+\lambda_2(s,t)P_1^*(t)]z_2(x,t)-\\
&\frac{\partial V_2(s,t)}{\partial s}z_2(t)-\lambda_2(s,t)p_2\int_0^m z_1(s,t)\mathrm{d}s-\\
&p_2^*(s,t)\left[w_{21}+\frac{\partial\mu_2(s,c_{20}^*(t),S_2^*(t))}{\partial c_{20}}z_4(t)+\frac{\partial\mu_2(s,c_{20}^*(t),S_2^*(t))}{\partial S_2}\overline{S}_2(t)\right],\\
&\frac{\mathrm{d}z_3}{\mathrm{d}t}=kz_5(t)-gz_3(t)-mz_3(t),\\
&\frac{\mathrm{d}z_4}{\mathrm{d}t}=kz_5(t)-gz_4(t)-mz_4(t),\\
&\frac{\mathrm{d}z_5}{\mathrm{d}t}=-k_1c_e^*(t)[Z_1(t)+Z_2(t)]+g_1(s,t)(P_1^*(t)z_3(t)+P_2^*(t)z_4(t))+\\
&g_1(c_{i0}^*(t)Z_1(t)+c_{i0}^*(t)Z_2(t))-(k_1(P_1^*(t)+P_2^*(t))+h)z_5(t)+w_2(t),\\
&V_i(0,t)z_i(0,t)=\int_0^m\beta_i(s,c_0^*(t),S_i^*(t))z_i(s,t)\mathrm{d}s+\int_0^m\frac{\partial\beta_i(s,c_{i0}^*(t),S_i^*(t))}{\partial c_{i0}}p_i^*(s,t)z_{i+2}(t)+\\
&\int_0^m\frac{\partial\beta_i(s,c_{i0}^*(t),S_i^*(t))}{\partial S_i}p_i^*(s,t)\overline{S}_i\mathrm{d}s,\\
&\overline{S}_i(t)=\int_0^m\delta_i(s)z_i(s,t)\mathrm{d}s,\\
&Z_1=\int_0^m z_1(s,t)\mathrm{d}s,\ P^*=\int_0^m p^*(s,t)\mathrm{d}s,\\
&z_i(s,0)=z_{i+2}(0)=z_5(0)=0,\quad i=1,2.
\end{aligned}\right. \quad (5.3.15)$$

在式 (5.3.15) 的前两个方程两边分别乘以 q_i, 并在 Q 上积分得

$$\begin{aligned}
&\int_0^T\int_0^m [z_{it}+(V_iz_i)_s]q_i\mathrm{d}s\mathrm{d}t\\
=&\int_0^T\int_0^m -[\mu_i(s,c_{i0}^*(t))z_i+u_i^*(s,t)z_i+\lambda_i(s,t)P_j^*(t)z_i]q_i\mathrm{d}s\mathrm{d}t-\\
&\int_0^T\int_0^m \left[\frac{\partial V_i(s,t)}{\partial s}z_i(t)q_i-\lambda_i(s,t)q_ip_i\int_0^m z_j(s,t)\mathrm{d}s-\right.\\
&q_ip_i^*(s,t)(w_{i1}+\frac{\partial\mu_i(s,c_{i0}^*(t),S_i^*(t))}{\partial c_{i0}}z_{i+2}(t)+\\
&\left.\frac{\partial\mu_i(s,c_{i0}^*(t),S_i^*(t))}{\partial S_i}\overline{S_i}(t))\right]\mathrm{d}s\mathrm{d}t
\end{aligned}\tag{5.3.16}$$

在式 (5.3.15) 的第 3 个和第 4 个方程两边分别乘以 q_{i+2}, 并在 $(0,T)$ 上积分得

$$\int_0^T z_{i+2}\mathrm{d}q_{i+2}=\int_0^T kz_5(t)q_{i+2}\mathrm{d}t-\int_0^T gz_{i+2}(t)q_{i+2}\mathrm{d}t-\int_0^T mz_{i+2}(t)q_{i+2}\mathrm{d}t\tag{5.3.17}$$

在式 (5.3.15) 的第 5 个方程两边同时乘以 q_5, 并在 $(0,T)$ 上积分得

$$\begin{aligned}
\int_0^T z_5\mathrm{d}q_5=&\int_0^T -k_1c_e^*(t)[Z_1(t)+Z_2(t)]q_5+g_1q_5(P_1^*(t)z_3(t)+P_2^*(t)z_4(t))\mathrm{d}t+\\
&\int_0^T q_5g_1(c_{i0}^*(t)Z_1(t)+c_{i0}^*(t)Z_2(t))-q_5(k_1(P_1^*(t)+\\
&P_2^*(t))+h)z_5(t)+q_5w_2(t)\mathrm{d}t
\end{aligned}\tag{5.3.18}$$

于是, 由式 (5.3.16)、式 (5.3.17)、式 (5.3.18) 结合式 (5.3.15) 可得

$$\begin{aligned}
&\sum_{i=1}^2\int_0^T\int_0^m \omega_i(s,t)u_i^*(s,t)z_i(s,t)\mathrm{d}s\mathrm{d}t\\
=&-\sum_{i=1}^2\int_0^T\int_0^m w_{1i}(s,t)q_i(s,t)p_i^*(s,t)\mathrm{d}s\mathrm{d}t-\int_0^T w_2(t)q_5(t)\mathrm{d}t
\end{aligned}\tag{5.3.19}$$

将式 (5.3.19) 代入式 (5.3.14) 可得

$$\sum_{i=1}^2\int_0^T\int_0^m ((\omega_i(s,t)-q_i(s,t))p_i^*-C_iu_i^*(s,t))w_{1i}\mathrm{d}s\mathrm{d}t+\int_0^T(-C_3\nu^*+q_5(t))w_2\mathrm{d}t\leqslant 0$$

因此, 根据法锥性质可知

$$((\omega_i(s,t)-q_i(s,t))p_i^*-C_iu_i^*(s,t),-C_3\nu^*+q_5(t))\in N_U(u^*,\nu^*)$$

即定理结论成立.

5.3.4 最优控制的存在性

本节通过 Ekeland 变分法来证明最优控制的存在性.

定义 5.5 在 $[L^1(Q)^2\times L^1(0,T)]$ 中定义泛函 J 为

$$J(u,\nu)=\begin{cases}J(u,\nu), & (u,\nu)\in U,\\ -\infty, & (u,\nu)\notin U.\end{cases}$$

引理 5.7 [119] J 沿着 $[L^1(Q)^2\times L^1(0,T)]$ 空间中的 (u,ν) 是上半连续函数.

引理 5.8 [119] 如果 T 足够小, $\exists$ $K_i(T)>0$ 为常数, $i=1,2,3$, 且 $\lim\limits_{T\to 0}K_i(T)>0$, 则

$$\begin{aligned}&\sum_{i=1}^{2}\|p_i^1-p_i^2\|_{L^\infty(0,T;L^1(0,m))}+\sum_{j=3}^{4}\|c_{j0}^1-c_{j0}^2\|_{L^\infty(0,T)}+\|c_e^1-c_e^2\|_{L^\infty(0,T)}\\ \leqslant&K_1(T)T\left(\sum_{i=1}^{2}\|u_i^1-u_i^2\|_{L^\infty(0,T;L^1(0,m))}+\|\nu^1-\nu^2\|_{L^\infty(0,T)}\right),\\ &\sum_{i=1}^{2}\|p_i^1-p_i^2\|_{L^1(Q)}+\sum_{j=3}^{4}\|c_{j0}^1-c_{j0}^2\|_{L^1(0,T)}+\|c_e^1-c_e^2\|_{L^1(0,T)}\\ \leqslant&K_2(T)T\left(\sum_{i=1}^{2}\|u_i^1-u_i^2\|_{L^1(Q)}+\|\nu^1-\nu^2\|_{L^1(0,T)}\right),\\ &\sum_{i=1}^{2}\|q_i^1-q_i^2\|_{L^\infty(Q)}+\sum_{j=3}^{4}\|q_j^1-q_j^2\|_{L^\infty(0,T)}+\|q_5^1-q_5^2\|_{L^\infty(0,T)}\\ \leqslant&K_3(T)T\left(\sum_{i=1}^{2}\|u_i^1-u_i^2\|_{L^\infty(Q)}+\|\nu^1-\nu^2\|_{L^\infty(0,T)}\right)\end{aligned}$$

其中, $(p_1^i,p_2^i,c_{10}^i,c_{20}^i,c_e^i)$, $(q_1^i,q_2^i,q_3^i,q_4^i,q_5^i)$ 分别是式 (5.3.2)、系统 (5.3.13) 对应于 (u^i,ν^i) 的解, 这里用 (u^*,ν^*) 代替 (u^i,ν^i).

定理 5.9 如果 T 足够小, 则存在唯一的最优控制 (u^*,ν^*), 该最优策略受系统 (5.3.1)、式 (5.3.2) 和式 (5.3.3) 的影响.

证明　定义算子 $G:U\to U$

$$\begin{aligned}&G(u,\nu)\\&=\left[\mathcal{L}_1\left(\frac{[\omega_1(s,t)-q_1(s,t)]p_1(s,t)}{c_1}\right),\mathcal{L}_2\left(\frac{[\omega_2(s,t)-q_2(s,t)]p_2(s,t)}{c_2}\right),\mathcal{L}_3\left(\frac{q_5(t)}{c_3}\right)\right]\end{aligned}$$

其中，$(p_1,p_2,c_{10},c_{20},c_e)$, (q_1,q_2,q_3,q_4,q_5) 是对应于 (u,ν) 的状态解和共轭系统的解.

首先, 证明算子 G 存在唯一的不动点, 使泛函 G 的值最大.

由 Ekeland 变分法可得, 对任意的 $\varepsilon>0$, 存在 $(u^\varepsilon,\nu^\varepsilon)\in U\in L^1(Q)^2\times L^1(0,T)$, 使得

$$J(u^\varepsilon,\nu^\varepsilon)>\lim_{(u,\nu)\in U}\sup J(u,\nu)-\varepsilon \tag{5.3.20}$$

$$J(u^\varepsilon,\nu^\varepsilon)\geqslant J(u,\nu)-\sqrt{\varepsilon}\left(\sum_{i=1}^{2}\|u_i^1-u_i^2\|_{L^\infty(Q)}+\|\nu^1-\nu^2\|_{L^\infty(0,T)}\right)\triangleq J_\varepsilon(u,\nu) \tag{5.3.21}$$

对任意 $(u,\nu)\in U$ 成立.

由算子 G 定义可得

$$\begin{aligned}&(u^\varepsilon,\nu^\varepsilon)=G((u^\varepsilon,\nu^\varepsilon))\\&=\left[\mathcal{L}_1\left(\frac{[\omega_1-q_1^\varepsilon]p_1^\varepsilon-\sqrt{\varepsilon}\theta_1^\varepsilon}{c_1}\right),\mathcal{L}_2\left(\frac{[\omega_2-q_2^\varepsilon]p_2^\varepsilon-\sqrt{\varepsilon}\theta_2^\varepsilon}{c_2}\right),\mathcal{L}_3\left(\frac{q_5-\sqrt{\varepsilon}\theta_3^\varepsilon}{c_3}\right)\right]\end{aligned}$$

其中, $(p_1^\varepsilon,p_2^\varepsilon,c_{10}^\varepsilon,c_{20}^\varepsilon,c_e^\varepsilon)$, $(q_1^\varepsilon,q_2^\varepsilon,q_3^\varepsilon,q_4^\varepsilon,q_5^\varepsilon)$ 是对应于 $(u^\varepsilon,\nu^\varepsilon)$ 的状态解和共轭系统的解, $\theta_1^\varepsilon,\theta_2^\varepsilon\in L^\infty(Q),\theta_3^\varepsilon\in L^\infty(0,T)$, 且在 $(s,t)\in Q$ 上有 $|\theta_1^\varepsilon|\leqslant 1,|\theta_2^\varepsilon|\leqslant 1$, 在 $t\in(0,T)$ 上有 $|\theta_3^\varepsilon|\leqslant 1$.

下面通过 3 步证明最后结论成立.

(1) 算子 G 存在唯一的不动点.

设 $(p_1^i,p_2^i,c_{10}^i,c_{20}^i,c_e^i)$, $(q_1^i,q_2^i,q_3^i,q_4^i,q_5^i)$ 分别为控制 (u^i,ν^i) 下的状态解和共轭系统的解. 由引理 5.8 可得

$$\begin{aligned}&\left\|G(u^1,\nu^1)-G(u^2,\nu^2)\right\|\\\leqslant&c_1^{-1}\left\|[\omega_1-q_1^1]p_1^1-[\omega_1-q_1^2]p_1^2\right\|_{L^\infty(Q)}+\\&c_2^{-1}\left\|[\omega_2-q_2^1]p_2^1-[\omega_1-q_2^2]p_2^2\right\|_{L^\infty(Q)}+c_3^{-1}\left\|q_5^1(t)-q_5^2(t)\right\|_{L^\infty(0,T)}\end{aligned}$$

$$\leqslant K_4T\left(\sum_{i=1}^{2}\|u_i^1-u_i^2\|_{L^\infty(Q)}+\|\nu^1-\nu^2\|_{L^\infty(0,T)}\right)$$

且 K_4 是常数. 显然, 当 T 足够小时结论成立.

(2) 证明当 $\varepsilon\to 0$ 时, 有 $(u^\varepsilon,\nu^\varepsilon)\to(u^*,\nu^*)$ 成立.

由式 (5.3.12) 可以得到

$$\begin{aligned}&\sum_{i=1}^{2}\|u_i^\varepsilon-u_i^*\|_{L^\infty(Q)}\\ \leqslant& c_i^{-1}\left\|[\omega_i-q_i^\varepsilon]p_i^\varepsilon-[\omega_i-q_i^*]p_i^*-\sqrt{\varepsilon}\theta_i^\varepsilon\right\|_{L^\infty(Q)}\\ \leqslant& c_i^{-1}(\|\omega_i\|_{L^\infty(Q)}+\|q_i^\varepsilon\|_{L^\infty(Q)}\|p_i^\varepsilon-p_i^*\|_{L^\infty(Q)}+\\ &\|p_i^*\|_{L^\infty(Q)}\|q_i^\varepsilon-q_i^*\|_{L^\infty(Q)}+\sqrt{\varepsilon}\|\theta_i^\varepsilon\|_{L^\infty(Q)})\\ \leqslant& K_5T\left(\sum_{i=1}^{2}\|u_i^\varepsilon-u_i^*\|_{L^\infty(Q)}+\|\nu^\varepsilon-\nu^*\|_{L^\infty(0,T)}\right)+\sum_{i=1}^{2}c_i^{-1}\sqrt{\varepsilon}\end{aligned}$$

其中 K_5 是常数. 类似地, 可以得到

$$\begin{aligned}&\|\nu_i^\varepsilon-\nu_i^*\|_{L^\infty(0,T)}\\ \leqslant& c_3^{-1}\|q_5^\varepsilon-q_5^*\|_{L^\infty(0,T)}\\ \leqslant& K_5T\left(\sum_{i=1}^{2}\|u_i^\varepsilon-u_i^*\|_{L^\infty(0,T)}+\|\nu^\varepsilon-\nu^*\|_{L^\infty(0,T)}\right)+\sum_{i=1}^{2}c_3^{-1}\sqrt{\varepsilon}\end{aligned}$$

因此, 当 T 足够小时, 得到

$$\sum_{i=1}^{2}\|u_i^\varepsilon-u_i^*\|_{L^\infty(0,T)}+\|\nu^\varepsilon-\nu^*\|_{L^\infty(0,T)}\leqslant\frac{(c_1^{-1}+c_2^{-1}+c_3^{-1})\sqrt{\varepsilon}}{1-\max(K_5,K_6)T}$$

(3) 当 $\varepsilon\to 0$ 时, 对式 (5.3.21) 两端取极限, 由引理 5.7 可得 $J(u^*,\nu^*)\geqslant\lim\limits_{(u,\nu)\in U}\sup J(u,\nu)$.

5.3.5 小结

本节通过建立数学模型研究了污染环境中具有尺度结构的竞争种群系统的最优控制问题, 利用不动点定理证明了非负解的存在唯一性, 应用切锥、法锥的方法导出了控制问题的最优条件, 根据 Ekeland 变分法确立了最优策略的存在性.

5.4　污染环境中具有扩散和尺度结构的竞争种群系统的最优控制

生态学家的研究表明, 对多数种群而言, 个体尺度指标对其生存、繁殖以及竞争能力有着重大影响. 相比年龄结构, 个体尺度更加凸显种群动力学行为, 并为人类在捕捞该种群时提供数量参数. 因此, 本节研究多种群尺度结构模型. 目前考虑污染环境中具有个体尺度结构的单种群模型较多, 但是考虑污染环境中具有扩散和尺度结构的竞争种群尚未被提出.

5.4.1　基本模型

本节综合考虑扩散和污染物对种群的影响, 由于竞争在一定程度上影响种群的存活、生长和生育情况, 所以考虑竞争种群模型更符合实际情况. 当然, 种群的生存不仅与尺度、时间有关, 还与区域有关, 所以我们在前人研究的基础上提出并研究如下污染环境中具有扩散和尺度结构的竞争种群系统

$$
\left\{\begin{array}{ll}
\dfrac{\partial p_1}{\partial t}+\dfrac{\partial[g_1(r)p_1]}{\partial r}-k_1\Delta p_1=-\mu_1(r,c_{10}(t),x,J_1(t,x))p_1- & \\
\lambda_1(r,t,x)P_2(t,x)p_1-u_1(r,t,x)p_1, & (r,t,x)\in Q,\\
\dfrac{\partial p_2}{\partial t}+\dfrac{\partial[g_2(r)p_2]}{\partial r}-k_2\Delta p_2=-\mu_2(r,c_{20}(t),x,J_2(t,x))p_2- & \\
\lambda_2(r,t,x)P_1(t,x)p_2-u_2(r,t,x)p_2, & (r,t,x)\in Q,\\
\dfrac{\mathrm{d}c_{10}(t)}{\mathrm{d}t}=kc_e(t)-gc_{10}(t)-mc_{10}(t), & t\in R_+,\\
\dfrac{\mathrm{d}c_{20}(t)}{\mathrm{d}t}=kc_e(t)-gc_{20}(t)-mc_{20}(t), & t\in R_+,\\
\dfrac{\mathrm{d}c_e(t)}{\mathrm{d}t}=-l_1c_e(t)[P_1(t)+P_2(t)]-hc_e(t)+v(t)+ & \\
w_1[c_{10}(t)P_1(t)+c_{20}(t)P_2(t)], & t\in R_+,\\
0\leqslant c_{i0}(t)\leqslant 1, 0\leqslant c_e(t)\leqslant 1, & t\in R_+,\\
\dfrac{\partial p_i}{\partial \eta_k}=\mathrm{kgrad}p_i.\eta=0, & (r,t,x)\in\Sigma,\\
P_i(t)=\displaystyle\int_\Omega\int_0^M p_i(r,t,x)\mathrm{d}r\mathrm{d}x, & t\in R_+,\\
P_i(t,x)=\displaystyle\int_0^M p_i(r,t,x)\mathrm{d}r, & (t,x)\in\Omega_T,\\
p_i(r,0,x)=p_{i0}(r,x), & (r,x)\in\Omega_R,\\
J_i(t,x)=\displaystyle\int_0^M \delta_i(r,t,x)p_i(r,t,x)\mathrm{d}r, & (t,x)\in\Omega_T,\\
g_i(0)p_i(0,t,x)=\displaystyle\int_0^M \beta_i(r,c_{i0}(t),x,J_i(t,x))p_i(r,t,x)\mathrm{d}r, & (t,x)\in\Omega_T.
\end{array}\right. \tag{5.4.1}
$$

其中, $Q=(0,M)\times$ (0,T)$\times\Omega$, $r\in$ (0,M), M 为个体的最大尺度; $t\in(0,T)$ 表示时间, $0<T<\infty$; $\Omega=R^N(N=2,3)$ 为具有光滑边界的有界区域; $\Omega_T=(0,T)\times\Omega$; $\Omega_R=(0,M)\times\Omega$; η 是外法单位向量; $\dfrac{\partial p_i}{\partial\eta_k}=\text{kgrad}p_i.\eta=0$ 表示边界处不适宜种群生存; $\Sigma=(0,M)\times$ (0,T)$\times\partial\Omega$; $J_i(t,x)$ 表示 t 时刻第 i 个种群的加权总量; $c_{i0}(t)$ 和 $c_e(t)$ 分别表示 t 时刻有机物中污染物的浓度和环境中污染物的浓度; 正数 k_1,k_2 分别表示两个种群的扩散率; $g_i(r)$ 表示种群的尺度增长率; 生命参数 $\beta_i(r,c_{i0}(t),x,J_i(t,x)),\mu_i(r,c_{i0}(t),x,J_i(t,x))$ 分别表示位于 x 处的 t 时刻尺度为 r 的第 i 个种群的平均出生率和死亡率 $(i=1,2)$; λ_i 为种群间的相互作用系数; $p_i(r,t,x)$ 为第 i 个种群在 t 时刻尺度为 r 位于 x 处的种群分布密度; $p_i(r,0,x)=p_{i0}(r,x)$ 为种群的初始密度; $P_i(t,x)$ 为第 i 个种群的时变总量; $v(t)$ 表示 t 时刻外界输入到环境的毒物; k,g,m,l_1,w_1,h 为非负常数; 对第 i 个种群的收获强度 u_i 受制于容许控制集

$$u_i\in U=\{u_i\in L^\infty_{\text{loc}}(Q)|0\leqslant\xi_{i1}\leqslant u_i(r,t,x)\leqslant\xi_{i2}\},(i=1.2),U:=U_1\times U_2$$

则 U 为 $L^\infty_{\text{loc}}(Q)$ 中的有界凸集.

本节做以下假设:

(H_1) $\mu_i(r,c_{i0}(t),x,J_i(t,x))\in L^\infty_{\text{loc}}(Q),\text{a.e.}(r,t,x)\in Q,|\mu_i(r,c^2_{i0}(t),x,s^1_i)-\mu_i(r,c^1_{i0}(t),x,s^2_i)|\leqslant L_\mu|s^1_i-s^2_i|,0\leqslant\mu_i(r,c_{i0}(t),x,J_i(t))\leqslant\overline{\mu}_i,\int_0^M\mu_i(r,c_{i0}(t),x,J_i(t,x))dr=+\infty$,其中 $\overline{\mu}_i$ 为常数.

(H_2) $\beta_i(r,c_{i0}(t),x,s_i)\in L^\infty_{\text{loc}}(Q),0\leqslant\beta_i(r,c_{i0}(t),x,s_i)\leqslant\overline{\beta}_i$ a.e. $(r,t,x)\in Q,|\beta_i(r,c^1_{i0}(t),x,s^1_i)-\beta_i(r,c^2_{i0}(t),x,s^2_i)|\leqslant L_\beta|s^1_i-s^2_i|,\forall r\in(0,M),s_i>0,i=1,2$,其中 $\overline{\beta}_i$ 为常数.

$(\text{H}_3)g_i\in C^1(0,M),0\leqslant g_i\leqslant\overline{g}_i$.

(H_4) $\nu(.)\in L^2[0,T],0\leqslant\nu_0\leqslant\nu(t)\leqslant+\infty$.

(H_5) $\lambda_i\in L^\infty(Q),0\leqslant\lambda_i\leqslant\overline{\lambda},0\leqslant p_{i0}\leqslant\overline{p}$, 其中 $\overline{\lambda}$ 和 $\overline{p}$ 为常数.

5.4.2 系统的适定性

定理 5.10 若假设 $(\text{H}_1)\sim(\text{H}_5)$ 成立且 $p_i(r,t,x)\geqslant0$, 那么系统 (5.4.1) 有唯一非负解 $(p_1(r,t,x),p_2(r,t,x),c_{10}(t),c_{20}(t),c_e(t))$ 且有

$$(p_1(r,t,x),p_2(r,t,x),c_{10}(t),c_{20}(t),c_e(t))\in L^\infty(Q)\times L^\infty(0,T)\times L^\infty(0,T)$$

$$c_{i0}=c_{i0}(0)\exp\{-(g+m)t\}+k\int_0^t c_e(x)\exp\{(s-t)(g+m)\}\text{d}s,\quad i=1,2\quad(5.4.2)$$

$$\begin{aligned}c_e =& c_e(0)\exp\left\{-\int_0^t [l_1P_1(\tau)+l_1P_2(\tau)+h]\mathrm{d}\tau\right\}+\\&\int_0^t [w_1c_{10}(s)P_1(s)+w_1c_{20}(s)P_2(s)+\\&v(s)]\exp\left\{\int_t^s [k_1P_1(\tau)+k_1P_2(\tau)+h]\mathrm{d}\tau\right\}\mathrm{d}s\end{aligned}\tag{5.4.3}$$

证明　定义状态空间 $X=(p_1(r,t,x),p_2(r,t,x),c_{10}(t),c_{20}(t),c_e(t))$.

定义映射 $G:X\to X, G(p,c_0,c_e)=(G_1(p,c_0,c_e),G_2(p,c_0,c_e),G_3(p,c_0,c_e),$ $G_4(p,c_0,c_e))$.

可知 $G_1:L^2(\Omega_T)\times L^2(\Omega_T)\to L^2(\Omega_T)\times L^2(\Omega_T)$,

$$G_1(h_1,h_2)=(p_1^h,p_2^h),\quad H_i=\int_0^M \delta_i(r,t,x)h_i(r,t,x)\mathrm{d}r$$

其中, $(p_1^h,p_2^h,c_{10}^h,c_{20}^h,c_e^h)$ 是下列方程的解:

$$\begin{cases}\dfrac{\partial p_1}{\partial t}+\dfrac{\partial[g_1(r)p_1]}{\partial r}-k_1\Delta p_1=-\mu_1(r,c_{10}(t),x,H_1)p_1- & \\ \lambda_1(r,t,x)P_2(t,x)p_1-u_1(r,t,x)p_1, & (r,t,x)\in Q,\\ \dfrac{\partial p_2}{\partial t}+\dfrac{\partial[g_2(r)p_2]}{\partial r}-k_2\Delta p_2=-\mu_2(r,c_{20}(t),x,H_2)p_2- & \\ \lambda_2(r,t,x)P_1(t,x)p_2-u_2(r,t,x)p_2, & (r,t,x)\in Q,\\ \dfrac{\mathrm{d}c_{10}(t)}{\mathrm{d}t}=kc_e(t)-gc_{10}(t)-mc_{10}(t), & t\in R_+,\\ \dfrac{\mathrm{d}c_{20}(t)}{\mathrm{d}t}=kc_e(t)-gc_{20}(t)-mc_{20}(t), & t\in R_+,\\ \dfrac{\mathrm{d}c_e(t)}{\mathrm{d}t}=-l_1c_e(t)[P_1(t)+P_2(t)]-hc_e(t)+v(t)+ & \\ w_1[c_{10}(t)P_1(t)+c_{20}(t)P_2(t)], & t\in R_+,\\ 0\leqslant c_{i0}(t)\leqslant 1, 0\leqslant c_e(t)\leqslant 1, & t\in R_+,\\ \dfrac{\partial p_i}{\partial \eta_k}=\mathrm{kgrad}p_i.\eta=0, & (r,t,x)\in\Sigma,\\ p_i(r,0,x)=p_{i0}(r,x), & (r,x)\in\Omega_R,\\ P_i(t)=\displaystyle\int_\Omega\int_0^M p_i(r,t,x)\mathrm{d}r\mathrm{d}x, & t\in R_+,\\ P_i(t,x)=\displaystyle\int_0^M p_i(r,t,x)\mathrm{d}r, & (t,x)\in\Omega_T,\\ g_1(0)p_1(0,t,x)=\displaystyle\int_0^M \beta_1(r,c_{10}(t),x,H_1)p_1(r,t,x)\mathrm{d}r, & (t,x)\in\Omega_T,\\ g_2(0)p_2(0,t,x)=\displaystyle\int_0^M \beta_2(r,c_{20}(t),x,H_2)p_2(r,t,x)\mathrm{d}r, & (t,x)\in\Omega_T.\end{cases}\tag{5.4.4}$$

对于任意的 $h \in L^2(\Omega_T)$, 由比较原理可得, 对 $(r,t,x) \in Q$ 几乎处处有

$$0 \leqslant p_i^h(r,t,x) \leqslant \overline{p}_i(r,t,x)$$

其中, $\overline{p}_i$ 是系统 (5.4.1) 处于无死亡率以及最大生育率 $(\|\beta_i\|)_{L^\infty(Q\times R^+)}$ 时的解.

对于任意的 $h_{1j}, h_{2j} \in L^2(\Omega_T)$, 有 $0 \leqslant h_{ij}(r,t,x) \leqslant \overline{p}_i$, 我们定义

$$H_{ij}(t,x) = \int_0^M \delta_{ij}(r,t,x) h_{ij}(r,t,x)\mathrm{d}r \quad i,j=1,2$$

定义 $L^2(Q)\times L^2(Q)$ 上的范数

$$\|(h_{1j}-h_{2j})\| = (\|(h_{1j}\|^2 + \|(h_{2j}\|^2)^{\frac{1}{2}}$$

且对于任意常数 $C>0$, 定义 $L^2(Q)$ 上的等价范数

$$\|h_i\|^2 = \int_0^T \|h_i(.,t,.)\|^2_{L(\Omega_R)} \exp^{(-4Ct)}\mathrm{d}t, \quad i=1,2$$

记 $(\varpi_1,\varpi_2,\varpi_3,\varpi_4,\varpi_5) = (p_{11}-p_{21}, p_{12}-p_{22}, c_{10}^1-c_{10}^2, c_{20}^1-c_{20}^2, c_e^1-c_e^2)$, 显然, $(\varpi_1,\varpi_2,\varpi_3,\varpi_4,\varpi_5)$ 是下列系统的解:

$$\begin{cases}
\dfrac{\partial\varpi_1}{\partial t} + \dfrac{\partial[g_1(r)\varpi_1]}{\partial r} - k_1\Delta\varpi_1 = -\mu_1(r,c_{10}^2(t),x,H_{21})\varpi_1 - u_1(r,t,x)\varpi_1 - \lambda_1 W_2(t,x)p_{11} + \\
[\mu_1(r,c_{10}^2(t),x,H_{21}) - \mu_1(r,c_{10}^1(t),x,H_{11})]p_{11} - \lambda_1\varpi_1\displaystyle\int_0^M p_{22}\mathrm{d}r, \\
\dfrac{\partial\varpi_2}{\partial t} + \dfrac{\partial[g_2(r)\varpi_2]}{\partial r} - k_2\Delta\varpi_2 = -\mu_2(r,c_{20}^2(t),x,H_{22})\varpi_2 - u_2(r,t,x)\varpi_2 - \\
\lambda_2 W_1(t,x)p_{12} + [\mu_2(r,c_{20}^2(t),x,H_{22}) - \\
\mu_2(r,c_{20}^1(t),x,H_{12})]p_{12} - \lambda_2\varpi_2\displaystyle\int_0^M p_{21}\mathrm{d}r, \\
\dfrac{\mathrm{d}\varpi_3(t)}{\mathrm{d}t} = k\varpi_5(t) - g\varpi_3(t) - m\varpi_3(t), \\
\dfrac{\mathrm{d}\varpi_4(t)}{\mathrm{d}t} = k\varpi_5(t) - g\varpi_4(t) - m\varpi_4(t), \\
\dfrac{\mathrm{d}\varpi_5(t)}{\mathrm{d}t} = -l_1\varpi_5\displaystyle\int_\Omega\int_0^M (p_{11}+p_{12})\mathrm{d}r\mathrm{d}x + w_1[c_{10}^1(t)W_1(t) + c_{20}^2(t)W_2(t)] - \\
l_1 c_e^2(t)[W_1(t)+W_2(t)] + w_1\left[\varpi_3\displaystyle\int_\Omega\int_0^M p_{21}\mathrm{d}r\mathrm{d}x + \varpi_4\int_\Omega\int_0^M p_{22}\mathrm{d}r\mathrm{d}x\right] - h\varpi_5(t), \\
g_1(0)\varpi_1(0,t,x) = \displaystyle\int_0^M \left[\beta_1(r,c_{10}^1(t),x,H_{11}) - \beta_1(r,c_{10}^2(t),x,H_{21})\right]p_{21}\mathrm{d}r + \\
\displaystyle\int_0^M \beta_1(r,c_{10}^1(t),x,H_{11})\varpi_1(r,t,x)\mathrm{d}r, \\
g_2(0)\varpi_2(0,t,x) = \displaystyle\int_0^M [\beta_2(r,c_{20}^1(t),x,H_{12}) - \beta_2(r,c_{20}^2(t),x,H_{22})]p_{22}\mathrm{d}r + \\
\displaystyle\int_0^M \beta_2(r,c_{20}^1(t),x,H_{12})\varpi_2(r,t,x)\mathrm{d}r, \\
\dfrac{\partial\varpi_i}{\partial\eta_k} = \mathrm{kgrad}\varpi_i.\eta = 0, \quad \varpi_i(r,0,x) = \varpi_{i0}(r,x), \\
W_i(t,x) = \displaystyle\int_0^M \varpi_i(r,t,x)\mathrm{d}r, \\
W_i(t) = \displaystyle\int_\Omega\int_0^M \varpi_i(r,t,x)\mathrm{d}r\mathrm{d}x.
\end{cases} \tag{5.4.5}$$

对系统 (5.4.5) 的前两式分别乘以 ϖ_1, ϖ_2, 且在 $(0, M) \times (0, T) \times \Omega$ 上积分, 可得

$$\begin{aligned}&\|\varpi_1(.,t,.)\|^2_{L^2(\Omega_R)} + \|\varpi_2(.,t,.)\|^2_{L^2(\Omega_R)}\\ \leqslant & C_{11}\int_0^t \|h_{11}(.s,.) - h_{21}(.s,.)\|^2_{L^2(\Omega_R)}\mathrm{d}s + C_{12}\int_0^t \|h_{12}(.s,.) - h_{22}(.s,.)\|^2_{L^2(\Omega_R)}\mathrm{d}s\end{aligned} \tag{5.4.6}$$

这里 C_{11}, C_{12} 是常数. 根据式 (5.4.6), 有

$$\begin{aligned}&\|G_1(h_{11}, h_{12}) - G_2(h_{21}, h_{22})\|\\ =&(\|(\varpi_1\|^2 + \|\varpi_2\|^2)^{\frac{1}{2}}\\ =&\left(\int_0^T (\|\varpi_1(.,t,.)\|^2_{L^2(\Omega_R)} + \|\varpi_2(.,t,.)\|^2_{L^2(\Omega_R)})\exp^{(-4Ct)}\mathrm{d}t\right)^{\frac{1}{2}}\\ \leqslant&\left(\frac{1}{4}\int_0^T (\|h_{11}(.,s,.) - h_{21}(.,s,.)\|^2_{L^2(\Omega_R)} + \|h_{12}(.,s,.)-\right.\\ &\left.h_{22}(.,s,.)\|^2_{L^2(\Omega_R)})\exp^{(-4Cs)}\mathrm{d}s\right)^{\frac{1}{2}}\\ =&\frac{1}{2}\|(h_{11}, h_{12}) - (h_{21}, h_{22})\|\end{aligned}$$

$$\begin{aligned}G_{i+1}(p, c_0, c_e) &= c_{i0}\exp\{-(g+m)t\} + k\int_0^t c_e(x)\exp\{(s-t)(g+m)\}\mathrm{d}s,\\ G_4(p, c_0, c_e) &= c_e\exp\left\{-\int_0^t [l_1P_1(\tau) + l_1P_2(\tau) + h]\mathrm{d}\tau\right\} + \int_0^t [w_1c_{10}(s)P_1(s)+\\ &\quad w_2c_{20}(s)P_2(s) + v(s)]\exp\left\{\int_t^s [l_1P_1(\tau) + l_1P_2(\tau) + h]\mathrm{d}(\tau)\right\}\mathrm{d}s\end{aligned} \tag{5.4.7}$$

由式 (5.4.7) 推导可得

$$\begin{aligned}|G_{i+1}(h_1) - G_{i+1}(h_2)| &= \left|k\int_0^t c_e^1(s)\exp\{(s-t)(g+m)\}\mathrm{d}s-\right.\\ &\quad\left.k\int_0^t c_e^2(s)\exp\{(s-t)(g+m)\}\mathrm{d}s\right|\\ &\leqslant C_2\int_0^t |c_e^1(s) - c_e^2(s)|\mathrm{d}s, \qquad C_2 = k\end{aligned} \tag{5.4.8}$$

$$
\begin{aligned}
&|G_4(h_1)-G_4(h_2)|\\
=&\left|c_e(0)\exp\left\{-\int_0^t[l_1P_1^1(\tau)+l_1P_2^1(\tau)+h]\mathrm{d}\tau\right\}+\int_0^t[w_1c_{10}^1(s)P_1^1(s)+\right.\\
&w_1c_{20}^1(s)P_2^1(s)+v(s)]\exp\left\{\int_t^s[l_1P_1^1(\tau,x)+l_1P_2^1(\tau)+h]\mathrm{d}(\tau)\right\}\mathrm{d}s-\\
&c_e(0)\exp\left\{-\int_0^t[l_1P_1^2(\tau)+l_1P_2^2(\tau)+h]\mathrm{d}\tau\right\}-\int_0^t[w_1c_{10}^2(s)P_1^2(s)+\\
&\left.w_1c_{20}^2(s)P_2^2(s,x)+v(s)]\exp\left\{\int_t^s[l_1P_1^2(\tau)+l_1P_2^2(\tau)+h]\mathrm{d}(\tau)\right\}\mathrm{d}s\right|\\
\leqslant&(l_1+w_1)\int_0^t(|P_1^1(s)-P_2^1(s)|+|P_2^1(s)-P_2^2(s)|)+\\
&w_1M\int_0^t(|c_{10}^1(s)-c_{10}^2(s)|+|c_{20}^1(s)-c_{20}^2(s)|)\mathrm{d}s+\\
&(w_1\nu_1M+l_1\nu_1)\int_0^t\int_0^\tau(|P_1^1(s)-P_2^1(s)|+|P_2^1(s)-P_2^2(s)|)\mathrm{d}s\mathrm{d}\tau\\
\leqslant&C_3\left(\sum_{i=1}^2\int_0^t\int_0^M|p_i^1(r,s,x)-p_i^2(r,s,x)|\mathrm{d}s\mathrm{d}r+\sum_{i=1}^2\int_0^t|c_{i0}^1(s)-c_{i0}^2(s)|\mathrm{d}s\right)
\end{aligned}\tag{5.4.9}
$$

其中, $C_3=\max\{l_1+w_1+TMw_1\nu_1+Tl_1\nu_1,Mw_1\}$.

在 X 中定义一个等价的范数

$$
\begin{aligned}
&\|(p,c_0,c_0)\|\\
=&\text{Ess.sup}e^{-\lambda t}\left\{\sum_{i=1}^2\int_0^M|p_i(r,s,x)|\mathrm{d}r+\sum_{i=1}^2|c_{i0}^1(t)-c_{i0}^2(t)|+|c_e^1(t)-c_e^2(t)|\right\}
\end{aligned}
$$

根据式 (5.4.6) 到式 (5.4.9), 有

$$
\begin{aligned}
\|G(h_1)-G(h_2)\|=&\|(G_1(h_1)-G_1(h_2)),(G_2(h_1)-G_2(h_2)),\cdots,(G_4(h_1)-G_4(h_2))\|\\
\leqslant&C_4\text{Ess.sup}e^{-\lambda t}\left\{\sum_{i=1}^2\int_0^M|p_i^1(r,s,x)-p_i^2(r,s,x)|\mathrm{d}r+\right.\\
&\left.\sum_{i=1}^2|c_{i0}^1(s)-c_{i0}^2(s)|+|c_e^1(s)-c_e^2(s)|\right\}\mathrm{d}s\\
\leqslant&\frac{C_4}{\lambda}\|h_1-h_2\|
\end{aligned}
$$

这里的 $C_4=\max\{\mathrm{C}_{11},\mathrm{C}_{12},\mathrm{C}_2,\mathrm{C}_3\}$, 因此选择 $\lambda>C_4$, 使得 G 绝对收敛到 $(X,\|.\|)$, 根据 Banach 不动点定理可得, G 的唯一固定点 (p,c_0,c_e) 一定是系统 (5.4.1) 的解.

5.4.3　最优控制的存在性

本节考虑如下的最优控制问题:

$$\max_{u\in\Omega}J(u)=\sum_{i=1}^{2}\int_Q y_i(r,t,x)u_i(r,t,x)p_i(r,t,x)\mathrm{d}r\mathrm{d}t\mathrm{d}x \tag{5.4.10}$$

其中, $y_i(r,t,x)$ 表示在 x 处 t 时刻尺度为 s 的第 i 个个体的经济价值. 记 $p_i(r,t,x)$ 为系统 (5.4.1) 的解, $u_i(r,t,x)$ 为容许控制集, 因此 $J(u)$ 表示收获种群的总经济效益.

引理 5.9　集合 $P^u:u\in U$ 与集合 $J^u:u\in U$ 在空间 $L^2(\Omega_T)$ 中相对紧.

证明　见参考文献 [9].

定理 5.11　最优控制问题 (5.4.10) 至少有一个最优解, 即 $J(u_1^*,u_2^*)=\max J(u_1,u_2)$.

证明　设 $d=\sup\limits_{u\in\Omega}J(u)$, 由控制变量条件可得

$$0\leqslant d\leqslant\sum_{i=1}^{2}\int_Q\xi_{i2}(r,t,x)y_i(r,t,x)\overline{p}_i(r,t,x)<\infty$$

设 $u_n=(u_1^n,u_2^n)\in U_1\times U_2$ 是 U 中的极大化序列, 所以有

$$d-\frac{1}{n}\leqslant J(u_n)\leqslant d \tag{5.4.11}$$

由于 $p^{u_n}=(p_1^{u_n},p_2^{u_n})$ 关于 u_n 一致有界, 因此存在 u_n 的子序列, 使得 p^{u^n} 在 $L^2(Q)$ 中弱收敛于 p^*, 同时存在子序列 $\{c_0^n\},\{c_e^n\}$ 在 $[0,T]$ 中弱收敛于 $c_0^*,c_e^*(n\to\infty)$.

根据引理 5.9 得到, 存在 u_n 的子序列, 使得在空间 $L^2(\Omega_T)$ 上有 $P_i^{u_n}\to P_i^*$, $J_i^{u_n}\to J_i^*$.

对序列 $\{p^{u_n}\},\{c_{i0}^n\},\{c_e^n\}$ 应用 Mazur 定理, 存在序列 $\{\widetilde{p_i}^n\},\{\widetilde{c}_{i0}^n\},\{\widetilde{c}_e^n\}$ 和实数 α_j^n 使得

$$\widetilde{p}_i^n(r,t,x)=\sum_{j=n+1}^{k_n}\alpha_j^n p_i^{u_j},\quad \widetilde{c}_{i0}^n(t)=\sum_{j=n+1}^{k_n}\alpha_j^n c_{i0}^{n_j},\quad i=1,2,$$

$$\widetilde{c}_e^n(t)=\sum_{j=n+1}^{k_n}\alpha_j^n c_e^{n_j},\quad \alpha_j^n\geqslant 0,\quad \sum_{j=n+1}^{k_n}\alpha_j^n=1,$$

$$\widetilde{p}_i^n\text{在 }L^2(Q)\text{ 中收敛于}p_i^*,\widetilde{c}_{i0}^n,\ \widetilde{c}_e^n\text{在 }(0,T)\text{ 中收敛于}c_{i0}^*,c_e^* \tag{5.4.12}$$

考虑控制序列

$$\widetilde{u_i^n}=\begin{cases}\dfrac{\displaystyle\sum_{j=n+1}^{k_n}\alpha_j^n u_i^j(r,t,x)p_i^{u_j}(r,t,x)}{\displaystyle\sum_{j=n+1}^{k_n}\alpha_j^n p_i^{u_j}(r,t,x)}, & \text{若分母不为零,}\\ \xi_{i1}, & \text{若分母为零.}\end{cases}\tag{5.4.13}$$

显然, $\widetilde{u_i^n}\in U$, 且 $\widetilde{p}^n(s,t)=\widetilde{p}^{\widetilde{u}_n}(r,t,x)$, a.e.$(r,t,x)\in Q$.

利用 $L^2(Q)$ 中有界序列的弱紧性知, 存在 $\widetilde{u}_n$ 的子序列 (仍记为 $\widetilde{u}_n$), 使得

$$\widetilde{u}_n\text{在 } L^2(Q)\text{ 中弱收敛于}u^*\tag{5.4.14}$$

以下证明 $p^*(r,t,x)=p^{u^*}(r,t,x)$, a.e. 于 Q.

根据式 (5.4.12)、式 (5.4,13) 和系统 (5.4.1) 可得, ($\widetilde{p_1^n}$, $\widetilde{p_2^n}$, $\widetilde{c_{10}^n}$, $\widetilde{c_{20}^n}$, $\widetilde{c_e^n}$) 满足

$$\begin{cases}\dfrac{\partial\widetilde{p_1^n}}{\partial t}+\dfrac{\partial[g_1(r)\widetilde{p_1^n}]}{\partial r}-k_1\Delta\widetilde{p_1^n}=-\mu_1(r,c_{10},x,J_1^{u_j}(t,x))\displaystyle\sum_{j=n+1}^{k_n}\alpha_j^n\widetilde{p_1}^{u_j}-\\ \displaystyle\sum_{j=n+1}^{k_n}\alpha_j^n\lambda_1(r,t,x)P_2^{u^j}\widetilde{p_1}^{u_j}-\widetilde{u_1^n}(r,t,x)\widetilde{p_1^n},\\ \dfrac{\partial\widetilde{p_2^n}}{\partial t}+\dfrac{\partial[g_2(r)\widetilde{p_2^n}]}{\partial r}-k_2\Delta\widetilde{p_2^n}=-\mu_2(r,c_{20},x,J_2^{u_j}(t,x))\displaystyle\sum_{j=n+1}^{k_n}\alpha_j^n\widetilde{p_2}^{u_j}-\\ \displaystyle\sum_{j=n+1}^{k_n}\alpha_j^n\lambda_2(r,t,x)P_1^{u^j}\widetilde{p_2}^{u_j}-\widetilde{u_2^n}(r,t,x)\widetilde{p_2^n},\\ \dfrac{\mathrm{d}\widetilde{c_{10}^n}(t)}{\mathrm{d}t}=k\widetilde{c_e^n}(t)-g\widetilde{c_{10}^n}(t)-m\widetilde{c_{10}^n}(t),\\ \dfrac{\mathrm{d}\widetilde{c_{20}^n}(t)}{\mathrm{d}t}=k\widetilde{c_e^n}(t)-g\widetilde{c_{20}^n}(t)-m\widetilde{c_{20}^n}(t),\\ \dfrac{\mathrm{d}\widetilde{c_e^n}(t)}{\mathrm{d}t}=-l_1\displaystyle\sum_{j=n+1}^{k_n}\alpha_j^n c_e^{n_j}[P_1^{u_j}(t)+P_2^{u_j}(t)]-h\widetilde{c_e^n}(t)+v(t)+\\ w_1\left[\displaystyle\sum_{j=n+1}^{k_n}\alpha_j^n c_{10}^{n_j}P_1^{u_j}(t)+\sum_{j=n+1}^{k_n}\alpha_j^n c_{20}^{n_j}P_2^{u_j}(t)\right],\\ 0\leqslant\widetilde{c_{i0}^n}(t)\leqslant 1, 0\leqslant\widetilde{c_e^n}(t)\leqslant 1,\\ \dfrac{\partial\widetilde{p_i^n}}{\partial\eta_k}=0,\\ P_i^{u_j}(t)=\displaystyle\int_\Omega\int_0^M p_i^{u_j}(r,t,x)\mathrm{d}r\mathrm{d}x,\\ P_i^{u_j}(t,x)=\displaystyle\int_0^M\widetilde{p_i}^{u_j}(r,t,x)\mathrm{d}r,\\ \widetilde{p_i^n}(r,0,x)=\widetilde{p}_{i0}(r,x),\\ J_i^{u_j}(t,x)=\displaystyle\int_0^M\delta_i(r,t,x)\widetilde{p_i}^{u_j}(r,t,x)\mathrm{d}r,\\ g_i(0)\widetilde{p_i^n}(0,t,x)=\displaystyle\sum_{j=n+1}^{k_n}\alpha_j^n\int_0^M\beta_i(r,c_{i0}(t),x,J_i^{u_j}(t,x))\widetilde{p_i}^{u_j}(r,t,x)\mathrm{d}r.\end{cases}\tag{5.4.15}$$

当 $n\to\infty$ 时, 对式 (5.4.15) 取极限可得, (p^*,c_0^*,c_e^*) 是系统 (5.4.1) 相应于 $u=(u_1^*,u_2^*)$ 的解, 即

$$(p^*,c_0^*,c_e^*)=(p^{u^*},c_0^*,c_e^*),\ \text{a.e.}(r,t,x)\in Q$$

由式 (5.4.12) 知, $d-\dfrac{1}{n}\leqslant\displaystyle\sum_{j=n+1}^{k_n}\alpha_j^nJ(u_i^j)\leqslant d$, 故 $\displaystyle\sum_{j=n+1}^{k_n}\alpha_j^nJ(u_i^j)\to d(n\to\infty)$. 此外

$$\begin{aligned}\sum_{j=n+1}^{k_n}\alpha_j^nJ(u_i^j)&=\sum_{i=1}^{2}\int_Q y_i(r,t,x)\sum_{j=n+1}^{k_n}\alpha_j^nu_i^j(r,t,x)p_i^{u^j}(r,t,x)\mathrm{d}r\mathrm{d}t\mathrm{d}x\\&=\sum_{i=1}^{2}\int_Q y_i(r,t,x)\widetilde{u}_i^n(r,t,x)\widetilde{p}_i^n(r,t,x)\mathrm{d}r\mathrm{d}t\mathrm{d}x\\&\to\sum_{i=1}^{2}\int_Q y_i(r,t,x)u_i^*(r,t,x)p_i^*(r,t,x)\mathrm{d}r\mathrm{d}t\mathrm{d}x(n\to\infty)\\&=J(u^*)\end{aligned}$$

所以 $J(u^*)=d=\sup\limits_{u\in U}J(u)$, 这说明 u^* 为最优解.

5.4.4 最优控制的必要条件

定理 5.12 设 (u_1^*,u_2^*) 是控制问题 (5.4.10) 的最优控制, (p^*,c_0^*,c_e^*) 是系统 (5.4.1) 对应于 (u_1^*,u_2^*) 的解, u^* 则满足不等式

$$\sum_{i=1}^{2}\int_Q v_ip_i^*(q_i+y_i)(r,t,x)\mathrm{d}r\mathrm{d}t\mathrm{d}x+\int_0^T v_2q_5\mathrm{d}t\leqslant 0\tag{5.4.16}$$

其中, $q_i(r,t,x)$ 是下列共轭系统的解:

$$
\begin{cases}
\dfrac{\partial q_1}{\partial t}+\dfrac{\partial[g_1(r)q_1]}{\partial r}+k_1\triangleq_1=[\mu_1(r,c_{10}^*(t),x,J_1^*)+\lambda_1P_2^*(t,x)+u_1^*]q_1-[l_1c_e^*-\\
w_1c_{10}^*]q_5-q_1(0,t,x)\left[\beta_1+\displaystyle\int_0^M\dfrac{\partial\beta_1(r,c_{10}^*(t),x,J_1^*)}{\partial J_1}q_1p_1^*\int_0^M\delta_1(r)\mathrm{d}r\right]+\\
y_1u_1^*+\displaystyle\int_0^M\lambda_2p_2^*q_2\mathrm{d}r+\int_0^\infty\dfrac{\partial\mu_1(r,c_{10}^*(t),x,J_1^*)}{\partial J_1}p_1^*q_1\int_0^M\delta_1(r)\mathrm{d}r,\\
\dfrac{\partial q_2}{\partial t}+\dfrac{\partial[g_2(r)q_2]}{\partial r}+k_2\Delta q_2=[\mu_2(r,c_{20}^*(t),x,J_2^*)+\lambda_2P_1^*(t,x)+u_2^*]q_2-[l_1c_e^*-\\
w_1c_{20}^*]q_5-q_2(0,t,x)\left[\beta_2+\displaystyle\int_0^M\dfrac{\partial\beta_2(r,c_{20}^*(t),x,J_2^*)}{\partial J_2}q_2p_2^*\int_0^M\delta_2(r)\mathrm{d}r\right]+\\
y_2u_2^*+\displaystyle\int_0^M\lambda_1p_1^*q_1\mathrm{d}r+\int_0^\infty\dfrac{\partial\mu_2(r,c_{20}^*(t),x,J_2^*)}{\partial J_2}p_2^*q_2\int_0^M\delta_2(r)\mathrm{d}r,\\
\dfrac{\mathrm{d}q_3}{\mathrm{d}t}=\displaystyle\int_0^M\dfrac{\partial\mu_1(r,c_{10}^*(t),x,J_1^*)}{\partial c_{10}}p_1^*q_1\mathrm{d}r+(g+m)q_3-w_1P_1^*q_5-\\
q_1(0,t,x)\displaystyle\int_0^M\dfrac{\partial\beta_1(r,c_{10}^*(t),x,J_1^*)}{\partial c_{10}}p_1^*\mathrm{d}r,\\
\dfrac{\mathrm{d}q_4}{\mathrm{d}t}=\displaystyle\int_0^M\dfrac{\partial\mu_2(r,c_{20}^*(t),x,J_2^*)}{\partial c_{20}}p_2^*q_2\mathrm{d}r+(g+m)q_4-w_1P_2^*q_5-\\
q_2(0,t,x)\displaystyle\int_0^M\dfrac{\partial\beta_2(r,c_{20}^*(t),x,J_2^*)}{\partial c_{20}}p_2^*\mathrm{d}r,\\
\dfrac{\mathrm{d}q_5}{\mathrm{d}t}=-kq_3-kq_4+l_1P_1^*(t)q_5+l_1P_2^*(t)q_5+hq_5,\\
q_i(M,t,x)=q_i(r,T,x)=0,q_j(T)=0,\qquad i=1,2,\quad j=3,4,5,\\
\dfrac{\partial q_i}{\partial\eta_k}=\mathrm{kgrad}q_i.\eta=0,\\
P_i^*(t,x)=\displaystyle\int_0^M p_i^*(r,t,x)\mathrm{d}r,P_i^*(t)=\int_\Omega\int_0^M p_i^*(r,t,x)\mathrm{d}r\mathrm{d}x.
\end{cases}
\tag{5.4.17}
$$

证明 系统 (5.4.17) 存在唯一的有界解, 其证明方法与定理 5.8 相同. 对于任意给定的 $v_i\in T_{U_i}(u_i^*)$, $T_{U_i}(u_i^*)$ 表示 U_i 在 u_i^* 处的切锥, 当 $\varepsilon>0$ 充分小时, 有 $u_i^*+\varepsilon v_i\in U_i$, 由 $J(u_i^*)$ 为 $J(u_i)$ 的最大值, 即 $J(u_i^*+\varepsilon v_i)\leqslant J(u_i^*)$, 可得

$$
\sum_{i=1}^2\int_Q u_i^*p_i^*y_i(r,t,x)\mathrm{d}r\mathrm{d}t\mathrm{d}x-\sum_{i=1}^2\int_Q(u_i^*+\varepsilon v_i)p_i^\varepsilon y_i(r,t,x)\mathrm{d}r\mathrm{d}t\mathrm{d}x\geqslant 0 \tag{5.4.18}
$$

式 (5.4.18) 两边同除以 ε, 且当 $\varepsilon\to 0$ 时, 有

$$
\sum_{i=1}^2\int_Q u_i^*z_i^*y_i(r,t,x)\mathrm{d}r\mathrm{d}t\mathrm{d}x+\sum_{i=1}^2\int_Q v_ip_i^*y_i(r,t,x)\mathrm{d}r\mathrm{d}t\mathrm{d}x\leqslant 0 \tag{5.4.19}
$$

其中, $z_i(r,t,x) = \lim\limits_{\varepsilon\to 0}\dfrac{1}{\varepsilon}(p_i^\varepsilon(r,t,x) - p_i^*(r,t,x))$, $z_{i+2}(t) = \lim\limits_{\varepsilon\to 0}\dfrac{1}{\varepsilon}(c_{i0}^\varepsilon(t) - c_{i0}^*(t))$, $z_5(t) = \lim\limits_{\varepsilon\to 0}\dfrac{1}{\varepsilon}(c_e^\varepsilon(t) - c_e^*(t))$, 并且 $(z_1,\cdots,z_5)$ 满足

$$
\left\{
\begin{array}{l}
\dfrac{\partial z_1}{\partial t} + \dfrac{\partial[g_1 z_1]}{\partial r} - k_1\Delta z_1 = -[\mu_1(r,c_{10}^*(t),x,J_1^*) + u_1^* + \lambda_1 P_2^*(t,x)]z_1(r,t,x)- \\
\lambda_1 Z_2(t,x)p_1^* - \upsilon_1 p_1^* - \dfrac{\partial\mu_1(r,c_{10}^*(t),x,J_1^*)}{\partial c_{10}}z_3 p_1^* - \dfrac{\partial\mu_1(r,c_{10}^*(t),x,J_1^*)}{\partial J_1}p_1^*\overline{J}_1, \\
\dfrac{\partial z_2}{\partial t} + \dfrac{\partial[g_2 z_2]}{\partial r} - k_2\Delta z_2 = -[\mu_2(r,c_{20}^*(t),x,J_2^*) + u_2^* + \lambda_2 P_1^*(t,x)]z_2(r,t,x)- \\
\lambda_2 Z_1(t,x)p_2^* - \upsilon_2 p_2^* - \dfrac{\partial\mu_2(r,c_{20}^*(t),x,J_2^*)}{\partial c_{20}}z_4 p_2^* - \dfrac{\partial\mu_2(r,c_{20}^*(t),x,J_2^*)}{\partial J_2}p_2^*\overline{J}_2, \\
\dfrac{\mathrm{d}z_3}{\mathrm{d}t} = kz_5(t) - gz_3(t) - mz_3(t), \\
\dfrac{\mathrm{d}z_4}{\mathrm{d}t} = kz_5(t) - gz_4(t) - mz_4(t), \\
\dfrac{\mathrm{d}z_5}{\mathrm{d}t} = -l_1 c_e^*[Z_1(t) + Z_2(t)] + w_1(P_1^*(t)z_3 + P_2^*(t)z_4) + w_1(c_{i0}^*(t)Z_1(t)+ \\
c_{i0}^*(t)Z_2(t)) - (l_1(P_1^*(t) + P_2^*(t)) + h)z_5(t) + \upsilon_2, \\
g_i(0)z_i(0,t,x) = \displaystyle\int_0^M \beta_i(r,c_{i0}^*(t),x,J_j^*)z_1\mathrm{d}r + \int_0^M \dfrac{\partial\beta_i(r,c_{i0}^*(t),x,J_i^*)}{\partial c_{i0}}p_i^* z_{i+2}(t)\mathrm{d}r+ \\
\displaystyle\int_0^M \dfrac{\partial\beta_i(r,c_{i0}^*(t),x,J_i^*)}{\partial J_i}p_i^*\overline{J}_i\mathrm{d}r, \quad i=j=1,2, \\
Z_i(t,x) = \displaystyle\int_0^M z_i(r,t,x)\mathrm{d}r, Z_i(t) = \int_\Omega\int_0^M z_i(r,t,x)\mathrm{d}r\mathrm{d}x, \\
\overline{J}_i(t,x) = \displaystyle\int_0^M \delta_i(r,t,x)z_i(r,t,x)\mathrm{d}r, \\
P_i^*(t) = \displaystyle\int_\Omega\int_0^M p_i^*(r,t,x)\mathrm{d}r\mathrm{d}x, \\
P_i^*(t,x) = \displaystyle\int_0^M p_i^*(r,t,x)\mathrm{d}r, \\
\dfrac{\partial z_i}{\partial\eta_k} = 0, z_i(0,t,x) = z_{i+2}(0) = z_5(0) = 0, \quad i=1,2.
\end{array}
\right.
\tag{5.4.20}
$$

将式 (5.4.20) 的前两个方程分别乘以 q_1,q_2 并在 Q 上积分, 第 3~5 个方程分别乘以 q_3,q_4,q_5 并在 $(0,T)$ 上积分, 结合式 (5.4.17) 可得

$$
\sum_{i=1}^{2}\int_Q u_i^* z_i^* y_i(r,t,x)\mathrm{d}r\mathrm{d}t\mathrm{d}x = \sum_{i=1}^{2}\int_Q \upsilon_i p_i^* q_i(r,t,x) + \int_0^T \upsilon_2 q_5\mathrm{d}r\mathrm{d}t\mathrm{d}x \leqslant 0 \tag{5.4.21}
$$

将式 (5.4.21) 式代入式 (5.4.19) 可得

$$\sum_{i=1}^{2}\int_{Q} v_i p_i^*(q_i+y_i)(r,t,x)\mathrm{d}r\mathrm{d}t\mathrm{d}x+\int_{0}^{T}(v_2 q_5)\mathrm{d}t\leqslant 0$$

5.4.5 小结

本节将扩散引入与尺度相关的竞争种群系统中, 从而得到了所要研究的具有扩散和尺度结构的竞争种群模型. 同时, 该模型还考虑了生物体内的毒素和环境污染中的毒素对种群的影响, 更加真实地反映了生物种群在自然环境下的生存状态. 我们利用不动点定理和 Mazur 定理分别证明了该模型解的存在唯一性以及最优控制的存在性, 利用切锥和法锥性质得到了最优控制的必要条件.

第6章 总结与展望

6.1 主要工作总结

目前, 一些生态系统的结构和功能遭到了严重的破坏, 并在一定程度上威胁到了生物资源的多样性. 然而, 种群的发展过程会受到多种因素的影响, 如自身原因、外部环境及来自种群间的互惠互利及竞争关系等, 因此, 建立更加完善的种群模型具有非常重要的作用. 此外, 生物种群不仅具有重要的生态环境价值, 而且可以为人类提供重要的物质条件, 不少学者对种群系统进行了大量研究, 获得了丰硕的成果, 主要涉及最优收获、最优生育、最优边界控制问题. 学者还针对与年龄相关的线性和非线性种群系统的最优控制问题进行了深入的探讨, 对带扩散的种群系统也有所研究, 在具有年龄结构的线性和非线性种群扩散方程解的存在性、唯一性和与年龄相关的种群扩散系统的收获控制等方面取得了重要的理论成果.

本书综合考虑个体尺度、时滞、空间扩散、周期、种群等级结构及霉素浓度对种群出生率和死亡率的影响并考虑环境对种群的随机扰动, 建立了污染环境中具有年龄和尺度结构的种群模型, 分析其动力学行为和相关控制问题, 利用积分方程、算子理论、Itô 公式及不动点定理等证明了系统解的存在唯一性, 利用紧性及极大 (极小) 化序列证明了最优控制的存在性, 并借助法锥性质得出最优控制的必要条件, 这些方法和技巧可以应用到其他控制问题当中. 通过建立种群模型, 更好地揭示种群发展的动态, 预测它的发展方向, 为相关部门采取有效措施控制其向着人们期望的理想状态发展提供参考.

6.2 不足与展望

本书考虑了污染环境中具有年龄和尺度结构的种群系统模型, 包括污染环境中的非线性种群系统模型、污染环境中的非线性随机种群扩散系统模型、污染环境中的非线性竞争种群系统模型, 证明了这几类种群动力系统解的存在唯

一性和最优控制的存在性, 得到了最优控制的必要条件. 然而, 本书的研究仍然存在许多不足之处, 例如:

(1) 在考虑随机种群模型时, 可以进一步研究环境噪声 (白噪声、Lévy 噪声) 和干预策略对系统动力学行为的影响.

(2) 只考虑了一般种群系统模型的解的存在唯一性, 最优控制的存在性及其必要条件, 对于随机种群问题是否成立并未进行研究.

(3) 只进行了相关理论证明, 后续可进一步研究模型的数值解并进行数值模拟.

关于种群系统模型的研究, 仍然有大量的工作需要去完成, 在后续的研究中, 我们将综合考虑各种影响因素, 结合以上几点不足之处, 建立更加完善的数学模型并进行更深入的探讨, 以便为种群系统模型的发展和控制提供借鉴.

参考文献

[1] 马知恩. 种群生态学的数学建模与研究 [M]. 合肥: 安徽教育出版社,1996.

[2] Malthus T R. An essay on the principle of population(First edition)[M]. London: Electronic Scholarly Publishing, 1798.

[3] Verhulst P F. A note on the law of population growth[M]. Berlin: Springer, 1838.

[4] Sharpe F R, Lotka A. A problem in age distribution[J]. Phi. Mag., 1911, 21(6): 435-438.

[5] Gurtin M E, MacCamy R C. Nonlinear age-dependent population dynamics[J]. Arch. Rat. Mech. Anal., 1974, 54(3): 281-300.

[6] Brokate M. Pontryagin's principle for control problems in age-dependent population dynamics[J]. Math. Biol., 1985, 23: 75-101.

[7] Anita S. Analysis and control of age-dependent populations dynamics[M]. Dordrecht: Kluwer Academic Publishers, 2000.

[8] 赵春, 王绵森, 何泽荣, 等. 一类周期种群系统的适定性及最优控制[J]. 应用数学, 2004, 17(4): 551-556.

[9] 何泽荣, 朱广田. 基于年龄分布和加权总规模的种群系统的最优收获控制[J]. 数学进展, 2006, 35(3): 315-324.

[10] 沈荣涛, 曹雪靓. 一类具有年龄分布和加权总规模的周期种群系统的最优控制[J]. 洛阳理工学院学报 (自然科学版), 2017, 27(4): 91-93.

[11] He Z R, Zhou N, Han M J. On the system model of two hierarchical age-structured populations[J]. Advances in Mathematics, 2020, 49(06):713-722.

[12] Sinko J W, Streifer W. A new model for age-size structure of a population[J]. Ecology, 1967, 48(6):910-918.

[13] Diekmann O, et al. On the stability of the cell size distribution[J]. Journal of Mathematical Biology,1984, 19: 227-248.

[14] Cushing J M. A competition model for size-structured species[J]. Appl. Math., 1989, 49: 838-858.

[15] Calsina A, Saldana J. A model of physiologically structured population dynamics with a nonlinear individual growth rate[J]. Math. Bilo., 1995, 33: 335-364.

[16] Kato N, Torikata H. Local existence for a general model of size-dependent population dynamics[J]. Abstr. Appl. Anal., 1997, 2: 207-226.

[17] Kato N. Positive global solution for a general model of size-dependent population dynamics[J]. Abstr. Appl. Anal., 2004, 5: 191-206.

[18] Farkas J Z. Stability conditions for a non-linear size-structured model[J]. Nonlinear Analysis: RWA., 2005, 6(5): 962-969.

[19] Farkas J Z, Hagen T. Stability and regularity results for a size-structured population model[J]. Math. Anal. Appl., 2007, 328: 119-136.

[20] Liu Y, He Z R. Stability results for a size structured population model with resources-dependence and inflow[J]. Math. Anal. Appl., 2009, 360: 665-675.

[21] 何泽荣, 刘荣, 刘丽丽. 依赖个体尺度结构的种群资源开发模型理论分析[J]. 系统科学与数学, 2012, 32(9): 1109-1120.

[22] He Z R, Liu Y, Liu L L. Optional harvesting of a size-structured population model in periodic environment[J]. Acta Mathematica Applicatae Sinica, 2014, 37(1): 146-159.

[23] 何泽荣, 刘荣, 刘丽丽. 模拟周期环境和尺度结构的种群系统的最优收获率[J]. 数学物理学报, 2014, 34(3): 684-690.

[24] He Z R, Xie Q J, Jiang X D. On The Stability of a size-structured competitive population system[J]. Sys. Sci and Math. Scis., 2015, 35(5): 566-575.

[25] Liang L Y, Hu Y L. Well-posedness of competitive population systems with scale structure in periodic enviroment[J]. Journal of Lanzhou University of Arts and Science, 2019, 33: 22-25.

[26] Hasminskii R. Stochastic stability of differential equations[M]. The Netherlands: Sijthoff Noordhoff, Alphen aan den Rijn, 1980.

[27] Zhang Q M, Hayat T, Abmad B. Periodic solution for a stochastic non-autonomous competitive Lotka-Volterra model in a pol- luted environment[J]. Physica A, 2017, 471: 276-287.

[28] Jiang D Q, Hayat T, Abmad B. Stationary distribution and periodic solutions for stochastic Holling-Leslie predator-prey systems[J]. Physica A, 2016, 460: 16-28.

[29] Li Z, Liu K. On almost periodic mild solutions for neutral stochastic evolution equations with innite delay[J]. Nonlinear Analysis,2014, 110: 182-190.

[30] Liu Q, Jiang D Q. Periodic solution and stationary distribution of stochastic predator-prey models with higher-order perturbation[J]. Non-linear. Sci., 2017, 482: 1-20.

[31] Hallam T G, Clark C E, Lassider R R. Effects of torxicants on population: a qualitative approarch I.Equilibrium environmental exposure[J]. Ecol. Modell., 1983, 8: 291-304.

[32] Hallam T G, Clark C E, Jordan G S. Effects of torxicants on populations: a qualitative approarch. II.First order kinetics[J]. Math. Biol., 1983, 18：25-37.

[33] Hallam T G, Luna J L. Effects of torxicants on populations: a qualitative approach. III. Environmental and food chain pathways[J]. Theor. Biol., 1984, 109: 411-429.

[34] He Z R, Ma Z E. On the effects of population and catch to a Logistic population[J]. Journal of Biomathemtics, 1997, 12(3): 230-237.

[35] 张海梅, 宋维堂, 王辉. 环境污染时生物种群的控制问题[J]. 哈尔滨师范大学自然科学学报, 2003, 19(4): 39-41.

[36] 张玲, 刘宇红. 生物种群在污染环境中的生灭过程[J]. 大学数学, 2007, 32(2): 27-32.

[37] 燕飞雪, 殷红, 曹莹, 等. 污染环境中单种群生物分析[J]. 科学技术与工程, 2009, 24(1): 4277-4280.

[38] Sudipa S, Misra O P, Dhar J. Modelling a predator-prey system with infected prey in polluted environment[J]. Appl. Math. Model., 2010, 34(7): 1861-1872.

[39] Luo Z X, He Z R. Optimal control for age-dependent population hybrid system in a polluted environment[J]. Math. Anal. Appl., 2014, 228(1): 68-76.

[40] 贠晓菊, 王战平. 带环境污染的与年龄相关的非线性种群动力系统的最优控制[J]. 数学的实践与认识, 2017, 47(5): 208-218.

[41] 曹雪靓, 雒志学. 污染环境下森林发展系统的最优控制[J]. 山东大学学报 (理学版), 2018, 53(07): 15-20.

[42] Swick K E. A nonlinear age-dependent model of single species population dynamics[J]. SIAM Journal on Applied Mathematics, 1977, 32(2): 484-498.

[43] Swick K E. Periodic solutions of a nonlinear age-dependent model of single species population dynamics[J]. SIAM. Math. Anal., 1980, 11(5): 901-910.

[44] Cushing J M. Model stability and instability in age-structured populations[J]. Journal of Theoretical Biology, 1980, 86(4): 709-730.

[45] 何泽荣, 刘炎. 一类基于时滞和年龄分布的种群控制问题[J]. 系统科学与数学, 2010, 30(10): 53-59.

[46] 何泽荣, 倪冬冬, 郑敏. 具有尺度结构和时滞的种群系统遍历性与最优控制[J]. 系统科学与数学, 2018, 38(1): 1-15.

[47] 甄洁, 赵春. 一类具有时滞和年龄结构的种群系统的最优输入率控制[J]. 天津师范大学学报 (自然科学版), 2014, 34(1): 1-7.

[48] Liu M. Optimal harvesting of a stochastic logistic model with time delay[J]. Journal of Nonlinear Science, 2015, 25(2): 277-289.

[49] Xie Z, Li W, Wang K. Ergodic method on optimal harvesting for a stochastic Gompertz-type diffusion process[J]. Applied Mathemastics Letters, 2013, 26(1): 170-174.

[50] Xie Z, Wang K. Optimal harvesting for a stochastic regime-switching logistic diffusion system with jumps[J]. Nonlinear Analysis: Hybrid Systems, 2014, 13: 32-44.

[51] Zhang Q M, Liu W N, Nie Z K. Existence,uniqueness and exponential stability for stochastic age-dependent population[J]. Applied Mathematics and Computation, 2004, 154(1): 183-201.

[52] Zhang Q M, Han C Z. Numerical analysis for stochastic age-dependent population equations[J]. Applied Mathematics and Computation, 2005, 176: 210-223.

[53] Zhang Q M, Han C Z. Convergence of numerical solutions to stochastic age-structured population system with diffusion[J]. Applied Mathematics and Computation, 2006, 186(2): 1234-1242.

[54] 戴晓娟, 张启敏. 具有年龄和加权的非线性随机种群系统的最优边界控制[J]. 数学的实践与认识, 2016, 46(15): 258-263.

[55] Abel Cadenillas. A stochastic maximum principle for systems with jumps, with applications to finance[J]. Systems Control Letters, 2002, 47(5): 433-444.

[56] 戴晓娟, 张启敏. 随机种群扩散系统最优边界控制的充分必要条件[J]. 宁夏大学学报(自然科学版), 2009, 30(1): 18-21.

[57] Zhao Y, Yuan S L, Zhang Q M. Numerical solution of a fuzzy stochastic single-species age-structure model in a polluted environment[J]. Applied Mathematics and Computation, 2015, 260: 385-396.

[58] 胡永亮, 雒志学, 梁丽宇, 等. 一类污染环境下具有扩散和年龄结构的随机单种群系统分析[J]. 山东大学学报 (理学版), 2019, 54(9): 62-68+75.

[59] Zuo W J, Jiang D Q. Stationary distribution and periodic solution for stochastic predator-prey systems with nonlinear predator harvesting[J]. Commun. Nonlinear. Sci., 2016, 36: 65-80.

[60] Liu Q, Jiang D Q, Hayat T, Alsaedi A. Stationary distribution and extinction of a stochastic predator-prey model with additional food and nonlinear perturbation[J]. Appl. Math. Comput., 2018, 320: 226-239.

[61] Lefkovich L. The study of population growth in organisms grouped by stages Biometrics[J]. Biometrics, 1965, 21: 1-18.

[62] Yang L Z, He Z R, Zou S P. Analysis of a Population Model with Size-structure and Weighted Size[J]. Acta Analysis Functionlis Applicate, 2014, 16(3): 212-219.

[63] 路见可, 钟寿国. 积分方程论[M]. 武汉: 武汉大学出版社, 2008.

[64] 夏学敏, 刘清国, 李莎澜. 泛函分析与现代分析教程[M]. 武汉: 华中科技大学出版社, 2009.

[65] Barbu V. Mathematical methods in optimalization of differetial systems[M]. London: Kluwer Academic Publishers, 1994.

[66] Mao X. Stochastic differential equations and their applications[M]. Chichester: Horwood Publishing, 1997: 1-366.

[67] Ma Z, Cui G, Wang W. Persistence and extinction of a population in a polluted environment[J]. Math. Biosci., 1990, 101: 75-97.

[68] Wang W, Ma Z. Permanence of populatins in a polluted environment[J]. Math. Biosci., 1994, 122 (2): 235-248.

[69] KuBo M, Langlais M. Periodic solution for non-linear population dynamics models with age-dependence and spatial structure[J]. Diff, Eqs., 1994, 109 (2): 274-294.

[70] Chan J J, He Z R. Optimal control for a class of nonlinear age-distributed population systems[J]. Applied Mathematics and Computation, 2009, 214: 574-580.

[71] 王战平, 赵春, 刘富祥. 一类具有年龄结构的非线性种群扩散系统的最优收获控制[J]. 应用数学, 2008, 1(10): 124-135.

[72] 邱宏, 刘思棋, 邓文敏. 带 Lévy 跳的时滞捕食-食饵随机模型的最优捕获[J]. 中国民航大学学报, 2020, 38(6): 55-60+64.

[73] Chen S S, Shen Z L, Wei J J. Hopf bifurcation of a delayed single population model with patch structure[J]. Journal of Dynamics and Differential Equations, 2021, 2: 1-31.

[74] 陈沙沙, 廖新元, 李佳季. 污染环境中带时滞的随机竞争模型生存性分析[J]. 南华大学学报 (自然科学版), 2020, 34(6): 55-61.

[75] Wei Y Y, Song B J, Yuan S L. Dynamics of a ratio-dependent population model for Green Sea Turtle with age structure[J]. Journal of Theoretical Biology, 2021, 516: 14-18.

[76] 何泽荣, 张智强, 王阳. 一类非线性年龄等级结构种群模型的稳定性[J]. 数学物理学报, 2020, 40(6): 1712-1722.

[77] 何泽荣, 周楠. 非线性年龄等级结构种群模型的最优收获[J]. 系统科学与数学, 2020, 40(12): 2248-2263.

[78] Shi C M. The convergence and stability of full discretization scheme for stochastic age-structured population models[J]. Applied Mathematics and Computation, 2021, 396.

[79] He Z R. Optimal harvesting of population systems with age structure and constraints[J]. Acta Mathematica Scientia, 2010, 30A(2): 1037-1048.

[80] Alexandru H. Coexistence, extinction, and optimal harvesting in discrete-time stochastic population models[J]. Journal of Nonlinear Science, 2020, 31(1): 332-337.

[81] 王卉荣, 刘荣. 周期环境中具有尺度结构的害鼠模型的最优不育控制[J]. 数学的实践与认识, 2016, 46(6): 193-203.

[82] 冯变英, 李秋英. 一类基于个体尺度的种群模型的适定性及最优不育控制策略[J]. 系统科学与数学, 2016, 36(2): 278-288.

[83] Kato N. Optional harvesting for a nonlinear size-structured population dynamic[J]. Math. Anal. Appl., 2008, 324: 1388-1398.

[84] Ainseba, Bedr'Eddine, Langlais M. On a population dynamics control problem with age dependence and spatial structure[J], J. Math. Anal. Appl., 2000, 243: 455-474.

[85] Garroni M G, Langlais M G. Age-dependent diffusion with external constraint[J]. J. Math. Biol., 1982, 14: 77-94.

[86] Proto G D, Iannellim. Boundary control problem for age-dependent equation. Lecture Notes in Pure and Applied Mathematics, 1994, 155: 90-100.

[87] Blasio G D. Nonlinear age-dependent population diffusion[J]. J. Math. Biol., 1979,8: 265-284.

[88] Anita S. Optimal control of a nonlinear population with diffusion[J]. J. Math. Anal. Appl., 1990, 152:176-208.

[89] 陈任昭, 张丹松, 李健全. 具有空间扩散的种群系统解的存在唯一性与边界控制[J]. 系统科学与数学, 2002, 22(1): 1-013.

[90] 付军, 陈任昭. 年龄相关的半线性种群扩散系统的最优收获控制[J]. 应用泛函分析学报, 2004,6(3): 273-288.

[91] 陈任昭, 李健全, 付军. 与年龄相关的非线性种群扩散方程广义解的存在性[J]. 东北师大学报 (自然科学版), 2001, 33(3): 1-13.

[92] 陈任昭, 李健全. 与年龄相关的非线性种群扩散方程广义解的唯一性[J]. 东北师大学报 (自然科学版), 2002, 34(3): 1-8.

[93] 博格 M S. 非线性与泛函分析[M]. 余庆余, 译. 北京: 人民教育出版社, 1989.

[94] 赵义纯. 非线性泛函分析及其应用[M]. 北京: 高等教育出版社, 1989.

[95] Adams R A. 索伯列夫空间[M]. 北京: 人民教育出版社, 1983.

[96] Lions J L, Magencs E. Non-homogeneous boundary value problems and applications[M]. Springer-verlag, Berlin, 1972.

[97] Gurtin M E. A system of equations for age-dependent population[J] diffusion. J. Theoret. Biol., 1973, 40: 389-392.

[98] Langlais M. A nonlinear problem in age-dependent population diffusion[J]. SIAM J. Math. Anal., 1985, 16(3): 510-529.

[99] Langlais M. Large time behavior in a nonlinear age-dependent population dynamics problem with spatial diffusion[J]. J. math. Biol., 1988, 26: 319-346.

[100] Chan W L, Feng D X. Modeling and stability analysis of population growth with spatial diffusion[J]. J. Sys. Sic. and Math. Scis., 1993, 6(4): 341-354.

[101] Gurtin M E. Asystem of equations for age-dependent population diffusion[J]. J. Theor. Biosc, 1976, 31: 191-205.

[102] 赵春, 王绵森, 赵平. 一类种群系统的适定性及最优收获问题. 系统科学与数学, 2005, 25(1): 1-12.

[103] Barbu V, Iannelli M. Optimal control of population dynamics[J]. J.Optim. Theo. Appl., 1999, 102(1): 1-14.

[104] Hallam T G, Ma Z. Persistence in population models with demographic fluctuations[J]. J. Math. Biol., 1986, 24: 327-339.

[105] 顾建军, 卢殿臣, 王晓明. 具扩散与年龄结构的三种群捕食与被捕食系统的最优收获[J]. 数学的实践与认识, 2008, 38(22): 101-108.

[106] 刘江壁, 雒志学. 具有年龄结构非线性扩散系统的最优控制[J]. 山东大学学报 (理学版), 2016, 51(5): 136-142.

[107] 宋杨. 具有个体尺度结构的非线性种群扩散系统的最优收获控制[D]. 吉林师范大学, 2014, 9-26.

[108] 石超峰. 具有年龄结构和空间扩散系统的最优边界控制的逼近解[J]. 西安工程大学学报, 2009, 23(1): 131-133.

[109] Wang Z P. Optimal harvesting for age distribution and weighted sizecompetitive species with diffusion[J]. Journal of Computational and Applied Mathematics, 2018, 328: 485-496.

[110] 雒志学, 李沐春. 具有扩散和年龄结构种群动力系统的最优控制[J]. 工程数学学报, 2006, 23(4): 641-646.

[111] Luo Z X, Optimal control for a population dynamics with age-dependent and difusion in a periodic environment[J]. J. Appl. Math. Comput., 2008, 27: 77-84.

[112] 王克. 随机生物数学模型[M]. 北京: 科学出版社, 2010.

[113] Song G H. Dynamics of a stochastic population model with predation effects in polluted environments[J]. Advances in Difference Equations, 2021, 2021(1): 36-59.

[114] 付静, 魏丽莉, 陈岩. 随机种群模型的平稳分布和数值模拟[J]. 东北师大学报 (自然科学版), 2020, 52(4): 10-18.

[115] 李健全, 陈任昭. 时变种群扩散系统最优生育率控制的非线性问题[J]. 应用数学学报, 2002, 25(4): 626-641.

[116] Zhang Q M, Li X N, Yue H G. Stochastic age-dependent population dynamics[M]. Beijing: Science Press, 2013.

[117] 赵朝锋, 王昆仑, 高建国, 等. 带 Poisson 跳非线性随机种群动力学模型的最优收获控制[J]. 数学的实践与认识, 2013,43(23): 243-248.

[118] Anita S, Iannelli M, Kim M Y, Park E J. Optimal harvesting for periodic age-dependent population dynamics[J]. SIAM. J. Appl. Math., 1998, 58: 1648-1666.

[119] Luo Z X, Optimal harvesting control problem for an age-dependent competing system of n species[J]. Applied Mathematics and Computation, 2006, 183: 119-127.

[120] Luo Z X, Fan X L. Optimal control for nonline age-dependent competitive species model in a polluted environment[J]. Applied Mathmatics and Computation. 2014, 228: 91-101.

[121] Ackleh A S, Deng K. Monotone approximation for a hierarchical age-structured population model[J]. Dynamics of Continuous Discrete and Impulsive Systems, 2005, 12: 203-214.

[122] 何泽荣, 周楠. 一类非线性年龄等级结构种群系统模型的可控性[J]. 高校应用数学学报, 2020, 35(2): 191-198.

[123] 何泽荣, 周楠. 年龄等级结构捕食系统模型的最优控制[J]. 系统科学与数学, 2021, 41(5)：1191-1202.

[124] 何泽荣, 刘荣, 刘丽丽. 周期环境中基于个体尺度的种群模型的最优收获策略[J]. 应用数学学报, 2014, 37(1): 145-158.